Ewen — Carl Stumpf und Gottlob Frege

AF799708

Wolfgang Ewen

Carl Stumpf
und
Gottlob Frege

Königshausen & Neumann

Bibliografische Information der Deutschen Bibliothek

Die Deutsche Bibliothek verzeichnet diese Publikation in der Deutschen Nationalbibliografie; detaillierte bibliografische Daten sind im Internet über <http://dnb.ddb.de> abrufbar.

© Verlag Königshausen & Neumann GmbH, Würzburg 2008
Gedruckt auf säurefreiem, alterungsbeständigem Papier
Umschlag: Hummel / Lang, Würzburg
Bindung: Buchbinderei Diehl+Co. GmbH, Wiesbaden
Alle Rechte vorbehalten
Dieses Werk, einschließlich aller seiner Teile, ist urheberrechtlich geschützt. Jede Verwertung außerhalb der engen Grenzen des Urheberrechtsgesetzes ist ohne Zustimmung des Verlages unzulässig und strafbar. Das gilt insbesondere für Vervielfältigungen, Übersetzungen, Mikroverfilmungen und die Einspeicherung und Verarbeitung in elektronischen Systemen.
Printed in Germany
ISBN 978-3-8260-3871-6
www.koenigshausen-neumann.de
www.buchhandel.de
www.buchkatalog.de

VORWORT

Die vorliegende Arbeit über *Carl Stumpf und Gottlob Frege* wurde im November 2007 von der Humanwissenschaftlichen Fakultät der Universität zu Köln als Dissertation angenommen; die Disputatio fand am 19. Dezember 2007 statt. Erstgutachterin war Prof. Dr. Margret Kaiser-El-Safti, Zweitgutachter Prof. Dr. Reinhard Schneider.

Mein ganz besonderer Dank gilt meiner Lehrerin und Doktormutter Frau Prof. Dr. Margret Kaiser-El-Safti, die es nicht nur verstand, mir in ihren Vorlesungen und zahlreichen Diskussionen den Blick für den hohen Wert von Grundlagenforschung zu schärfen, sondern auch das für diese Arbeit erforderliche Interesse an Carl Stumpf, sowohl was die eindrucksvolle Persönlichkeit als auch was den interdisziplinären wissenschaftlichen Wert der Arbeiten anbelangt, in ausgewogener Balance in mir zu wecken. Ebenso denke ich mit großer Dankbarkeit an meine Mutter, Frau Katharina Ewen (†), bei der ich zuerst Rat und Hilfe suchte für das in Kurrentschrift verfasste Habilitationsmanuskript von Carl Stumpf, das sie mir mit viel Freude und Begeisterung vorlas. Ein Dankeschön auch den Menschen, die mir in dieser Zeit mit Rat und Tat zur Seite standen oder mich mit emotionaler Unterstützung zum Durchhalten ermunterten.

Köln, im Frühjahr 2008

Wolfgang Ewen

INHALTSVERZEICHNIS

VIERTES KAPITEL

FÜNFTES KAPITEL

SECHSTES KAPITEL

EINLEITUNG

Carl Stumpf und Gottlob Frege sind in ihren jeweiligen Disziplinen keine Unbekannten, wenngleich der Ruhm des Mathematikers und Logikers Frege den Bekanntheitsgrad des Phänomenologen, Psychologen und Musikwissenschaftlers Stumpf weit übertrifft. Eine Beziehung zwischen diesen beiden Forschern ist bislang zwar gelegentlich vermutet, aber nie vertieft oder gar ausgewertet worden; eine tatsächlich bestehende und wesentliche Beziehung zwischen ihnen wird erstmals in dieser Arbeit nachgewiesen.

Als Grundlage dient die bisher unveröffentlichte Habilitationsschrift „Über die Grundsätze der Mathematik" (1870) von Carl Stumpf, die den 22jährigen jungen Forscher zum Privatdozenten an der Universität in Göttingen machte. Niemand hatte bisher vermutet, in dieser Schrift etwas Neues über die Forscherpersönlichkeit Stumpf erfahren zu können. Mit der hier angefügten Veröffentlichung der Habilitationsschrift sollte sich dies ändern.

Stumpf hat sich einen Namen als Tonpsychologe gemacht und wird häufig in Zusammenhang mit dem Philosophen Franz Brentano genannt, der einer seiner Hochschullehrer war; mit Mathematik- und Logikforschung ist er nur gelegentlich und dann nur nebenbei in Verbindung gebracht worden. Zwar ist Stumpf in seinem Lebenswerk immer mal wieder auf mathematische Grundfragen zu sprechen gekommen, aber seine Hauptinteressen lagen in anderen Bereichen der Grundlagenforschung, wie z. B. Theorie der Psychologie, Struktur der visuellen Wahrnehmung, Grundlagen der Tonpsychologie und der Musikwissenschaft, Erforschung der Struktur der psychischen Funktionen.

Wie der Titel der Habilitationsschrift ankündigt, handelt es sich scheinbar um eine rein mathematische Thematik. Der Inhalt der Habilitationsschrift verfolgt indes eine Intension, die man eigentlich erst mit Gottlob Frege verbindet, nämlich die Zurückführung der mathematischen axiomatischen Sätze auf Logik. Stumpf formuliert diese Thematik in seiner Arbeit etwas anders, indem er einleitend fragt, ob es eine seriöse Wissenschaft ohne Erfahrungsbasis geben kann. In diesem Zusammenhang und zur Klärung der Frage verfolgt er eine Strategie, die man bislang Frege zuschrieb, der sie aber erst vierzehn Jahre später in seinen „Grundlagen der Arithmetik" (1884) durchführte: nämlich die Zurückweisung sowohl der empiristischen Theorie von John Stuart Mill, als auch die transzendentale Untermauerung der Mathematik als Wissenschaft durch Immanuel Kant.

Während die Hintergründe der Motivation Stumpfs zu dieser mathematischen Thematik nirgendwo verzeichnet oder verbrieft sind, darf man und muss man wohl auf eine persönliche Bekanntschaft zwischen Stumpf und Frege schließen. Beide waren gleich alt (1848 geboren) und hielten sich zwischen 1871 und 1873 in Göttingen auf. Beider Philosophielehrer war Rudolf Lotze. Zur gleichen Zeit war auch der geniale Mathematiker Felix Klein, in Göttingen mit dem Stumpf jahrzehntelang befreundet war. Stumpf wie Frege haben Vorlesungen bei dem zu seiner Zeit berühmten Physiker Wilhelm Weber gehört. Erhalten hat sich allerdings nur ein Brief aus späterer Zeit, in dem Frege Stumpf um Unterstützung bittet hinsichtlich der Abfassung seiner „Grundlagen der Arithmetik“, als dessen Adressat irrtümlicher Weise lange Stumpfs Freund Anton Marty, wie Stumpf ein Schüler Brentanos, vermutet wurde.

Lange bevor das Wort „Psychologismus“ zum Schimpfwort bei Mathematikern und Logikern wurde – Frege hatte nicht wenig zu dieser abfälligen Bezeichnung beigetragen – war sich der junge Carl Stumpf in seiner Habilitation bereits der Gefahr bewusst, Psychisches und Logisches in einer Weise zu vermengen, die strengen methodologischen Kriterien der Begründung formaler Wissenschaften widersprach und wusste ihr vorzubeugen. Die frühe Auseinandersetzung mit Begrifflichkeit und Methodologie der Mathematik, das Aufkommen von Gedanken über eine erfahrungs- und anschauungsfreie nichteuklidische Geometrie ermöglichten es ihm und motivierten ihn letztlich wohl dazu, lebenslang nach widerspruchsfreien und einwandfreien, methodologisch vertretbaren Prinzipien der Wissenschaft, insbesondere der Psychologie als Wissenschaft zu forschen.

Von Psychologie ist jedoch in der Habilitation noch wenig zu bemerken. Hier beschäftigt Stumpf vordringlich die Frage nach den Bedingungen der Möglichkeit einer erfahrungsfreien Wissenschaft. Erst im Nachtrag der Arbeit wird erkennbar, dass Stumpf noch nicht mit dem positiven Ergebnis seiner Arbeit zufrieden ist, nämlich gezeigt zu haben, dass eine erfahrungsfreie Wissenschaft auch ohne Inanspruchnahme der Anschauung und ohne den unmittelbaren Bezug zur Wirklichkeit aus inneren widerspruchsfreien Prinzipien gerechtfertigt werden kann. Er beginnt jetzt mit seinen Fragen tiefer zu schürfen und allgemeine psychologische Überlegungen bezüglich des menschlichen Erkenntnisvermögens schlechthin anzustellen. An diesem Punkt scheint die Wende eingetreten zu sein, die ihn letztlich zu seinen akribischen phänomenologischen und psychologischen Forschungen führte.

Offenbar hatte Stumpf zunächst vor, seine Arbeit zu veröffentlichen; aus Nachträgen und Nachbemerkungen sowie Briefen geht dies hervor. Jedoch muss er sich irgendwann entschlossen haben, dies nicht zu tun. Was auch immer der Grund hierfür gewesen sein mag – Stumpf hat dann doch nicht den Weg Freges eingeschlagen, aus einem, aus der Erfahrung übergeordneten „dritten“ Bereich die logische Struktur des Wissens abzuleiten, sondern er vertiefte sich im Gegenteil in die Strukturen der sinnlichen Erfahrung als die unumgehbaren und verzichtbaren Fundamente der menschlichen Erkenntnis. Nachdem er die zeitgenössischen Theorien zur visuellen Wahrnehmung auf ihre Widerspruchsfreiheit geprüft und hier die seiner Auffassung nach logisch und sachlich haltbaren Fundamente neu entwickelt hatte, konzentrierte er sich mit derselben Sorgfalt und Hingabe auf die Erforschung der Grundlagen der auditiven Wahrnehmung. Erst im Anschluss an die phänomenologische Grundlagenforschung vertiefte Stumpf sich in die Erkundung der psychischen Funktionen und das Verhältnis der Funktionen des Vorstellens, Bemerkens, Unterscheidens, Urteilens etc. zu den sinnlichen Erscheinungen.

Man hat an Carl Stumpf die seltene Erscheinung eines Forschers, der nicht nur exzellent die formalen Strukturen des Denkens beherrschte sowie die Begabung zu vorurteilsfreier Introspektion mitbrachte, die er von seinem Lehrer Lotze gelernt hatte, sondern der auch für die experimentelle Erforschung der sinnlichen Basis das Talent und die unendliche Geduld aufbrachte, die er an seinem berühmten Vorgänger Gustav Theodor Fechner bewunderte.

Es ist wichtig, auf die bislang unveröffentlichte Habilitation hinzuweisen, um den späteren verzweigten Weg des Forschers mit dem Ziel, eine allgemeine Wissenschaftslehre zu erstellen, besser verstehen zu können. Stumpf war gewissermaßen ein „Wanderer zwischen den Welten". Dass Stumpf, dem zu Lebzeiten höchste Achtung für seine Forschung gezollt wurde, nach seinem Tod nicht seinen Verdiensten entsprechend geschätzt wurde, was sich aber derzeit zu ändern beginnt, liegt auch an seinem interdisziplinären Ansatz: den Philosophen ist Stumpf suspekt, weil er sich einen Namen als Experimentalpsychologe machte; Psychologen ohne musikalische Vorkenntnisse reduzieren sein Werk auf Experimentalpsychologie; die Musikpsychologie hat sich weit von Grundlagenforschung, wie Stumpf sie betrieb, entfernt und forscht mehr oder weniger ohne theoretisches Fundament.[1] Dagegen scheint mit zunehmendem Interesse von neurologischer Seite an den strukturellen und formalisierbaren Bedingungen der akustisch-musikalischen Wahrnehmung Stumpfs Ansatz an Bedeutung gewinnen. Um diese Entwicklung nachvollziehen zu können, ist der Rekurs auf die bislang unbekannten Anfänge dieses vielseitigen Forschers, die Stumpfs intensive Beschäftigung mit formalen und wissenschaftstheoretischen Fragen beleuchten, nötig und hilfreich.

Was Frege betrifft – selbst wenn er großartige Leistungen für die Entwicklung der Logik erbracht hat, glänzte er durch Einseitigkeit, denn die Sphäre des Sinnlichen und die Erkundung des Psychischen waren und blieben ihm fremd und unzugänglich. Für die auch heute noch keineswegs abgeschlossene Erforschung des menschlichen Erkenntnisvermögens, trotz intensiver Hirnforschung auf der Basis technisch hoch entwickelter Apparate, benötigen wir immer noch und als Voraussetzung für letztere, die Analyse beider Seiten – das sinnliche Fundament und die Struktur der psychischen Akte – sowie die Befestigung des Ganzen durch den logisch-kognitiven Überbau.

Die Habilitationsschrift wird hier erstmals veröffentlicht. Die Analyse konzentriert sich bei der Vielfalt der Argumentationsstränge hauptsächlich auf den Vergleich zwischen Frege und Stumpf, sie beansprucht nicht, die Lehren der beiden großen Forscher erschöpfend darzustellen.

---

1 Vgl. H. Bruhn, R. Oerter, H. Rösing [Hrsg.] „Musikpsychologie" (1993), S. 13-14: „Das Gebiet der Musikpsychologie ist [...] weit verzweigt. Es gibt keinen einheitlichen Wissenschaftsbegriff und damit auch keine stringente zusammenhängende Theoriebildung [...] Die hohe Vernetztheit des Gebiets Musikpsychologie mit anderen Forschungszweigen hat dazu geführt, daß der Erkenntnisstand immer noch unbefriedigend ist, obwohl Musikpsychologie seit den ersten Anfängen der Psychologie betrieben wird [...]."

ERSTES KAPITEL

1.1 Der „Sonderfall" Carl Stumpf

Der in dieser Arbeit an erster Stelle zu behandelnde Forscher Carl Stumpf (1848 – 1936) ist in mehrerer Hinsicht ein Sonderfall unter den deutschen Forschern des ausgehenden 19. Jahrhunderts bis zum Beginn des Zweiten Weltkrieges, der eine tiefe Schneise in die im ersten Drittel des 20. Jahrhunderts hoch angesehene deutsche Wissenschaftslandschaft gerissen hat. Nationalsozialismus und Zweiter Weltkrieg haben der deutschen Wissenschaft, mehr noch der Geisteswissenschaft als der Naturwissenschaft, einen großen Schaden zugefügt. Zahlreiche Wissenschaftler, darunter renommierte Psychologen, mussten das Land verlassen und in anderen Ländern Schutz suchen; nur vereinzelt konnten sie in der fremden Sprachkultur wieder Fuß fassen. Diesem Schicksal ist Carl Stumpf, der Weihnachten 1936 verstarb, entgangen, aber sein bedeutendes Lebenswerk, die zweibändige „Erkenntnislehre", konnte erst posthum 1939 und 1940 erscheinen und wurde in den Kriegswirren kaum wahrgenommen. Es gibt aber noch weitere Gründe, die Stumpf zu einem Sonderfall machen, worauf weiter unten einzugehen sein wird. Zuvor soll aber der zweite, wesentlich bekanntere Forscher kurz vorgestellt werden.

Auch Gottlob Frege könnte als „Sonderfall" bezeichnet werden. Frege, wie Stumpf 1848 geboren, aber bereits 1925 verstorben, ist heute als Mathematiker und Logiker hoch angesehen, musste jedoch auf die Anerkennung seiner großen Leistungen lange warten, da die Zeit für seine mathematische und logische Grundlagenforschung noch nicht reif war (vgl. Thiel, 1995: S. 243ff). Als Paul Ferdinand Linke, von Haus aus Psychologe, Philosoph und Logiker, der Schule Brentanos nahe stehend, 1946 „Gottlob Frege als Philosoph" in der „Zeitschrift für philosophische Forschung" vorstellte (vgl. Linke, 1946: S. 75-99), war Frege den meisten Philosophen der Nachkriegszeit noch nahezu unbekannt. Das hat sich inzwischen gründlich geändert. Heute gilt Frege als „Vorläufer der analytischen Philosophie" (vgl. Dummett, 1988: S. 11ff), was bei der weltweiten Anerkennung dieser Richtung der amerikanischen Philosophie nicht wenig bedeutet. Deren Abwendung von aller Metaphysik und Hinwendung zur Sprache soll durch Freges 1884 erschienene „Grundlagen der Arithmetik" wesentlich mit auf den Weg gebracht worden sein.

Frege hatte zu Lebzeiten keinen leichten Stand in der deutschen akademischen Welt; das lag auch daran, dass er sich nicht mit der zu seiner Zeit tonangebenden philosophischen Richtung des Neukantianismus verbünden konnte und wollte, weil er in einem wesentlichen Punkt der Kantischen Transzendentalphilosophie widersprach, nämlich der nach Kants Auffassung auf reine Anschauungsformen gegründeten Mathematik, während Frege die Mathematik allein auf die Logik gründen wollte. Frege profilierte sich aber auch dadurch, dass er sich ausdrücklich von psychologischen Forschungen seiner Zeit abgrenzte, die Logik und Mathematik aus psychologischen

Prozessen heraus erklären wollten. Heute wird Frege zu den „Antipsychologisten" gezählt; das meinte zu seiner Zeit, dass die Psychologie sich auf empirisch zu lösende Fragestellungen begrenzen sollte und Erkenntnisbereiche und Begründungsprozesse, die formales, apriorisches oder axiomatisches Wissen betreffen, außer acht zu lassen hatte. In dieser streitbaren Einstellung gegen den Psychologismus, der in der Tat bei einigen, aber nicht bei allen Psychologen der damaligen Zeit vorherrschte, wurde Frege zu Beginn des 20. Jahrhunderts von Edmund Husserl unterstützt und noch übertroffen; den ganzen ersten Band widmete Husserl in seinen, Carl Stumpf zugeeigneten „Logischen Untersuchungen" der Widerlegung des „Psychologismus".

Dass Carl Stumpf eine zeitlang in einer engen Verbindung zu Husserl gestanden hatte – Husserl ging 1886 nach Halle, um von Carl Stumpf in seinem Habilitationsbestreben unterstützt zu werden – ist bekannt. Nicht jedoch, dass Stumpf auch eine nicht unwesentliche Beziehung zu Gottlob Frege gehabt hat. Das ist aus zwei Gründen interessant: Stumpf hat wie wohl kein anderer Psychologe seiner Zeit die Gründe für und gegen die Einmischung der Psychologie in Erkenntnisfragen abgewogen und die Stellung der Psychologie zwischen Philosophie und Experimentalwissenschaft diskutiert, erstmals und ausführlich 1891 in seiner Schrift „Psychologie und Erkenntnistheorie", also einige Jahre vor Husserls diesbezüglicher Auseinandersetzung (vgl. Rath, 1994: S. 199-220).[2] Stumpfs Ausführungen rechnen hier vornehmlich mit Kant und dem Neukantianismus in zwei Punkten ab: Kants Trennung der Form von Inhalt (vgl. Stumpf, 1891: S. 488) und die behauptete psychologische Unmöglichkeit der Analyse der apriorischen Formen (vgl. 1891: S. 493). Vor dem so genannten logischen Psychologismus, um den es Frege und Husserl in der Hauptsache zu tun war, schützte Stumpf sich von Anfang an, indem er eine strikte Grenze zog zwischen der psychologischen Analyse der *Begriffe* und der erkenntnistheoretischen oder logischen „der allgemeinsten unmittelbar einleuchtenden *Wahrheiten*" (vgl. 1891: S. 501).

Es würde aber von nur geringem Interesse sein nachzuweisen, dass Stumpf in Fragen des logischen Psychologismus mit Frege übereinstimmte, wenn ansonsten eine weite thematische Distanz zwischen diesen beiden Forschern zu konstatieren ist. Stumpf wurde bislang überhaupt nicht als Logiker, sondern als Psychologe und Phänomenologe gewürdigt, der die Strukturen unserer sinnlichen Erscheinungen, der visuellen und mehr noch der akustischen, akribisch untersucht hat. Dagegen profilierte Frege sich als Logiker und Philosoph der Mathematik. Für die Beschäftigung mit den sinnlichen Erscheinungen hat die Philosophie, insbesondere in der transzendentalen Tradition, die in der Regel die abwertende Bezeichnung „Sensualismus" bereit, wird ihr die Beschäftigung mit den rational-logischen „Gegenständen" entgegengesetzt und höher gewertet.

---

2 Matthias Rath würdigt in seinem Buch „Der Psychologismus in der deutschen Philosophie" die Bemühungen Stumpfs und gesteht ihm zu, dass er in seinem Denken „auch jeglichem Anflug von Subjektivismus" entgehe, glaubt dann aber in ontologischen Fragen wieder einen Psychologismus bei Stumpf feststellen zu können (S. 220). Offenbar gibt es verschiedene Arten des Psychologismus: einen logischen, ethischen und ästhetischen, wobei das jeweilige Begründungsproblem von (logischen, ethischen oder ästhetischen) Normen psychologische Mitsprache abwehrt.

Die deutsche Psychologie hatte sich mit der Erforschung der sinnlichen Wahrnehmungsprozesse in der zweiten Hälfte des 19. Jahrhunderts weltweit einen Namen gemacht. Forscher wie G. Th. Fechner, H. v. Helmholtz, J. Müller, W. Wundt arbeiteten alle an einer umfassenden Theorie der Sinneswahrnehmung. Diese Zeit wird häufig als Pionierphase der wissenschaftlichen Psychologie und als die „Begründung der psychologischen Forschung" bezeichnet (vgl. Hehlmann, 1967: S. 175ff). Physikalische, physiologische, psychologische und philosophisch-erkenntnistheoretische Fragestellungen wurden in dieser Phase noch nicht scharf getrennt; erst Stumpf, angeregt durch seine Lehrer H. Lotze und F. Brentano, bemühte sich in seinem phänomenologischen Ansatz um eine schärfere Unterscheidung der physikalischen, psychologischen und erkenntnistheoretisch relevanten Teile oder Merkmale von Wahrnehmung und Erkenntnis. Allerdings hat Stumpf sich ausdrücklich auch mit logischen Fragen auseinandergesetzt, nicht nur in Logikvorlesungen, die er 1887 in Halle hielt und von denen Mitschriften und Diktate existieren,[3] sondern nochmals in seinem letzten Werk, der „Erkenntnislehre".

Was bislang aber nicht bekannt war, ist, dass es in der wissenschaftlichen Vita des jungen Stumpf eine Zeit gab, in der psychologische Fragen noch gar keine Rolle spielten, und es so aussah, als würde Stumpf den Weg einschlagen, den später Gottlob Frege gegangen ist. Stumpf hatte sich schon in seiner Dissertation 1868 bei Lotze[4] auf logische und methodologische Fragen konzentriert (vgl. Stumpf, 1924: S. 209.[5] Zwei Jahre später habilitierte er sich über ein Thema, das ihn ganz nah an die späteren Intentionen Freges heranrückte, indem Stumpf sich vierzehn Jahre vor Freges Veröffentlichung der „Grundlagen der Arithmetik" die Untersuchung der Natur des Zahlbegriffs und der mathematischen Axiome zur Aufgabe machte. Bereits Ende Oktober 1870 war das Habilitationsprocedere abgeschlossen. Stumpf hat seine Habilitation „Über die Grundsätze der Mathematik" nicht veröffentlicht und als Grund hierfür in seiner „Selbstdarstellung" angegeben: „weil die nichteuklidischen Betrachtungsweisen, in die Felix Klein mich einführte, mir doch schließlich über den Kopf wuchsen" (vgl. S. 211). Stumpfs Erben, der Urenkel Carl-Alfred Stumpf und seine Frau Ingeborg, sind im Besitz dieses Dokuments und erlaubten den Einblick in die Schrift, nicht jedoch die Veröffentlichung oder wörtliche Zitierung. Es ist den Bemühungen von Frau Kaiser-El-Safti zu verdanken, dass das Ehepaar Stumpf die Veröffentlichung für diese Arbeit freigab, weil die Stumpfforscherin plausibel machen konnte, dass die Inhalte der Habilitation ein neues Licht nicht nur auf des jungen Stumpfs philosophische und logische Qualitäten wirft. Es ist mehr als wahrscheinlich, dass Stumpf und Frege sich bereits in jungen Jahren und vermutlich in Göttingen kennen lernten. Stumpf hat, gerade mal 22 Jahre alt und vermutlich einer der jüngsten Professoren, vierzehn Jahre

3 Diese Diktate besitzt das Husserl-Archiv in Leuven; Frau Kaiser-El-Safti erhielt inzwischen die Erlaubnis, sie zu veröffentlichen.

4 Carl Stumpf „Verhältniß des Platonischen Gottes zur Idee des Guten", veröffentlicht 1869 in Halle.

5 Stumpf bemerkt dort: „Die Dissertation verfaßte ich mit besonderem Augenmerk auf ihre logische Form, und dies mag es gewesen sein, was Lotze, der dem Thema zuerst skeptisch gegenüberstand und mir davon abriet, umstimmte."

vor Frege sozusagen einen dritten Weg zwischen Rationalismus und Empirismus gesucht und sowohl die empiristische Theorie J. St. Mills zum Begriff der Anzahl als auch den transzendentalen Versuch Kants einer mathematischen Grundlegung in seiner Habilitation *vor Frege und Husserl* einer grundlegenden Kritik unterzogen. Der Verdienst, Mills empiristische Theorie des Anzahlbegriffs aus dem Felde geschlagen zu haben, wird in der Regel Frege und Husserl zugeschrieben (vgl. Rath, 1994: S. 128-129),[6] muss jetzt, nach Veröffentlichung der Habilitationsschrift Stumpfs, allerdings revidiert werden. Interessanterweise vermeidet der junge Stumpf in seiner Habilitationsschrift jegliche psychologische Argumentation; diese wird erst in später hinzugefügten Nachträgen relevant. Dagegen verweist Stumpf schon hier auf einen Psychologismus in Kants Argumentation.

Warum wird hier soviel Wert auf die logische Argumentation und methodologische Einschätzung bei Stumpf gelegt? Stumpfs intensives Forschen zu wissenschaftstheoretischen Fragen, die bis heute keine Lösung gefunden haben, steht in einer auffallenden Diskrepanz zu seiner Nichtbeachtung nach dem Zweiten Weltkrieg. Die moderne Psychologie, die inzwischen ihre alte Verbindung zur Philosophie gelöst hat und kaum an geschichtlicher Aufarbeitung interessiert ist, betrachtet Carl Stumpf, wenn überhaupt, nur aus einer verkürzten historischen Perspektive, und die Philosophie hat Stumpf lange Zeit überhaupt nicht ernst genommen. Für sie oder die meisten ihrer Vertreter „ist es keineswegs selbstverständlich, Carl Stumpf als Philosophen zu behandeln“, meinte Dieter Münch 2002/03 in seinem „Essay über Carl Stumpf und Franz Brentano“ (vgl. Münch, 2004: Band X, S. 13). In der Tat trifft zu, was Münch über Stumpf schreibt: „Die Rolle, die Carl Stumpf in der Philosophie und ihrer Geschichte spielt, ist noch weitgehend unklar“ (Ebda). Für diese Unklarheit gibt es nicht nur einen Grund, etwa die Philosophievergessenheit der Psychologie und Stumpfs Stellung zwischen Philosophie und Psychologie, sondern mehrere Gründe, die in möglicher Kürze wenigstens erwähnt, wenn hier auch nicht ausgearbeitet werden können.

1.2 Die Rezeption Stumpfs nach dem Zweiten Weltkrieg

Zahlreiche Nachrufe und Würdigungen belegen, dass Carl Stumpf zu Lebzeiten ein hoch angesehener Forscher war, der dem Berliner Psychologischen Institut nach der Wende vom 19. zum 20. Jahrhundert zu Weltruhm verhalf. Stumpf tritt, noch bevor er seine Arbeit an der Berliner Humboldt-Universität beginnt, als Herausgeber der „Vierteljahrsschrift für Musikwissenschaft“ (erstmals 1885 erschienen), als Mitherausgeber der ersten deutschen psychologischen wissenschaftlichen Zeitschrift, der „Zeitschrift für Psychologie und Physiologie der Sinnesorgane“ (erstmals 1890 erschienen) in

6 Rath schreibt hierzu: „Besonders interessant wurde diese These zusätzlich dadurch, daß Mill die Diskussion auf den Begriff der Zahl konzentrierte und damit Autoren wie Frege und Husserl auf den Plan rief.“

Erscheinung, er schreibt regelmäßig für die Publikationsorgane der Königlich Bayerischen und der Königlich Preussischen wissenschaftlichen Akademie, er organisiert einen der ersten wissenschaftlichen Weltkongresse der Psychologie (1896); er schreibt zahllose Aufsätze über philosophische, psychologische und musikwissenschaftliche Themen, verstreut in heute nicht mehr leicht zugänglichen Fachzeitschriften; in Buchform sind nur wenige Arbeiten erschienen und eine Gesamtschau über sein wissenschaftliches Forschen verfasst Stumpf spät; sie erscheint erst nach seinem Tode posthum in den Wirren des Zweiten Weltkrieges. Nach dem Zweiten Weltkrieg orientiert sich die deutsche psychologische Forschung fast ausschließlich an der amerikanischen Psychologie, sodass es kein Wunder ist, dass die Arbeiten von Carl Stumpf in Vergessenheit gerieten, es offenbar einer sehr langen Pause bedurfte, bis man sich wieder an Stumpf erinnerte. Die deutsche Philosophie ist auch nach dem Zweiten Weltkrieg noch weitgehend an der Philosophie Kants orientiert und Kantkritiker sind hier nicht von Interesse.

Natürlich können die nationalen und politischen Umstände allein nicht erklären, dass Stumpf viele Jahre in der psychologischen und in der philosophischen Forschung so gut wie gar nicht zur Kenntnis genommen wird. Im Unterschied zu Stumpf war seinem Lehrer Franz Brentano, der zu Lebzeiten keineswegs die Aufmerksamkeit erfuhr, die seinem Schüler Stumpf in der akademischen Welt zuteil wurde, nach Brentanos Tod ein anderes Schicksal beschieden. Schüler Brentanos setzten sich anhaltend und akribisch für die regelmäßige Aufarbeitung, die Wiederauflage der Werke und die Veröffentlichung des Nachlasses Brentanos in einem renommierten philosophischen Verlag (dem Felix Meiner Verlag) ein, während kein Schüler Stumpfs sich dieser Mühe unterzog.

Wenn Stumpf nach dem Zweiten Weltkrieg überhaupt erwähnt wurde, dann meistens in Verbindung mit seinem Lehrer Franz Brentano, und obwohl sich die Lage, was Stumpfs Wahrnehmung betrifft, allmählich zu ändern beginnt, wird an dieser angeblich so engen Beziehung zu Brentano innerhalb der Brentanoforschung immer noch eisern festgehalten, bahnbrechende Ansätze bei Stumpf auf (unveröffentlichte) Ansätze bei Brentano zurückgeführt oder der Wert der Arbeiten Stumpfs auf ihren bloß historischen Stellenwert reduziert.

Vielleicht hat Stumpf als Persönlichkeit aber auch selbst zu seinem geringen Nachruhm beigetragen; er war als Mensch zurückhaltend, als Lehrer seinen Schülern gegenüber äußerst liberal, er legte offenbar im Unterschied zu seinem Lehrer keinerlei Wert auf Originalität, und engagierte sich niemals in weltanschaulicher Hinsicht; das heißt, dass er gewissermaßen das Schicksal vieler Naturwissenschaftler teilte, die als Persönlichkeiten anonym bleiben (vgl. Kaiser-El-Safti, 2001: S. 308). Anscheinend war Stumpf in seinen Forschungsintentionen aber auch für seine Rezipienten zu vielseitig orientiert und brachte diesen Punkt in seiner „Selbstdarstellung" (1924) selbst zur Sprache; er gibt dort als Grund für seine Motivation, überhaupt eine Selbstdarstellung zu verfassen an, er habe bemerkt, „wie schwer es selbst Fachgenossen und Schülern bei verschiedenen Gelegenheiten wurde, den einheitlichen Faden meiner stark verzweigten Schriftstellerei und die Wurzeln meiner wissenschaftlichen Lebensarbeit zu finden" (vgl. Stumpf, 1924: S. 205). Man wird indes in übertriebenen Erwartungen enttäuscht;

denn Stumpf gibt an dieser Stelle jedenfalls nicht, oder nicht hinreichend vereinfacht, die Wurzeln seiner wissenschaftlichen Lebensarbeit zu erkennen.

Diese Vielseitigkeit Stumpfs macht in der Tat Probleme, zumal angesichts eines zunehmenden Trends zur Spezialisierung in Philosophie und Wissenschaft. Neben dieser Vielseitigkeit gibt es ein weiteres Hindernis, sich intensiv auf Carl Stumpf einzulassen: Stumpf hat zahlreiche Aufsätze zur akustischen und musikalischen Wahrnehmung, das erste grundlegende Buch zu einer systematischen Tonpsychologie verfasst und musikethnologische Untersuchungen initiiert. Er gehört zu den Pionieren der Musikwissenschaft und erscheint in diesem Zusammenhang als „Spezialist", zu dem nicht musikalische Philosophen und Psychologen nur schwer oder gar keinen Zugang finden. Dass diese Spezialisierung aber nicht auf ein Privatinteresse zurückzuführen ist, sondern einen wichtigen Stellenwert innerhalb seines phänomenologischen und erkenntnistheoretischen Ansatzes einnimmt, wurde gerade von philosophischer Seite verkannt. Der Nichteingeweihte kommt hier leicht in Gefahr, den musikalischen Bereich ganz auszuklammern, kann dann aber auch den eigentlichen Intentionen Stumpfs nicht gerecht werden. Im Folgenden soll nach dieser Negativbilanz, allerdings nur skizzenhaft, nachgezeichnet werden, warum und mit welchen Intentionen sich seit den 1990erjahren ein neues Interesse an Stumpf abzeichnet. Die jeweils interessierenden Ansätze der Autoren können nicht vollständig erschöpft werden.

1.3 Ein neues Interesse an Stumpf

Geschichtsschreibung der Psychologie wurde, wie bereits erwähnt, in Deutschland nach 1945 zunächst nur stiefmütterlich behandelt. Dagegen haben Lothar und Helga Sprung, die ursprünglich in der ehemaligen Deutschen Demokratischen Republik lehrten und forschten, in den 1980erjahren verschiedentlich auf Stumpfs Wirken an der Humboldt-Universität hingewiesen (vgl. Sprung & Sprung: 1984, 1985, 1986), 1997 haben sie ausgewählte Schriften von Stumpf wieder herausgegeben und Stumpfs Lehre damit besser zugänglich gemacht. Die beiden verdienten Forscher sehen in Stumpf vornehmlich den Mitbegründer der deutschen Experimentalpsychologie und haben in diesem Sinn 2006 eine umfassende Biographie über Carl Stumpf herausgebracht. Diese informiert detailliert über persönliche und wissenschaftsgeschichtlich interessante Hintergründe, aber das Glaubensbekenntnis der Autoren reduziert das Gesamtwerk, den philosophischen und den musikpsychologischen Ansatz, auf den Experimentalpsychologen und Naturwissenschaftler (vgl. Sprung, 2006: S. 288). Die Autoren selbst scheinen einem naturwissenschaftlichen Monismus anzuhängen, der derzeit erkenntnistheoretischer Mainstream in der Psychologie ist, den Stumpf aber nun gerade nicht vertrat, erst recht nicht dem späten Werk Stumpfs unterstellt werden darf.

Innerhalb der philosophischen Forschung, insbesondere der Brentanoforschung, war mit Ausnahme von Barry Smith (vgl. Smith: 1986, 1988)[7] von Stumpf so gut wie gar nicht die Rede. 1992 machte Margret Kaiser-El-Safti zum 50. Todestag von Robert Musil auf die Bedeutung Stumpfs für diesen, seinen berühmtesten Schüler aufmerksam (vgl. Kaiser-El-Safti, 1993: S. 126-170).[8] Robert Musil hatte bei Stumpf studiert und promoviert und vermutlich infolge seiner „Unmusikalität" ein gespaltenes Verhältnis zu seinem Lehrer, erkannte aber durchaus das intellektuelle Format seines Lehrers. 1994 erschien Kaiser-El-Saftis Aufsatz „Carl Stumpfs Lehre vom Ganzen und den Teilen" in der italienischen Zeitschrift „Axiomathes quaderni del centro studi per filosofia mitteleuropa" (vgl. Kaiser-El-Safti, 1994: S. 86-122). Hier wird erstmals nach dem Zweiten Weltkrieg der Versuch unternommen, Stumpfs philosophische Lehre vom Ganzen und den Teilen (heute unter der Bezeichnung „Mereologie" gefasst) mit Stumpfs Kantkritik und einer neuen wissenschaftstheoretischen Untermauerung der Psychologie zu verbinden. 1997 und 1998 folgten in den „Brentano Studien" M. Kaiser-El-Saftis Arbeiten „Carl Stumpfs Wirken für die deskriptive Psychologie" (vgl. Kaiser-El-Safti, 1997: S. 67-102) und „Carl Stumpf und Oswald Külpe – ein Vergleich" (vgl. Kaiser-El-Safti, 1998a: S. 53-80). 1998 führte sie zum 150. Geburtstag von Carl Stumpf einen internationalen und interdisziplinären Kongress zu Ehren des großen Forschers an der damaligen Erziehungswissenschaftlichen Fakultät der Universität zu Köln durch, an dem namhafte Philosophen, Musikwissenschaftler und Psychologen teilnahmen (die Kongresspublikation erschien 1999 (vgl. Kaiser-El-Safti, 1999: S. 242-245). In Würzburg, dem Sitz der Brentanoforschung, wurde 1998 ebenfalls ein Stumpfkongress veranstaltet und dessen Beiträge 2002 in den „Brentano Studien" veröffentlicht. 2002/03 folgte ein zweiter Band „Essays über Carl Stumpf und Franz Brentano", von dessen zwölf Artikeln sich aber nur drei auf Stumpf beziehen, die übrigen beschäftigen sich nur mit Brentano.

2001 erschien Kaiser-El-Saftis grundsätzliche Auseinandersetzung mit Immanuel Kants Abweisung der Idee einer wissenschaftlichen Psychologie (vgl. Kaiser-El-Safti, 2001). Der weitaus größere Teil behandelt in vier Kapiteln Kants erkenntnistheoretische und ethische Einwände gegen die Etablierung einer wissenschaftlichen Psychologie; ein „Appendix zu Herbart" sucht den Stellenwert der ersten systematischen und fundamentalen Kantkritik Johann Friedrich Herbarts, insbesondere an Kants „Transzendentaler Ästhetik" in der „Kritik der reinen Vernunft" und Herbarts Gegenargumente zu Kant nachzuweisen, sowie die Grundlegung einer wissenschaftlichen Psychologie auf mathematischer Basis zu verdeutlichen. Im letzten umfangreichen fünften Kapitel dieser Arbeit[9] wird Stumpfs philosophischer Ansatz und Ausgangspunkt von seiner Lehre „Ganzes und Teil", als dem Ansatz der Kantischen Entgegensetzung von Subjekt und Objekt prinzipiell überlegen, dargestellt.

---

7 (vgl. Ritter/Smith, 1992: Band 8, Spalte 1104ff) Von logischer Bedeutung war B. Smith' Hinweis auf Stumpf in seinem Artikel „Sachverhalt".

8 Interessant sind in diesem Zusammenhang Musils Auseinandersetzung mit Husserls „Logischen Untersuchungen".

9 Es handelte sich um Kaiser-El-Saftis Habilitationsarbeit.

Eine Verbindung zwischen Herbart und Stumpf war in der gesamten Stumpfforschung und Herbartforschung noch niemals untersucht worden und ist, nicht zuletzt von beider Einbeziehung der Musik bzw. der Einbeziehung der akustischen Wahrnehmung in die Erkenntnistheorie und psychologische Wahrnehmungspsychologie nicht nur gegeben, sondern zum Verständnis beider Forscher auch notwendig. Auf die Verbindung zwischen Herbarts und Stumpfs Tonlehre bezieht sich auch Kaiser-El-Saftis Beitrag zum Stumpfkongress (vgl. Kaiser-El-Safti, 2003a: S. 73-94) und wird nochmals vertieft in ihrem Referat zum internationalen Herbart-Symposion, das Juni 2005 in Paris veranstaltet wurde (vgl. Kaiser-El-Safti, 2007).

2001 erschien in italienischer Sprache ein ganzer Band über Stumpf „Carl Stumpf e la fenomenologia dell'esperienza immediata", an dem deutsche und italienische Forscher beteiligt waren (vgl. Kaiser-El-Safti, 2001: S. 231-259). Der Kanadier Denise Fisette übersetzte kürzlich vier grundlegende Artikel Stumpfs ins Französische und ließ sie 2006 mit einer ausführlichen Einleitung versehen in Paris erscheinen.[10] Allem Anschein nach interessiert sich nun schon seit einiger Zeit auch das Ausland für Carl Stumpf und zwar nun mehr oder weniger unabhängig von Stumpfs Zugehörigkeit zur Brentanoschule, die für das deutsche philosophische Interesse an Stumpf immer noch ausschlaggebend zu sein scheint.

Hier, innerhalb der Brentanoforschung, wird die Beschäftigung mit Stumpf häufig nur aus einer historischen Perspektive betrieben, in der nicht selten ein wertender Unterton mit anklingt. Letzterer bezieht sich hauptsächlich auf das Urteil, Stumpf sei ein radikaler Empirist ohne transzendent-metaphysischen Bezug gewesen.[11] In der Tat enthielt Stumpf sich, ganz anders als Brentano, metaphysischer Forschungen; ob er deshalb als „Empirist" abgestempelt werden darf, erscheint allerdings fragwürdig, und dies nicht erst, wenn Stumpfs „Erkenntnislehre" herangezogen wird. Was Stumpf dort in der Einleitung über John Locke schreibt, er sei „Empirist nur in bezug auf den Ursprung der Begriffe, nicht aber in bezug auf den Ursprung der Erkenntnisse" gewesen, trifft auch auf ihn selbst zu – das hat er wiederholt in seinen Arbeiten betont. Dafür zeugen letztlich unzweideutig die Kapitel „Unmittelbare Erkenntnis" in der „Erkenntnislehre" (vgl. Stumpf, 1939: §§12-19), in denen Stumpf sich als versierter Logiker erweist, ausführlich den Stellenwert der Universalaxiome von dem der regionalen oder speziellen Axiome beschreibt und abgrenzt und beider Bedeutung für die Wissenschaftslehre erklärt. Mit Reflexion auf diese Kapitel könnte man Stumpf ebenso gut als „Aprioristen" bezeichnen. Anscheinend übersieht man permanent, woran Stumpf ausdrücklich gelegen war, nämlich „dass der Ausdruck ‚Erfahrung' mehrdeutig ist, und dass man, wenn ein Philosoph als Empirist oder als Rationalist bezeichnet wird, zuerst fragen muß: in welcher Beziehung, in Bezug auf die Begriffe oder auf die Erkenntnisse?" (vgl. Stumpf, 1939: S. 7)

Auf der einen Seite ist verständlich, dass eine Forschung sich mit orthodoxem Eifer einem verdienten Denker wie Brentano zuwendet, der häufig in seinem

---

10 Es handelt sich um „Die Wiedergeburt der Philosophie" (1907), „Erscheinungen und psychische Funktionen" (1906), „Zur Einteilung der Wissenschaften" (1906) und Stumpfs „Selbstdarstellung" von 1924.

11 Vgl. Brentano Studien IX, K. Schumann, S. 63 ff und Dale Jaquette, S. 229 ff.

Forschungsleben zentrale Punkte seiner Lehre revidiert und geändert hat; auf der anderen Seite ist aber bedauerlich, dass ein so scharfer Logiker und begnadeter Psychologe wie Carl Stumpf nicht als eigenständiger Denker gewürdigt wird. Selbst Dieter Münch, der sich zweifellos auch bemüht, die Bedeutung Stumpfs sichtbar zu machen und damit einigermaßen vom Mainstream abweicht, wenn er schreibt: „Offensichtlich fehlt Stumpf die philosophische Ambition, die für Brentano und seine Schule so charakteristisch ist. Er hat weder das Sendungsbewusstsein Brentanos, noch die unerbittliche Verteidigungshaltung, die für Marty, Kraus und andere Schüler Brentanos so charakteristisch ist [...]" (vgl. Münch, 2004: S. 13), verzichtet seinerseits nicht darauf, eine innige geistige Verwandtschaft zwischen Stumpf und Brentano zu suggerieren.[12] Bemerkenswerterweise hat Stumpf in zwei wichtigen Arbeiten, die einen Überblick über den psychologischen und philosophischen Forschungsstand seiner Zeit geben, nicht Brentano, sondern jedes Mal Hermann Lotze und G. Th. Fechner genannt. Aus dem ersten Artikel zitiert Münch.[13] In dem zweiten, ebenfalls 1907 erschienen Zeitungsartikel „Richtungen und Gegensätze in der heutigen Psychologie", den Münch nicht erwähnt, rekurriert Stumpf wieder auf Lotze und Fechner:

> Was aber Lotze und Fechner von dieser früheren empirischen Psychologie unterscheidet, ist ihr naturwissenschaftlicher Ausgangspunkt, ihre vollkommene Beherrschung der physikalisch-physiologischen Tatsachen und Methoden. Voneinander unterscheiden sich die beiden dadurch, dass Lotze nur beobachtet und analysiert, Fechner auch experimentiert. In der Feinheit der subjektiven Beobachtung war Lotze der größere, wie er auch der schärfere philosophische Kopf war. Aber Fechner hat durch sein geniales Zugreifen und seine unendliche Geduld in der Durchführung der Experimente die stärksten Anregungen gegeben.[14]

Münch vermisst hier die Erwähnung Brentanos und glaubt ergänzen zu müssen: „Obwohl Stumpf sich hier auf Fechner und Lotze bezieht, ist klar, dass er hier zugleich die Grundüberzeugungen anführt, die ihn mit Begeisterung an Brentanos ‚Fahne fesselte': die Methode der Philosophie ist die der Naturwissenschaften, und die Psychologie ist der archimedische Punkt, an der die Philosophie sinnvoll ansetzen kann, um ihre Probleme in einer empirischen Zugangsweise zu lösen [...]" (vgl. Münch, 2004: S. 19). Münch beruft sich auf Stumpfs Erwähnung der seinerzeit öffentlich diskutierten

12 Wenn Münch in Anmerkung 12, a. a. O., S. 57 behauptet, der Einfluss Brentanos sei „überdeutlich" noch in Stumpfs letztem Werk, der „Erkenntnislehre", zu verspüren, deren Index „mehr als 50 Verweise auf Brentano" enthalte, dann hat er anscheinend nur den Index gelesen, denn mit mehr als der Hälfte der Verweise grenzt Stumpf sich ausdrücklich von Brentanos Lehre ab.

13 Münch bezieht sich auf „Die Wiedergeburt der Philosophie", in Stumpf 1910, S. 165. Dort schreibt Stumpf über Lotze und Fechner, die im Übrigen keine Empiristen oder Positivisten waren, sondern eine Metaphysik „von unten" aufbauen wollten: „Wahr ist nur, dass die Wurzel ihrer Kraft in den von ihnen selbständig weitergeführten und seither noch so viel reicher entwickelten empirischen Disziplin liegen. Von hier aus also, von einer in naturwissenschaftlichem Geiste betriebenen Psychologie, kam neues Leben in die Philosophie."

14 In „Internationale Wochenschrift für Wissenschaft Kunst und Technik". 19. Oktober 1907, wiederabgedruckt in Sprung & Sprung 1997, S. 144.

4. Habilitationsthese Brentanos mit dem Inhalt, dass für die Philosophie keine andere Methode als für die Naturwissenschaft in Anspruch zu nehmen sei, die Stumpf 1919 in seinen „Erinnerungen an Franz Brentano“ (vgl. S. 88) erwähnt, weil sie einst (1866) auf den 18jährigen jungen Studenten großen Eindruck gemacht hatte, ja sogar als eine Art Erweckungserlebnis verstanden werden kann. In denselben „Erinnerungen“ gibt Stumpf aber auch zu erkennen, was ihn später von Brentano trennte: Psychologische Forschung war für Brentano nur eine vorübergehende Episode. Stumpf betont hier, dass es ganz und gar verkehrt wäre, Psychologie als den Ausgangspunkt des Brentanoschen Philosophierens anzusehen. Nicht Psychologie, sondern „Metaphysik war Anfang und Ende seines Denkens. Dies würde allerdings nicht hindern, dass die Psychologie zeitweilig in den Vordergrund getreten wäre und tatsächlich war es auch so. Aber im Innersten überwog doch das metaphysische Interesse alles andere“ (vgl. Stumpf, 1919: S. 98).[15] Sehr vorsichtig, aber in der Sache eindeutig, gibt Stumpf zu erkennen, was ihn, von persönlichen Divergenzen abgesehen, von Brentano getrennt habe, nämlich dessen spekulativer oder „deduktiver“ Hang auf die Gefahr hin, insbesondere bei sinnespsychologischen Fragen, Beobachtungstatsachen durch weit hergeholte und „kühne Deutungen“ zu verfälschen.[16]

Bei allen Dankbarkeits- und Wohlwollensäußerungen gibt Stumpf gleich eingangs in den „Erinnerungen“ zu erkennen, dass im Unterschied zu anderen Brentanoschülern zwischen ihm und Brentano nach der frühen Zeit enger Freundschaftsbeziehungen sich später ein distanziertes Verhältnis hergestellt habe und bezieht das, wiederum sehr diplomatisch, nicht auf sachliche Divergenzen, sondern auf die „Berliner Unrast“: „Daß die Berliner Unrast und Überlastung mich verhinderte, die in den Jugendjahren begründete enge Fühlung in gleicher Weise aufrecht zu erhalten, empfand ich immer schmerzlich“ (vgl. S. 87). Vielleicht sollte man eine enge Bindung an und Beeinflussung durch Brentano nur für die allerersten Jahre beim jungen Stumpf postulieren. Der Einfluss Lotzes, bei dem Stumpf promovierte und habilitierte, dürfte trotz Stumpfs Kritik an Lotzes Theorie der Raumwahrnehmung, vermutlich größer gewesen sein. Lotze war wohl auch in der Wahrnehmung Stumpfs der größere Psychologe, und wann oder wo ist denn Brentanos Plädoyer für die naturwissenschaftliche Methode nach der Verteidigung der Habilitationsthese nochmals nennenswert in Erscheinung getreten oder gar Realität geworden?

Jedoch muss man Münch zugute halten, dass er Stumpf auch ein eigenes Denken und eigene Verdienste zubilligt, indem er Stumpfs Kantkritik lobend hervorhebt und auf andere als auf den bekannten Kontext abhebt. Mit diesem anderen „Kontext“ berührt Münch die in dieser Arbeit behandelte Thematik, wenn auch nur am Rande und letztlich wiederum, um auf eine andere Abhängigkeit hinzuweisen, diesmal auf die Beziehung zwischen Stumpf und Husserl, der 1886 zu Stumpf nach Halle gegangen war, um bei Stumpf Unterstützung für ein mathematisch-philosophisches Thema zu

---

15 Brentano schrieb 1886 aus Wien an Stumpf: „Ich bin augenblicklich Metaphysiker: Ich muß gestehen, nachdem ich ein paar Jahre ganz Psychologe gewesen bin, freut mich der Wechsel.“

16 Vgl. a. a. O., die eigentliche Kritik an diesen Verfahrensweisen formuliert Stumpf mit Hilfe eines Lotze-Zitats.

erhalten. Offenbar wusste Husserl zu dieser Zeit von Stumpfs Habilitation mit einem mathematisch-philosophischen Thema, von wem auch immer er das erfahren hat.[17]

Stumpf hat mathematische Fragen innerhalb seiner Arbeiten wiederholt behandelt, am ausführlichsten jedoch in der bislang unveröffentlichten Habilitationsarbeit „Über die Grundsätze der Mathematik", die der 22jährige Stumpf 1870 bei Lotze in Göttingen angefertigt, aber nicht veröffentlicht hatte. Die Arbeit durfte mit Erlaubnis der Erben Stumpfs eingesehen, aber nicht wörtlich zitiert werden. Offenbar hat Münch diese Arbeit in Händen gehabt und zitiert auch wörtlich aus ihr (vgl. Münch, 2004: S. 46). Tatsächlich hat Stumpf schon in dieser frühen Arbeit ausdrücklich zwischen Begriff und Satz unterschieden, wie Münch hervorhebt; nach Münch nimmt Stumpf damit einen wichtigen Standpunkt vorweg, der an Frege „erinnert", den Frege aber erst viele Jahre später in seinen „Grundlagen der Arithmetik" vertritt: „nach der Bedeutung der Wörter muß im Satzzusammenhange, nicht in ihrer Vereinzelung gefragt werden" (vgl. Frege, 1884: S. 10). Nach Frege wird auf diese Weise die psychologistische Gefahr verhindert, Begriffe als subjektive Vorstellungen zu deuten, das Urteil (den Satz) als eine Verbindung subjektiver Elemente zu bezeichnen und mit der Logik in Psychologie bzw. in den Psychologismus abzugleiten.

Es ist erstaunlich, dass Münch, nachdem ihm schon die Habilitationsarbeit von Stumpf vorlag, nicht mehr aufgefallen ist als diese tatsächlich sehr wichtige Übereinstimmung zwischen Stumpf und Frege in diesem erkenntnistheoretisch und logisch folgenreichen Grundprinzip. Das hat wahrscheinlich damit zu tun, dass Münch, nachdem die Verwandtschaft Stumpfs mit Brentano sichergestellt war, sich nun schärfer auf das Verhältnis Stumpf-Husserl konzentrierte. Da dieses Verhältnis hier nicht mehr interessiert, sei nur das Ergebnis mitgeteilt. Münch lässt am Ende seiner Ausführungen keinen Zweifel daran, dass Stumpf als Philosoph ernst zu nehmen ist, nachdem er eingangs noch in Frage gestellt hatte, ob Stumpf überhaupt als Philosoph angesehen werden könnte.[18] Unter dem Gesichtspunkt, dass das Verhältnis der (deutschen) Phänomenologie zur (amerikanischen) analytischen Philosophie wieder aufgerollt werden soll, anscheinend ein besonderes Anliegen des Autors, resümiert Münch dann: „Gerade bei der Behandlung dieser Frage ist die Fixierung auf Husserl ein Fehler. Husserl erscheint mit seiner Rehabilitation der Bewusstseinsphilosophie geradezu als ein Rückschritt gegenüber Stumpf, der diese Phase überwunden hat" (vgl. S. 50). Und was Frege betrifft, heißt es bei Münch: „Stumpf ist wie Frege ein Antipsychologist. Seine Zugangsweise hat gegenüber der von Frege allerdings den Vorteil, dass sie die Brücke, die zwischen natürlichen Begriffen und der wissenschaftlichen Sprache besteht, nicht

---

17 Münch bezieht sich auf einen Brief Brentanos, der Husserl Stumpf empfohlen habe. Tatsächlich bat Husserl Brentano, ihn Stumpf zu empfehlen, sodass Husserl die Kenntnis von Stumpfs Habilitation auch aus einer anderen Quelle geschöpft haben könnte.

18 Vgl. a. a. O., S. 13: "Tatsächlich ist es keineswegs selbstverständlich, Carl Stumpf als Philosophen zu behandeln".
Nach welchen Kriterien ist denn ein Forscher, der lebenslang zu philosophischen Fragen geforscht hat, nun auch als Philosoph „zu behandeln"? Das in 19. Auflage von G. Schischkoff herausgegebene „Philosophische Wörterbuch" hatte offenbar keine Skrupel, Stumpf als Philosoph „zu behandeln"; vgl. dort S. 636.

völlig abbricht. Stumpf ist daher in der gegenwärtigen kognitionswissenschaftlichen Grundlagendiskussion noch immer von Interesse" (Ebda). Dieses Resümee dürfte jedoch kaum geeignet sein, das Interesse für Stumpf zu entfachen, das dieser Forscher verdient. Wenn man Stumpf Gerechtigkeit widerfahren lassen will, müsste man sowohl die Anfänge dieses großen Forschers sorgfältig wieder unter die Lupe nehmen als auch die sukzessive Verwirklichung der Grundideen Stumpf nicht aus den Augen lassen. In dieser Arbeit kann nur der erste Punkt soweit als möglich erfüllt werden, die Weiterführung dieser Anfänge muss der zukünftigen Stumpfforschung überlassen bleiben.

1.4 Stumpfs wissenschaftlicher Werdegang in den Jahren 1865 bis 1873

Stumpf hat an zwei Stellen öffentlich über seinen wissenschaftlichen Werdegang Auskunft gegeben, 1919 in den „Erinnerungen an Franz Brentano" und 1924 in der „Selbstdarstellung". Über das Leben des begabten Kindes, das wohlbehütet in einer Akademikerfamilie in Wiesentheit/Franken aufwuchs, hat Helga Sprung ausführlich recherchiert (vgl. Sprung, 2006: S. 59ff). Stumpf zeigte als Kind ein leidenschaftliches Interesse für die Musik; er spielte mehrere Instrumente und versuchte sich auch in der Komposition. Als 17jähriger bezog er 1865 die Universität in Würzburg „mit mehr Lust zur Musik als zur Gelehrsamkeit" (vgl. Stumpf, 1924: S. 208). Im ersten Semester setzte er sich in einem philosophischen Seminar mit Kants „Kritik der Urteilskraft" auseinander, im zweiten Semester wählte er Jura, „nicht aus Neigung, sondern um einen Beruf zu haben, der mir freie Zeit für die Musik lassen würde" (Ebda). Gegen Ende des Semesters begegnete Stumpf dem nur zehn Jahre älteren Philosophen und Theologen Franz Brentano, der zu dieser Zeit noch Priester war und sich gerade habilitierte. Stumpf schildert den starken Eindruck, den Brentano auf ihn machte, und der eine „Umwandlung" seiner ganzen Natur bewirkte, folgendermaßen (vgl. Stumpf, 1924: S. 208):

> Alles versank vor den großen Aufgaben der philosophischen und religiösen Wiedergeburt. Scharfes Denken war eigentlich bis dahin nicht mein Fall, vielmehr mir etwas unbehaglich. Erst Brentanos eiserne Disziplin machte mir das Bedürfnis logischer Klarheit und Folgerichtigkeit zur zweiten Natur. Das Gemütsleben musste sich jetzt ganz den Geboten des Verstandes fügen.

Das Erweckungserlebnis hatte sich am 14. Juli 1866 ereignet, als Brentano öffentlich seine Habilitationsthesen verteidigte, unter denen sich auch jene befand, die für die Philosophie keine andere Methode als die der Naturwissenschaft forderte, und von der sich Brentano eine Wiedergeburt der Philosophie erhoffte (vgl. Stumpf, 1919: S. 88).[19] Fortan vernachlässigte Stumpf sein Jurisprudenzstudium, suchte Brentano persönlich

[19] Vgl. F. Brentano, „Die Habilitationsthesen", in „Über die Zukunft der Philosophie", Hamburg 1968, 133 ff. Die vierte lautete: „Die wahre Methode der Philosophie ist keine andere als die der Naturwissenschaften."

auf, um mit ihm nicht nur über einen Wechsel zur Philosophie und Theologie zu sprechen, sondern auch um ihm seinen Eintritt in den geistlichen Stand vorzuschlagen, und anscheinend ermutigte Brentano den jungen Mann in allen Punkten. Das Plädoyer für naturwissenschaftliche Methoden bildete für den jungen Stumpf den Anreiz, neben Brentanos Vorlesungen auch naturwissenschaftliche Vorlesungen zu besuchen. Stumpf berichtet in seinen „Erinnerungen" ausführlich über seine bei Brentano gehörten Vorlesungen (vgl. Stumpf, 1919: S. 99):

> Auf die Geschichte der Philosophie folgte im Sommer 1867 Metaphysik, Winter 1867 Geschichte der Philosophie, Sommer 1868 Metaphysik (fünfstündig), Winter 1868 Geschichte der Philosophie, Metaphysik I. Teil (Transzendentalphilosophie und Ontologie), Sommer 1869 Metaphysik II. Teil (Theologie und Kosmologie) und öffentlich über A. Comte und den Positivismus im heutigen Frankreich, Winter 1869 deduktive und induktive Logik, Geschichte der Philosophie I (alte Zeit), Sommer 1870 Metaphysik, Geschichte der Philosophie II (mittlere und neue Zeit).

Bemerkenswerterweise kommt Psychologie, mit Ausnahme von 25 Vorlesungsstunden über die Unsterblichkeit der Seele, (vgl. S. 105) überhaupt nicht vor und bestätigt Stumpfs Urteil, dass Psychologie weder am Anfang noch am Ende von Brentanos wissenschaftlicher Vita eine bedeutende Rolle gespielt hätte.

In den vier Jahren zwischen 1866 und 1870 geschah aber noch viel mehr, als dass der junge Stumpf mit Windeseile auf seine Habilitation zustrebte und sie 1870 auch 22jährig erfolgreich abschloss. 1867 war Stumpf zu Hermann Lotze nach Göttingen gegangen, um dort in Philosophie zu promovieren; wertvoller als die Erreichung dieses Ziels bezeichnete Stumpf den Gewinn der Freundschaft Lotzes (vgl. Stumpf, 1919: S. 101). Im selben Jahr kehrte er nach Würzburg zurück und trat in das Würzburger Priesterseminar ein, sich dort allen Vorschriften unterziehend. Aber bereits im Frühjahr 1870 bewog Brentano Stumpf dazu, aus dem Priesterseminar wieder auszutreten. Über die Erschütterung, die diese neuerliche „Umwandlung" in ihm auslöste, äußerte Stumpf sich in seiner „Selbstdarstellung" (vgl. Stumpf, 1924: S. 210):

> Das ganze Gebäude der katholisch-christlichen Glaubenslehre und Weltanschauung zerfiel mir vor den Augen. Unter furchtbaren Seelenschmerzen musste ich das gewählte Lebensideal wieder aufgeben. Im Juli zog ich das schwarze Gewand aus. Weihen hatte ich noch nicht empfangen, und so entstanden mir keine tiefgreifenden Schwierigkeiten für das weitere Leben. Aber ich musste zur Welt erst wieder zurückfinden, und so manche günstige wie ungünstige Nachwirkung dieses Jahres machte sich noch lange in meinem Leben fühlbar.

Was war geschehen? Am 15. März 1870 erhielt Stumpf von Brentano „einen merkwürdigen Brief", in dem er Stumpf den Austritt aus dem Priesterseminar nahe legte, weil ansonsten bei den derzeitigen politischen und kulturellen Verhältnissen nicht auf eine staatliche Professur zu rechnen sei. Einige Wochen später eröffnete Brentano dem jungen Stumpf dann seine religiösen Zweifel an wesentlichen Dogmen der katholischen Kirche (Trinität und Inkarnation), die der junge Stumpf natürlich auch nicht zu lösen vermochte. Stumpf geht in den „Erinnerungen" viel ausführlicher als später in der „Selbstdarstellung" auf diese neuerliche „Umwandlung" ein und vermutlich rührt seine lebenslang durchgehaltene Verhaltenheit seinem Lehrer Brentano gegenüber auch aus dieser, den jungen Menschen überfordernder Zeit. Die Freundschaft Lotzes scheint da eine große Hilfe gewesen zu sein. Stumpf zitiert 1924 in seiner „Selbstdarstellung" ausführlich aus einem Brief Lotzes, der einfühlsam und mit Achtung vor dem Entschluss des jungen Menschen vorsichtig warnt und seine freundschaftliche Unterstützung anbietet (vgl. Stumpf, 1924: S. 211). Als Lotze von Stumpfs Austritt erfährt, ist er erleichtert und empfiehlt dem jungen Forscher, statt quälender Selbstvorwürfe erst einmal zur Ruhe zu kommen. In diese Zeit fällt Stumpfs Entschluss, sich bei Lotze zu habilitieren.

Aus Stumpfs Nachruf auf Lotze [20] erfährt man, dass beide einander sehr schätzten und freundschaftlich miteinander verkehrt hatten, solange Lotze lebte. Lotzes Haus und das seiner Freunde stand dem jungen Stumpf nach der Zeit der Habilitation offen, er traf sich mit Musikinteressierten, mit denen er Quartett spielte. In dieser Zeit lernte Stumpf auch noch die „Altmeister der Psychophysik", E. H. Weber und G. Th. Fechner, kennen, die ihn tief beeindruckten, und er machte die Bekanntschaft des Mathematikers Felix Klein.

Über das Motiv, für die Habilitation ein mathematisches Thema zu wählen, ist nichts bekannt. Weder in den „Erinnerungen", noch in der „Selbstdarstellung" erfährt man etwas darüber, warum Stumpf sich mit der erkenntnistheoretischen Natur der mathematischen Axiome beschäftigen wollte, und selbst in den Briefen Brentanos an Stumpf (die Briefe Stumpfs an Brentano, insoweit noch vorhanden, sind nicht veröffentlicht) aus dieser Zeit wird das Habilitationsthema niemals erwähnt. Lediglich der Entschluss und die Billigung Lotzes, aber nicht das Motiv wird in der „Selbstdarstellung" erwähnt: „Mein Entschluß fand seine Billigung. Ich arbeitete noch in den Ferien eine Schrift über die mathematischen Axiome aus und habilitierte mich Ende Oktober 1870 in Göttingen" (vgl. S. 211). Man könnte an Zauberei denken, wenn man bedenkt, dass Stumpf sich in wenigen Monaten ein neues, nicht eben anspruchsloses mathematisches Thema, für das er anscheinend nicht einmal eine besondere Anlage mitbrachte, [21] samt der ebenfalls komplexen Hintergrundliteratur habilitationsreif aneignete. Aber offenbar las und verarbeitete der jungen Stumpf in kürzester Zeit große Mengen an Literatur; das geht beispielsweise aus einer Bemerkung über seine Vorbereitung zur Dissertation hervor: „Zur Vorbereitung auf das Rigorosum las ich, wenn auch kursorisch, alle philosophischen Hauptwerke und für die Dissertation die ganze platonische Literatur" (vgl. Stumpf, 1924: S. 209). Die Tatsache, dass er die Habilitation nicht veröffentlichte, obwohl er das zunächst wohl vorgehabt hatte, wird in der „Selbstdarstellung" damit erklärt, dass „die nichteuklidische Betrachtungsweisen, in die Felix Klein mich einführte, mir doch schließlich über den Kopf wuchsen" (S. 211).

Ohne Stumpf in irgendeiner Weise Lügen strafen zu wollen, will diese Erklärung, nachdem man sich mit dem Inhalt der Schrift bekannt gemacht hat, nicht einleuchten,

20 Vgl. Stumpf, „Zum Gedächtnis Lotzes", 1917, Kantstudien 22, 1-26.

21 In der „Selbstdarstellung" schreibt Stumpf über seine schulische Laufbahn und das schulische Angebot: „... besonders war die Mathematik in Aschaffenburg ganz jämmerlich vertreten. Ich hatte dafür wohl keine besondere Anlage, aber mit einer tüchtigen Grundlegung auf der Schule hätte ich es doch wahrscheinlich weiter gebracht" (vgl. S. 207).

denn von nichteuklidischer Geometrie ist dort so gut wie gar nicht die Rede, und selbst wenn die Habilitation nur als Vorbereitung für diese Thematik konzipiert worden war, enthielt sie auch an sich genug Substanz für eine Veröffentlichung. Natürlich waren zeitgenössische Mathematiker für die zu dieser Zeit aufkommende Diskussion über andere Modelle als die euklidische Geometrie besser ausgerüstet als der junge Stumpf, aber Stumpfs Ausführungen über die Natur der mathematischen Axiome sind von philosophischer und viel allgemeinerer Art; sie behandeln das Wesen axiomatischer Erkenntnis schlechthin und nicht nur in Bezug auf die Mathematik.

Der Entschluss der Nichtveröffentlichung könnte eine im Grunde einfache Erklärung gehabt haben: Nach seiner Habilitation verarbeitet Stumpf wiederum innerhalb von sechs Monaten (siehe Briefe an Wilhelm Scherer, Kap. 1.5) eine riesige Menge an wissenschaftlicher Literatur, diesmal alles, was zu dieser Zeit über Theorien zur visuellen Wahrnehmung im Inland und im Ausland vorlag, um seinerseits zu einer überzeugenderen These über die Hintergründe der visuellen, insbesondere der Raumwahrnehmung, vorzustoßen. Die Arbeit „Über den psychologischen Ursprung der Raumwahrnehmung" ist 1872 abgeschlossen und erscheint 1873, also ein Jahr, bevor Brentano mit seiner „Psychologie vom empirischen Standpunkt" an die Öffentlichkeit tritt.[22] Wichtiger als dass Stumpfs Monographie auch im Ausland positiv rezensiert wird und zwar von keinem geringeren als von William James, ist, dass bereits diese Arbeit das Grundkonzept von Stumpfs phänomenologischem Credo, der Theorie der psychologischen Teile und die Theorie der Teil-Ganzes-Verhältnisse, enthält sowie wichtige Analysen seiner Funktionspsychologie, insbesondere das Urteil betreffend (vgl. Kaiser-El-Safti, 2001: S. 339ff). Nach Abschluss dieser Arbeit dauert es dann allerdings zehn Jahre, bis Stumpf wiederum mit einer neuen Thematik überrascht, diesmal handelt es sich um eine akribische Aufarbeitung und Weiterführung der akustisch-musikalischen Wahrnehmung. Hier war jedoch mehr als Kenntnisnahme und Verarbeitung des wissenschaftlichen Standes vonnöten; Stumpf hat lange anhaltend experimentieren müssen, um seine Erkenntnisse zu verifizieren. Dieses neue Gebiet machte aus Stumpf einen der berühmtesten Experimentalpsychologen seiner Zeit. Der erste Band der „Tonpsychologie", 1883 erschienen, enthält alles über die zeitliche akustische Wahrnehmung, der sieben Jahre später 1890 erschienene 2. Band verarbeitet die Erkenntnisse zur gleichzeitigen akustischen Wahrnehmung. Bis 1906 befasst Stumpf sich experimentell und literarisch hauptsächlich mit der Untersuchung zur akustischen Wahrnehmung, mit Themen zur Musikpsychologie und zur Musikethnologie. 1907 erscheinen dann die beiden großen Abhandlungen „Erscheinungen und psychische Funktionen", „Zur Einteilung der Wissenschaften" und Arbeiten zu einer Theorie der Gefühle. Das Themenspektrum ist ebenso vielfältig wie die Methoden; was das Verhältnis von Selbstbeobachtung und Experiment anbelangt, hat Stumpf stets betont.

---

[22] Dieter Münch erwähnt in seinem „Essay über Carl Stumpf und Franz Brentano", Stumpf sei „an dem Zustandekommen von Brentanos *Psychologie vom empirischen Standpunkt* (1874) mitbeteiligt [gewesen], und zwar nicht nur als Diskussionspartner. So versorgte er Brentano von Göttingen aus [...] mit der neuesten psychologischen Literatur" (S. 15). Leider gibt Münch die Quelle nicht an, aus der er diese interessante Mitteilung geschöpft hat. Möglicherweise hatte er Einblick in unveröffentlichte Briefe Stumpfs an Brentano.

> Die Psychologie hat das Experiment nützlich und nötig gefunden, um die Bedingungen, unter denen Selbstbeobachtung stattfindet, möglichst genau festzulegen und die subjektiven Erlebnisse, die beobachtet werden sollen, systematisch nach bestimmten Richtungen zu variieren. Aber sie betrachtet das Experiment überall nur als Einleitung und Unterstützung der subjektiven Beobachtung, die nach wie vor entscheidend bleibt, und als äußeren Anlass der subjektiven Erlebnisse, die nach wie vor ihren Gegenstand bilden (vgl. Stumpf, 1907: S. 25).

Die Selbstbeobachtung bezog sich sowohl auf die Wahrnehmung der psychischen Funktionen als auch auf die Bewusstseinsinhalte, wie Stumpf in einer Fußnote zum nachfolgenden Zitat hervorhob:

> Alle diese Wege laufen auf dasselbe, nämlich auf möglichst genaue Selbstbeobachtung hinaus. Das Experiment ist überall nur Vorbereitung, nirgends aber ist dies nachdrücklicher zu betonen als in der Psychologie. Experimentell herbeigeführt waren schließlich auch die Beobachtungen eines Aristoteles, eines Hume, wenn sie sich bestimmte Gegenstände absichtlich in die Vorstellung riefen, um das Vorgestellte mit dem Wahrgenommenen zu vergleichen (vgl. Stumpf, 1918: S. 5).[23]

Das bedeutete hinsichtlich der akustisch-musikalischen Wahrnehmung, dass jemand, der keine Töne erinnern und vorstellen kann, sich auch nicht an der Forschung aktiv beteiligen oder ihre Ergebnisse nachvollziehen konnte.

Die angeführten Arbeiten beleuchten lediglich punktuell das Themenspektrum, das der Psychologe, Phänomenologe und Erkenntnistheoretiker in seinem langen Leben bearbeitete. Unter „Phänomenologie" hat Stumpf ausschließlich die Untersuchung der sinnlichen Erscheinungen verstanden, deren „Teile", Merkmale, „Beschaffenheiten", „Attribute" und immanente Verhältnisse er lebenslang zu erforschen suchte. Logik steht am Anfang und am Ende dieser Forscherarbeit, denn Stumpf war nicht „Empirist" und nicht „Positivist", der sich mit einem unreflektierten Erfahrungsbegriff an die experimentelle Arbeit machte, sondern der auch die Ergebnisse der Selbstbeobachtung einer logischen Arbeit unterzog.

In dieser Arbeit richtet sich die Aufmerksamkeit im Folgenden nur noch auf Stumpfs Habilitation. Damit ist der philosophische Hintergrund nicht erschöpft und das eigentliche Motiv kann vielleicht später einmal aufgedeckt werden. Das Hauptaugenmerk richtet sich auf einen Vergleich mit verwandten Gedanken bei Gottlob Frege – nicht zuletzt um endgültig das Vorurteil aus der Welt zu schaffen, dieser Schüler Brentanos habe irgendetwas mit „Psychologismus" zu schaffen gehabt.

Wie zuvor schon beschrieben, setzte der junge Stumpf seine Forschung bei Lotze in Göttingen fort, um dort seine Habilitation anzufertigen.

---

[23] „Den Ausdruck Selbstbeobachtung verstehen wir hier in seinem weiteren Sinn, in dem er nicht nur die Beobachtung psychischer Funktionen, sondern auch die Beobachtung von Bewusstseinsinhalten als solche erfasst."

1.5 Zeitdokumente zur Habilitation

In dieser Phase des persönlichen Umbruchs schreibt Carl Stumpf mit Hilfe der freundschaftlichen Unterstützung Lotzes für das Habilitationsprocedere, seine Habilitationsschrift „Über die Grundsätze der Mathematik". Die Mathematik entwickelte sich in dieser Zeit in fast all ihren Disziplinen rasant. Insbesondere die euklidische Geometrie erfreute sich ab 1870, aufgrund der Anschauung und Einfachheit ihrer Beweise, einer großen Beliebtheit und veranlasste viele Veröffentlichungen zur elementaren Geometrie. Oberflächlich betrachtet und ohne Stumpf und seine späteren Werke zu kennen, wäre man leicht geneigt, seine Arbeit, beispielsweise aufgrund der minuziösen Auseinandersetzungen mit den Inhalten von Axiomen, Postulaten und Definitionen oder auch den Winkel- und Seitenverhältnissen im Dreieck irgend einem mathematischen Diskurs dieser Zeit zuzuordnen. Dies führt dann zu einer Feststellung, wie sie bei Sprung nachzulesen ist: „Nach Aussagen heutiger Mathematikhistoriker hatte sie [die Habilitationsschrift] keine Bedeutung für die Entwicklung der Mathematik gehabt" (vgl. Sprung, 2006: S. 70).

Fragt man nach der Motivation des jungen Stumpf, ausgerechnet ein Thema aus den mathematischen Disziplinen für seine Habilitation zu wählen, erhält man zunächst keine Antwort. Zur Aufklärung der Motivationsfrage könnten Dokumente aus der Habilitationszeit einen gewissen Aufschluss liefern wie beispielsweise der Briefwechsel mit Hermann Lotze und Stumpfs Vetter Wilhelm Scherer, sowie die Einträge in Stumpfs Personalakte aus der Göttinger Zeit als Privatdozent. Stumpfs Hinweise in seiner „Selbstdarstellung" sind äußerst knapp gehalten und betreffen nur die folgende zwei Sätze (vgl. Stumpf 1924: S. 211):

> Mein Entschluß fand seine [Lotze] Billigung. Ich arbeitete noch in den Ferien eine Schrift über die mathematischen Axiome aus und habilitierte mich Ende Oktober 1870 in Göttingen. Die Schrift habe ich aber nicht veröffentlicht, weil die nichteuklidischen Betrachtungsweisen, in die Felix Klein mich einführte, mir doch schließlich über den Kopf wuchsen.

Auch die Briefe aus dem Jahr 1873 an seinen Vetter Wilhelm Scherer (vgl. Sprung, 2006: S. 71) ähneln dem Inhalt der „Selbstdarstellung" (1924) und geben keine weiteren Aufschlüsse.

Am 15.5.1873 schreibt Stumpf an Scherer:

> In den Herbstferien (1870) arbeitete ich eine Schrift über die mathematischen Axiome aus und habilitierte mich damit, auf eine Einladung des mir von früher gewogenen Hofrat Lotze hin, sogleich hier in Göttingen, woselbst ich nun im 6. Semester docire [...].
>
> Die oben erwähnte Schrift über die mathematischen Axiome ist nicht gedruckt worden, weil ich sie, ebenso wie die die Untersuchung über den Substanzbegriff, später noch einmal durcharbeiten will.

Am 29.7.1873 ebenfalls an Scherer:

> Ich schicke Dir heute, was ich außer dem letzten Besuch habe drucken lassen, die Habilitationsschrift über die mathemat. Axiome ließ ich zunächst liegen. Die Dissertation wird Dich vielleicht mehr interessiren können als das neue Buch, ist auch mit mehr Muße gemacht, das letzte wurde in einer Hetze geschrieben (Mai – Ende October) wie ich sie nicht wieder erleben möchte.

Dem Briefwechsel Stumpfs mit Lotze ist zu entnehmen, dass Lotze die Habilitation unterstützte. In den Briefen von Juni bis Oktober 1870 schreibt Lotze, hier nur die Habilitation betreffend, folgendes:

Lotze an Carl Stumpf, 22.6.1870

> [...] Aus diesem Grunde ist es mir herzlich erwünscht, daß Sie wieder zu den philosophischen Arbeiten zurückkehren wollen und an eine Habilitation als Docent denken. Falls Sie, wie ich hoffe, dabei an Göttingen gedacht haben, so theile ich Ihnen mit, daß Ihre Niederlassung hier nicht die mindesten Schwierigkeiten haben wird. Die Habilitation kann bei uns zwei Jahre nach dem Ablauf des akademischen Triennium erfolgen, und diese Frist wird ja jetzt bei Ihnen verstrichen sein. Die Erfordernisse hierzu sind die Einreichung einer Abhandlung, zu welcher Sie freilich Ihre Dissertation nicht; aber wohl jede andere, vielleicht bis dahin publicirte Druckschrift benutzen können; ferner die Abhandlung einer Probevorlesung und eines Colloquium; letzteres beides zusammen zwei Stunden beanspruchend. Kosten haben Sie dabei gar nicht, da Sie in Göttingen promovirt sind, und die einzureichende Abhandlung nicht gedruckt zu werden braucht. An der Bewilligung des Curatorium endlich ist nicht zu zweifeln. Machen Sie mir also nun die Freude, nun recht bald Ihrem Antrag an den Decan unserer Facultät übermitteln zu dürfen. An weiteren Anlagen braucht er Nichts zu erhalten, als eine kurze Vita, in welcher Sie auf die früher eingereichte sich beziehen können und die Angabe dreier Themata zur Probevorlesung, zwischen denen die Facultät zu wählen hat [...] (vgl. Lotze, 2003: S. 547).

Lotze an Carl Stumpf, 14.8.1870

> [...] Ueber Ihre Habilitation habe ich Ihnen schon geschrieben; ich werde mich nur herzlich freuen, wenn Sie sie ausführen; Eile haben Sie aber gar nicht nöthig, denn so weit ich weiß, droht Ihnen keine Concurrenz, und übrigens könnte eine solche doch stets ein paar Wochen nach Ihrer Habilitation eintreten, ohne daß wir sie hindern könnten; diese Rücksichtnahme ist daher ganz überflüssig. Wenn Sie das Stipendium erhalten, so erfreuen Sie sich dessen ja in aller Ruhe und schreiben Sie mir wohin Sie gehen wollen; vielleicht kann ich Ihnen eine nützliche Bekanntschaft verschaffen [...] (vgl. 2003: S. 548).

Lotze an Carl Stumpf, 29.9.1870

> Ihre Sendung habe ich erhalten; es ist Alles in Ordnung; höchstens hätten Sie Ihr Diplom noch beilegen können, doch da Ihre Promotion ja notorisch ist, so wird

> es auch wohl ohne dies gehen. Ich werde Ihre Eingaben am Ende dieser Woche an den Decan befördern und Sie werden nächste Woche circuliren, so daß nach Ihrem Wunsche Probevorlesung (ich schlage das erste Thema vor) und Colloquium zwischen dem 8. und 15. October stattfinden kann. Ob Sie freilich in diesem Wintersemester, wenn es überhaupt eines gibt, eine Vorlesung noch zu Stande bringen, weiß ich nicht; das Bedürfniß nach Philosophie wird schrecklich gering sein. Aber das schadet Nichts. Beiläufig hätte ich noch andere Vorschläge für Sie, aber ich besinne mich eben, daß es doch besser ist, diese mündlich zu berühren. Kommen Sie also zur rechten Zeit; Sie werden uns allen willkommen sein (vgl. 2003: S. 548-549).

Lotze an Carl Stumpf, 15.10.1870

> Da Sie noch einige Tage zu Hause zubringen, so erinnere ich Sie daran, daß Sie vor der Habilitation (oder auch nachher) Ihre Disputation werden nachzuholen haben. Schreiben Sie sich eine lateinische Vorlesung, die langsam vorgetragen etwa 25 Minuten dauert, und bereiten Sie etwa 6 Thesen zur Disputation vor; ich glaube wenigstens nicht, daß Ihnen diese Formalität erlassen wird. Das Thema der Prälection ist beliebig. Im Uebrigen werden Sie herzlich willkommen sein (vgl. 2003: S. 549-550).

Bereits am 3.10.1870 konnte Lotze das Gutachten zur Habilitationsschrift „Über die Grundsätze der Mathematik" von Carl Stumpf mit nachstehenden Inhalt verfassen (vgl. 2003: S. 549):

> Die Abhandlung des Herrn Dr. Stumpf über die Grundsätze der Mathematik scheint mir, obgleich ich manche Sätze noch als disputabel ansehe, als Habilitationsschrift für die venia docendi im Fach der Philosophie vollkommen genugend. Sie gibt, ebenso wie die Dissertation des im Jahre 1868 von uns promovirten Verfassers, hinlänglich Zeugniß für die Gründlichkeit und den fruchtbaren Scharfsinn seiner philosophischen Bildung. Ich empfehle daher sein Gesuch zur Gewährung und würde zur Probevorlesung deswegen, weil Petent zunächst sich mit Geschichte der Philosophie zu beschäftigen denkt, das *erste* Thema vorschlagen. Nach einem mir brieflich geäußerten Wunsche des Herrn Dr. Stumpf darf ich S. Spectabilität wohl ersuchen, das Colloquium in der Woche vom 8. bis 15. Oct. anzusetzten.
> Ganz ergebenst Prof. Lotze
> 3. Oct. 1870
>
> PS. Die Adresse des Candidaten ist: Dr. Stumpf in Aschaffenburg.
> (vgl. Universitätsarchiv Göttingen, Philosophische Fakultät, Band 156, Blatt 506)

In dem Gutachten werden auch die drei Thesen genannt, die Stumpf für die Probevorlesung und das Kolloquium vorgeschlagen hat (vgl. Band 156, Blatt 505 und Blatt 501):

1. Die Entwicklung der aristotelischen Lehre aus der platonischen.
2. Über einige der bedeutendsten Einwände gegen die Willensfreiheit.
3. Philosophische Consequenzen der mechanischen Wärmelehre.

Viele Jahre später geht Stumpf noch in einer Rede „Zum Gedächtnis Lotzes" (geb. 21. Mai 1817) anlässlich seines 100jährigen Geburtstages, auch auf seine Disputation ein und bemerkt hierzu (vgl. Kantstudien, 1918: Bd. 22, S. 7):

> Bei der Habilitation hatte ich einen Vortrag über den nahen Anschluss des Aristoteles an Platon gehalten. Daran anknüpfend warf Lotze wieder die Frage auf, wie die platonischen Ideen wohl eigentlich zu bedeuten seien, und lenkte auf die Auslegungen hin, die er einige Jahre späte in der Logik gegeben hat. Durch solche sich mehr an die momentane Denktätigkeit des Kandidaten als an sein Gedächtnis wendende Fragestellung glaubte Lotze wohl teilweise ihm entgegenzukommen, teilweise seine philosophischen Fähigkeiten besser festzustellen. Mir passte die Methode weniger, da ich gut 'gebüffelt' hatte und es schwer fand, die subjektive Anschauung des Prüfenden zu erraten. Im allgemeinen möchte ich es für richtig halten, auf die Urteilfähigkeit und die unerlässliche Materialkenntnis gleichzeitig zu achten. Wie es Lotze damit besonders in den für ihn wie für viele andere Fachgenossen so lästigen massenhaften Staatsprüfungen gehalten hat, entzieht sich meiner Kenntnis.

Aus Stumpfs Personalakte, die im Universitätsarchiv in Göttingen aufbewahrt wird, sind lediglich Antragsstellung und Genehmigung zur „venia legendi" in Philosophie nachzulesen. Diesbezüglich lauten die Einträge (vgl. UAG, KUR.PA Stumpf, Karl):

Göttingen, den 28. October 1870
Pr. 29. October 1870

Die Habilitation des Dr. Stumpf betreffend

Der Dr. philos. Friedrich Stumpf aus Aschaffenburg, welcher zwei Jahre zu Würzburg und ein Jahr in Göttingen Philosophie und damit verwandte Wissenschaften studirte, darauf am 13ten August 1868 hier zum Doctor der Philosophie creirt wurde, wünscht auf hiesiger Universität als Privat-Docent aufzutreten. Durch seine am 26ten d. M. vor versammelter Facultät gehaltene Probevorlesung und in dem mit ihm veranstalteten Colloquium hat er uns Zeugniß für die Gründlichkeit und den fruchtbaren Scharfsinn seiner philosophischen Bildung gegeben. Wir können ihn sehr warm empfehlen und erlauben uns daher, Königliches Universitäts-Curatorium um Ermächtigung zu bitten, dem Dr. Stumpf die venia legendi in der Philosophie vorläufig auf zwei Jahre zu ertheilen.
Decan, Senior und übrige Professoren der philosophischen Honoren-Universität
Heeck

Göttingen, den 31. October 1870
Nro 830 Us.

Auf den berichtlichen Antrag vom 28/29. d. M. ermächtige ich die philosophische Honoren-Facultät, dem Dr. phil. Friedrich Stumpf aus Aschaffenburg die venia legendi in der Philosophie vorläufig auf zwei Jahre zu ertheilen.
[Mehrere Signaturen]

Ergänzend enthält die Personalakte von Stumpf noch einen Eintrag vom 28. Juni 1872 über einen Antrag zur Verlängerung der venia docendi ohne Zeitbeschränkung, da „nur Günstiges über die wissenschaftliche und Lehr-Thätigkeit des Dr. Stumpf bekannt geworden ist“ und keine Bedenken bestehen. Dem Antrag wurde mit Notiz vom 1. Juli 1872, N° 742, versehen mit mehreren Signaturen, zugestimmt.

Aus den beigebrachten Briefen und Dokumenten ist nichts über die Motivation Stumpfs, eine Habilitationsschrift mit mathematischem Inhalt zu verfassen, zu erfahren. Allerdings trifft auch die Vermutung nicht zu, dass Carl Stumpf von Felix Klein (1849 – 1925), einem der bedeutendsten Vertreter der Geometrie dieser Zeit, für das Thema seiner Habilitationsschrift angeregt wurde (vgl. Sprung, 2006: S. 70). Eine derartige Vermutung kann aus zwei Gründen nicht bestätigt werden.

Erstens: Ein Vergleich der Lebensdaten beider Wissenschaftler spricht gegen eine Verbindung oder auch einen Kontakt vor Ende 1870/Anfang 1871. Felix Klein studierte bis zu seiner Promotion am 12.12.1868 zum Dr. phil. bei Lipschitz in Bonn und ging Anfang 1869 nach Göttingen zu Clebsch. Stumpf verließ aber nach seiner Promotion bei Lotze Göttingen bereits im August 1868. Klein hielt sich im Winter 1869/1870 in Berlin auf, arbeitete mit verschiedenen jungen Mathematikern zusammen und lernte neben dem österreichischen Mathematiker Otto Stolz auch den Norweger Sophus Lie kennen, mit dem er zusammen u. a. zur Vertiefung seiner Kenntnisse über die Invariantentheorie im Frühjahr 1870 nach Paris ging. Der im Juli 1870 beginnende Deutsch-Französische Krieg setzte der Zusammenarbeit mit Lie ein schnelles Ende. Klein kehrte nach Göttingen zurück und diente zunächst in einem Nothelferkorps, weil er als Kriegsfreiwilliger nicht angenommen wurde. Er erkrankte an Typhus und konnte erst nach seiner Genesung Anfang 1871 seine Studien in Göttingen fortsetzen, wo er sich dann noch im selben Jahr habilitierte (vgl. Wussing, 1989: S. 470ff). Stumpf verfasste seine Habilitationsschrift in der Zeit von Juli bis September 1870 zu Hause in Aschaffenburg, wie den Briefen von Lotze an Stumpf zu entnehmen ist. Der Kontakt und die erste Bekanntschaft mit Klein, die Stumpf in seiner Selbstdarstellung 1924 beschreibt, kann also erst während seiner Anstellung als Privatdozent 1871 – nach Kleins Genesung – zustande gekommen sein. Die beginnende Freundschaft mit Klein, die gemeinsamen Reisen und der damit verbundene wissenschaftliche Austausch führten Stumpf vermutlich dann auch zu den nichteuklidischen Betrachtungsweisen, die Klein schon kurz darauf in seiner Antrittsvorlesung (1872), dem so genannten „Erlanger Programm“ berühmt machten.

Zweitens: Der Hauptteil der Habilitationsschrift enthält keine Auseinandersetzung mit nichteuklidischen Geometrien. Diese wurde erst in den Nachträgen A und C behandelt. Stumpf erwähnte, dass er diese Arbeit vor einer Veröffentlichung nochmals überarbeiten wollte, natürlich auch im Hinblick auf die nichteuklidischen Geometrien. Fußnoten und hinzugekommene Randbemerkungen weisen auf eine Zeit ab 1871 oder auch später hin. Es kann daher davon ausgegangen werden, dass Stumpf ehemals vorhatte, die nichteuklidischen Betrachtungsweisen der Vollständigkeit halber mit in eine angestrebte Veröffentlichung seiner Habilitationsschrift „Über die mathematischen Grundsätze“ einzubeziehen.

Ergänzend wäre noch darauf hinzuweisen, dass Klein wegen bereits vorliegender bedeutender wissenschaftlicher Veröffentlichungen keine Habilitationsschrift mehr anfertigen musste. Nach einer Probevorlesung, die von Clebsch außerordentlich gut bewertet wurde, begann er seine Lehrtätigkeit – bis zu seiner Berufung 1872 nach Erlangen – als Privatdozent in Göttingen. Auf die gemeinsamen Jahre 1871 und 1872 nimmt Stumpf Bezug, wenn er die fruchtbare Zusammenarbeit und Freundschaft zu Klein in seiner „Selbstdarstellung“ erwähnt. Klein, laut Stumpf ein Organisationstalent, gründete zusammen mit Stumpf in dieser Zeit die „Eskimos“, eine „Vereinigung junger Naturforscher zu Vorträgen und freundschaftlichem Verkehr, worin ich [Stumpf] die philosophische Seite zu vertreten hatte“ und Professoren ausgeschlossen waren (vgl. Stumpf, 1924: S. 212).

1.6 Form der Habilitationsschrift

Das Originalmanuskript umfasst 39 Bögen (Format: 34,3 x 43,0 cm) und einen eingeschobenen Zusatzbogen, die gefaltet sind und dadurch 4 Seiten je Bogen mit insgesamt 159 Seiten entstehen. Die erste Seite trägt den Titel „Über die Grundsätze der Mathematik“ von Dr. Carl Stumpf. Die einzelnen Seiten sind jeweils nur auf der linken Seite (Spalte) beschrieben. Auf der rechten Seite (Spalte) der Blätter befinden sich meistens Literaturhinweise, Kommentare, Skizzen oder stenografische Randbemerkungen. Letztere können auch nach 1870 hinzugekommen sein, da sie meistens quer in das sonst sehr saubere und akkurate Schriftbild eingefügt worden sind.

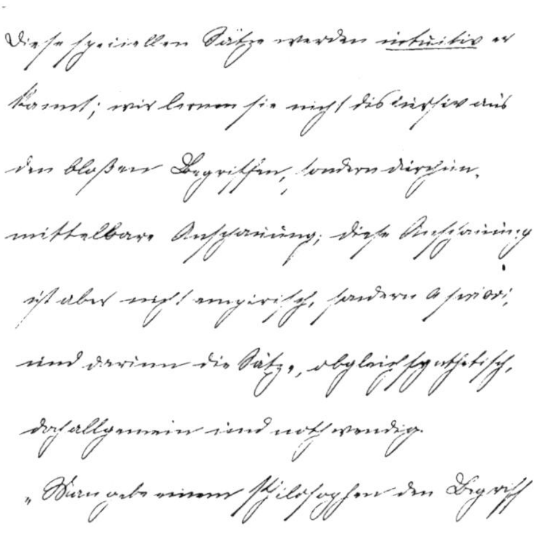

Ausschnitt einer Manuskriptseite

Ein Nachtrag aus späteren Jahren, erkennbar durch die Jahreszahl der angegebenen Werken in den Fußnoten, mit den drei Teilen A, B, und C ergänzt das Werk um weitere 32 Seiten.

Die Handschrift der Bögen 14 und 15 (8 Seiten) weicht in Nuancen von den übrigen Seiten ab und wurde auch mit einer feineren Feder beschrieben. Inwieweit diese Seiten einmal durch die jetzigen ersetzt wurden oder ein anderer sie nach Vorlage oder Diktat im Auftrag schrieb, kann nicht mehr geklärt werden. Die Schrift selbst ist eine Kurrentschrift (entwickelt aus den gebrochenen Schriften Fraktur und Textur), wie sie im 19. Jahrhundert mit spitzer Feder geschrieben wurde. Die Randbemerkungen in den rechten Spalten sind überwiegend in Gabelsberger Steno beschrieben und kamen vermutlich später hinzu.

Für diese Arbeit erstellte ich mit Hilfe meiner Mutter, Frau Katharina Ewen, die diese Schrift in ihrer Schulzeit (1926 – 1934) selbst noch lesen gelernt hat (geschrieben wurde in Sütterlin und Lateinischer Schrift), eine komplette Transkription. Die Kollationierung übernahm Frau Margarete Ritzkowsky, eine professionelle Paläographin.

1.7 Situation der Mathematik

Wenn Mathematik, allgemein betrachtet, von Zahlen und Figuren handelt, so finden diese elementaren Begriffe ihren zugehörigen Platz in der Arithmetik und der Geometrie. Daher reichen auch die Versuche von Definitionen und Überlegungen bis weit in die Antike zurück. Aus philosophischer Sicht ist der Begriff der Zahl nach Leibniz und Kant von Gauß in Bezug auf die Mathematik methodisch erstmals wieder neu untersucht worden. Die Mathematik war im letzten Drittel des 19. Jh. damit beschäftigt, ihre Axiome sowohl für die Geometrie (mit Entstehung der nicht-euklidischen Geometrie) als auch für die Arithmetik (mit der Theorie der Mengenlehre) neu aufzustellen. Dieser neue Ansatz führte nicht unbedingt zu einem Widerspruch mit den älteren Überlegungen, doch änderten sich Betrachtungen in ganz unterschiedlicher Weise. Insbesondere Gottlob Frege in seinen „Grundlagen der Arithmetik“ (vgl. Frege, 1884) und Edmund Husserl in seiner Habilitationsschrift „Über den Begriff der Zahl“ (vgl. Husserl, 1887) und in seinem Erstlingswerk „Philosophie der Arithmetik“ (vgl. Husserl, 1891) haben sich diesem Thema ausgiebig angenommen. Diese beiden waren es auch, die Stumpf in seiner „Erkenntnislehre“ (vgl. Stumpf, 1939/40) mit dem Verdienst auszeichnete, sich um die psychologische Frage nach dem Ursprung der Begriffe bemüht zu haben, auch wenn diese Begriffe nach Meinung Stumpfs „keineswegs hinreichend geklärt“ waren.

Stumpfs spätere Bezugnahme auf Frege und Husserl veranlasst dazu, hinsichtlich des Begriffs der Zahl innerhalb der Habilitationsschrift die Betrachtungsweisen der Genannten heranzuziehen, nicht nur, weil Frege und Husserl sich wie Stumpf, dieser allerdings bereits viele Jahre früher, diesbezüglich mit Kant und Mill auseinandersetzten; bekanntlich habilitierte sich Husserl über den Begriff der Zahl bei Stumpf; weniger bekannt ist, dass Frege sich in einer wichtigen Frage, seine „Grundlagen der Arithmetik“ betreffend, in der wiederum die Analyse des Zahlbegriffs eine bedeutende Rolle spielte, ausgerechnet an Stumpf wendete und einer Empfehlung von Stumpf folgte, indem er zunächst auf eine begriffsschriftliche Darstellung verzichtete und die Grundlagen der Arithmetik – in Form einer argumentativen Auseinandersetzung mit unterschiedlichen philosophischen Theorien – vor den

Grundgesetzen der Arithmetik veröffentlichte.[24] Offenbar befürchtete Frege, dass seine „Grundlagen" dasselbe Schicksal erleiden könnten wie seine Begriffsschrift, die eine radikale Umwandlung der traditionellen Logik enthielt und mit einer von ihm entworfenen Symbolik versehen war, der heute so genannten Aussagen- und Prädikatenlogik, deren eigentliche Bedeutung aber niemand zur Zeit des Erscheinens erkannte und daher ebenfalls ohne den ihr gebührenden Erfolg bleiben würde. Die Werke von Frege und Husserl haben auch heute noch mehr als eine historische Bedeutung. Ihr systematischer und methodischer Wert an Erkenntnissen über Philosophie und Psychologie, Logik, Wissenschaftstheorie oder auch mathematische Grundlagenforschung betreffend, reicht bis in die Gegenwart.

Frege lehrte seit seiner Habilitation 1874 bis zu seiner Emeritierung 1918 zunächst als Privatdozent und ab 1896 als ordentlicher Honorarprofessor im Fachbereich Mathematik an der Universität Jena (vgl. Stepanians, 2001: S. 9). In wieweit Stumpf und Frege sich schon in Göttingen begegneten, ist keinem Schriftstück, weder bei Stumpf noch bei Frege, zu entnehmen. Stumpf war dort von 1870, nach seiner Habilitation im Oktober bis zu seiner Berufung als Ordinarius nach Würzburg im Herbst 1873, Privatdozent für Philosophie.[25] Frege wechselte 1871 von Jena nach Göttingen, studierte dort bis zu seiner Promotion fünf Semester, neben Philosophie (wie Stumpf) bei Lotze, Mathematik in der Göttinger Tradition von Gauß und Riemann bei Clebsch und Schering. Frege belegte aber auch Experimentalphysik bei Wilhelm Weber (vgl. Kreiser, 2001: S. 86ff), den Stumpf ebenfalls hörte und in seiner Selbstdarstellung „neben Brentano und Lotze als einen Bildner seines wissenschaftlichen Denkens" aufführt. Es wäre also durchaus möglich, dass Frege Stumpf bereits als jungen Privatdozenten in der Zeit von 1871 – 1873 in Göttingen kennen gelernt hätte, auch wenn Recherchen von Schriftstücken, Vorlesungsverzeichnissen etc. im Universitätsarchiv Göttingen und der Handschriftenabteilung zu keiner Verbindung führten, und ebenfalls keine Hinweise in den Briefen und Dokumenten von Hermann Lotze gegeben sind. Gleichwohl besteht eine große Wahrscheinlichkeit, dass Frege über einen Zeitraum von vier Semestern (SS 1871 – WS 1872/1873) irgend etwas über Stumpf erfahren, ihn kontaktiert oder sogar eine Vorlesung bei ihm besucht hat. Dafür spricht auch die lange nicht bekannte, aber inzwischen verbriefte Tatsache, dass sich Frege am 29.8.1882 in einem langen Brief (ausgerechnet) an Stumpf wendet, der zu diesem Zeitpunkt in Prag praktische Philosophie, eine vorgeschriebene große Vorlesung für Juristen (vgl. Stumpf, 1924: S. 205-265), Logik und Psychologie las. Frege schreibt,

---

24 (vgl. Frege, 1976: S. 256ff) „Der einzige überlieferte Brief von Stumpf an Frege vom 9.9.1882, indem Stumpf Bezug auf ein vorausgegangenes Schreiben von Frege nimmt. Die von Stumpf erörterten Inhalte, nämlich Freges Veröffentlichungspläne, die Besprechung seiner Schriften, Begründungsprobleme der Mathematik und die Auffassung des partikulären Urteils, lassen es als möglich erscheinen, dass Stumpfs Brief eine Antwort auf Freges Brief XXX/1 ist, der dem Adressaten Marty zugesprochen wurde." Siehe auch die Einleitung des Herausgebers zum Briefwechsel zwischen Frege und Marty, S. 162.

25 Universitätsarchiv Göttingen, Personalakte Friedrich (Carl) Stumpf, Nro 830 Us. – 31.10.1870 Erteilung der venia docendi auf zwei Jahre, N° 742 – 1.Juli 1872 Erteilung der venia docendi ohne Zeitbeschränkung.

nachdem er offensichtlich eine Karte von Stumpf (bislang wurde vermutet von Marty, aber höchstwahrscheinlich schrieb Stumpf die Karte)[26] zur „Aufmunterung“ erhalten hat:

> Ich erlaube mir Ihnen über meine Begriffsschrift noch einige Mitteilungen zu machen in der Hoffnung, dass Sie vielleicht Veranlassung nehmen, in einer Zeitschrift darauf aufmerksam zu machen; es würde mir die Veröffentlichung weiterer Arbeiten erleichtern. Ich habe jetzt ein Buch nahezu vollendet, in welchem ich den Begriff der Anzahl behandle und nachweise, dass die ersten Sätze über das Zählen der Zahl, die man bisher als unbeweisbare Axiome anzusehen geneigt war, sich nur mittels der logischen Gesetze aus Definitionen beweisen lassen, sodass sie im Kantischen Sinne wohl als analytische Urteile zu betrachten sind.

In diesem Kontext sei daran erinnert, dass der junge Privatdozent Stumpf ja ebenfalls in seiner Habilitationsschrift die analytische Natur der Mathematik ausdrücklich auch gegen Kant vertreten hatte. Sollte Frege von Stumpfs Habilitationsschrift gewusst haben? Eventuelle Einwände Stumpfs vorwegnehmend, ob etwa in den Definitionen ein Fehler liegen könne oder „dass sich sonst ein wesentlicher Inhalt aus anderen Erkenntnisquellen unbemerkt eingeschlichen habe“, baut Frege vor:

> Die Zuversicht, dass dies nicht geschehen sei, schöpfe ich aus der Anwendung meiner Begriffsschrift, die nichts von dem durchlässt, was nicht ausdrücklich vorausgesetzt war, wenn es auch so selbstverständlich scheint, dass man im gewöhnlichen Denken gar nicht einmal merkt, dass man sich darauf stützt.

Die folgenden Zeilen in dem Briefwechsel zwischen Frege und Stumpf spielten in der heute verfügbaren Literatur zu Frege eine eher unbedeutende Rolle, bekommen aber mit der Veröffentlichung der Habilitationsschrift Stumpfs und den darin enthaltenen Ergebnissen über die Natur der arithmetischen und geometrischen Sätze eine andere Bedeutung. Die Tatsache, dass der Brief Freges an Stumpf irrtümlicherweise als ein Brief an den Brentanoschüler Anton Marty interpretiert wurde, deutet auf eine prinzipielle Fehleinschätzung und Unterschätzung Stumpfs, die allerdings neben der Unkenntnis der Habilitationsschrift auch damit zu tun haben könnte, dass Stumpfs letztes Werk, die „Erkenntnislehre“ in den Wirren des Zweiten Weltkrieges erschienen, in dem er sich als kundiger Erkenntnistheoretiker und Logiker erweist, nicht gelesen wird. Frege schreibt weiter:

> Es scheint mir hierdurch der Wert und die Kraft des discursiven Denkens in das richtige Licht gesetzt zu werden. Denn während Leibniz es wohl überschätzt hat, indem er alles aus Begriffen beweisen möchte, scheint mir Kant umgekehrt die

---

[26] (vgl. Frege, 1976: S. 162ff) Anmerkung: In der Einleitung weist der Herausgeber darauf hin, dass die Einordnung des Briefes zwar an Marty (der Adressat) erfolgte, dem Inhalt aber eher als vorausgegangener Brief zum Antwortschreiben von Stumpf zuzuordnen ist. Auch die zeitliche Abfolge würde hier dafür sprechen. Da Stumpf und Marty 1882 in Prag Kollegen waren, ist eine Verwechslung durch eine versehentliche falsche Zuordnung (Frege benutzt leider nur die Anrede: Sehr geehrter Herr College!) durch das Brentano-Archiv in Prag (1938) nicht auszuschließen.

> Bedeutung der analytischen Urteile zu gering zu achten, indem er sich an zu einfache Beispiele hält. Ich sehe ein grosses Verdienst Kants darin, dass er die Sätze der Geometrie als synthetische Urteile erkannt hat, aber ich kann ihm für die Arithmetik das Gleiche nicht zugeben. Die Fälle sind auch ganz verschieden. Das Gebiet der Geometrie ist das des räumlich Anschaulichen, die Arithmetik kennt keine solche Begrenzung. Zählbar ist alles, nicht nur was im Raume nebeneinander ist, nicht nur das zeitlich auf einander Folgende, nicht nur das Aeussere, sondern auch innere Vorgänge und Ereignisse der Seele, Begriffe, die weder in zeitlichen noch in räumlichen, sondern nur in logischen Beziehungen zu einander stehen. Eine Schranke für die Zählbarkeit kann man nur in der Unvollkommenheit der Begriffe finden [...].

Frege richtet, nach eingehenden Erläuterungen zu seiner Begriffsschrift (vgl. Frege, 1879) und seine Auffassung über das partikuläre Urteil, zum Schluss [an Stumpf] folgende Bitte:

> Es wird mir schwer in philosophischen Zeitschriften Eingang zu finden. Entschuldigen Sie mein Schreiben mit dem unbefriedigten Bedürfnisse mich mitzuteilen. Ich befinde mich in einem unglücklichen Cirkel: bevor man der Begriffsschrift Beachtung schenkt, verlangt man deren Leistungen zu sehen und diese kann ich wieder nicht zeigen, ohne die Bekanntschaft mit ihr vorauszusetzen. So scheint mein im Anfange erwähntes Buch kaum auf Leser rechnen zu dürfen. Wenn Sie die Güte haben wollten, mir zu antworten, so bitte ich um Mitteilung Ihrer Bedenken. Es wäre mir lieb zu erfahren, was Sie über den wissenschaftlichen Wert des von mir geplanten Nachweises denken, falls er gelänge und mit der peinlichsten Genauigkeit geführt würde.

Bereits am 9.9.1882 antwortet Stumpf auf den Brief Freges[27] :

> Mit Vergnügen würde ich Ihrem Wunsche, über die in Ihrem Briefe mitgeteilten Ansichten mich aussprechen, willfahren, wenn ich Ihre „Begriffsschrift" zur Hand hätte, deren Einzelheiten mir leider nicht ganz im Gedächtniß sind, u. welche zum vollständigen Verständniß Ihrer Ansichten doch nötig wären; und wenn ich 2tens nicht selber im Begriffe wäre, eine seit 7 Jahren gepflogene Untersuchung[28] zum endlichen Ende und zum Druck zu bringen, was mich noch auf mehrere Monate ganz in Anspruch nimmt. Ich verspreche Ihnen aber, sobald es irgend möglich ist, zu antworten u. hoffe auch in einer Zeitschrift mich äußern zu können – vielleicht ließe sich die neue Schrift mit der „Begriffsschrift" zusammen besprechen? – Einstweilen erlauben Sie mir meine Freude auszu-

---

27 (vgl. Frege, 1976: S. 256-257) Anmerkung des Herausgebers: „In dem einzigen überlieferten Brief von Stumpf an Frege, dessen Original sich in der *SlgDarmst* befindet, nimmt Stumpf Bezug auf ein vorangegangenes Schreiben Freges. Die von Sumpf erörterten Inhalte, nämlich Freges Veröffentlichungspläne, die Besprechung seiner Schriften, Begründungsprobleme der Mathematik und die Auffassung des partikulären Urteils, lassen es als möglich erscheinen, dass Stumpfs Brief eine Antwort auf Freges Brief XXX/1 ist, der dem Adressaten Marty zugesprochen wurde... Nach der freundlichen Auskunft von Herrn *Carl Alfred Stumpf*, Stuttgart (Schreiben vom 5.12.71) und Frau Erna Stumpf, Göttingen (Schreiben vom 19.12.71) befinden sich im Nachlaß Stumpfs keine Briefe von Frege an Stumpf."

28 Anmerkung: Die Untersuchung bezieht sich auf die „Tonpsychologie", Erster Band, 1883

drücken über Ihre Theilnahme an logischen Problemen, in Bezug auf welche ein Zusammenwirken mathematisch-naturwißenschaftlicher und philosophischer Kräfte so sehr notwendig ist. Es ist übrigens meine Meinung, dass nicht bloß die arithmetischen u. algebraischen sondern auch, trotz Riemann-Helmholtz u. allen Engländern, die geometrischen [Urteile] analytische sind; u. sobald meine Arbeit fertig ist will ich zu diesem Thema übergehen. Ebenso scheint es mir (mit Brentano), dass nicht blos jedes particulare sondern auch jedes allgemeine Urteil ein Existenzialurteil sei (letzteres ein negatives).

Hinsichtlicht Ihrer Arbeit, auf welche ich mich außerordentlich freue, bitte ich mir die Frage nicht übel zu nehmen, ob es nicht zweckmäßig wäre, deren Gedankengang zunächst in der gewöhnlichen – und vielleicht getrennt davon ein andermal oder auch im selben Buche in der Begriffsschrift dazulegen; was, dächte ich, der Aufnahme beider Materien günstig sein müsste. Doch kann ich natürlich nicht aus der Ferne darüber urteilen."

Während Frege in seinen „Grundlagen" den analytischen Charakter nur für die Arithmetik postulierte, vertrat der junge Stumpf in seiner Habilitation – und auch der ältere wird noch bei dieser Auffassung bleiben – den analytischen Charakter ebenso für die Geometrie.

Edmund Husserl wird in dieser Arbeit nicht in die Diskussion und zum Vergleich mit herangezogen; zweifellos war die Begegnung zwischen Stumpf und Husserl für beide wichtig und vermutlich gingen erhebliche Anstrengungen von Stumpf für Husserls Anfertigung seiner Habilitationsschrift aus. Aber erstens erfordert die Auseinandersetzung mit Stumpf und Husserl eine eigene Arbeit und zweitens sollte die wichtige Beziehung zwischen Stumpf und Frege nicht wieder durch einen Dritten überschattet werden. Es soll also lediglich Husserls wissenschaftlicher Weg von der Promotion zur Habilitation kurz skizziert werden, da Husserl mit einem ähnlichen Thema wie Frege bei Stumpf in Halle habilitierte.

Edmund Husserl (1859 – 1938), zunächst ein Schüler der Mathematiker Kronecker und Weierstraß, studierte von 1876 – 1882 Mathematik, Physik und Philosophie in Leipzig und Berlin, promovierte 1883 im Fach Mathematik und war danach für kurze Zeit auch Privatassistent von Weierstraß (vgl. Prechtl, 1998: S. 10-18). Von 1884 – 1886 setzte er seine philosophischen Studien bei Franz Brentano in Wien fort. In Halle, wohin Stumpf im Sommer 1884 berufen wurde und Vorlesungen in Psychologie, Philosophie und Logik hielt, wirkte zu dieser Zeit auch Georg Cantor, einer der bedeutendsten Mathematiker, der zur Freude Stumpfs, „stark philosophisch interessiert war" (vgl. Stumpf, 1924: S. 217). Dass Husserl sich 1886 an Brentano mit der Bitte wandte, ihn Stumpf in Halle zu empfehlen, geht aus folgendem Brief von Brentano an Stumpf hervor (vgl. Brentano, 1989: S. 83-84):

Was diese Zeilen zunächst veranlasst, ist die Bitte eines jungen Mannes, der mich um eine Empfehlung an Sie bat. Dr. Husserl, Mathematiker und seit einigen Jahren auch eifriger Hörer der Philosophie, will diesen Winter in Halle verbringen. Er freut sich auf die Förderung, die er durch Ihre Kollegien und Ihren Umgang zu gewinnen hofft. Vielleicht wird auch Cantor ihm nützlich werden.

> Er arbeitet an einer Abhandlung über das Kontinuitätsproblem. Gesehen habe ich nichts davon, bemerkte nur, daß er großen Fleiß darauf verwendet. Mit ihr möchte er sich für Philosophie habilitieren und denkt daran, dies in Halle selbst zu tun [...].

Dass Stumpf positiv reagierte und seine Bemühungen, Husserl zu fördern, in Aussicht stellte, ist wiederum aus einem Antwortschreiben ersichtlich, das Brentano noch im Oktober 1886 (vgl. Brentano, 1989: S. 84-85) an Stumpf verfasste:

> Die Weise, in welcher Sie um meiner Freundschaft willen schon vor dem Eintreffen Pläne entwerfen, um Dr. Husserl zu fördern, mußte mich rühren. Doch, gestehe ich es nur, sie hat mir fast auch eine kleine Besorgnis eingeflöst. Ich habe, wie ich Ihnen schrieb, noch keine Arbeit von ihm gesehen. Ich beobachte nur bei ihm ein paar Jahre hindurch ein ernstes eifriges Streben und eine Begierde, besonders gerade auch aus meinen Kollegien und aus Heften, die er sich von früheren Jahren zu verschaffen wußte, Gewinn zu ziehen. Auch scheint sein Charakter untadelig. Aber ich bin zu vorsichtig, um daraufhin mir eine volle Überzeugung zu bilden, dass er auch bei fortgesetzt eifrigstem Streben – an dem ich nicht zweifle – es dahin bringen werde, eine wirkliche wissenschaftliche Kraft zu werden. Und ich darf nicht wünschen, daß Sie in dieser Beziehung sich nicht erst auf Grund seiner Arbeit ein unbefangenes, wenn auch – wie es in Ihrer Natur liegt – gewiß wohlwollendes Urteil bilden. Darum wäre es mir auch schier leid, wenn Sie ihm zugleich solcherlei Aussichten eröffneten, wie die, von welchen Sie mir in Ihrem Briefe schreiben. Dagegen werde ich mich sicher von Herzen freuen, wenn ihm, falls er wahrhaft tüchtig sich bewährt, die Subvention als Privatdozent zuteil wird [...].

So hörte Husserl zunächst im Wintersemester 1886/1887 Stumpfs Vorlesung über Psychologie und im Sommersemester 1887 die über Logik (vgl. Schumann, 2002: S. 63). Husserl hatte, wie schon im o. a. Brief (vgl. 1989: S. 84-85) von Brentano erwähnt, in Wien an einer Abhandlung über das Kontinuitätsproblem gearbeitet, mit der er sich in Halle auch habilitieren wollte. Die Vermutung liegt nahe, dass die strenge mathematische Darstellung der Differenzial- und Integralrechnung nach Weierstraß (vgl. Prechtl, 1998: S. 11), die mit der Auseinandersetzung des Zahlbegriffs zu beginnen hat, die Bekanntschaft mit Cantor, Stumpfs Vorlesungen über Psychologie und Logik wie auch Stumpfs intensive Betreuung und Förderung den Themenwechsel seiner Habilitationsschrift 1887 „Über den Begriff der Zahl" initiierte. Man darf wohl auch vermuten, dass Stumpf sein eigenes Habilitationsmanuskript, das er ja nicht veröffentlicht hatte, Husserl zugänglich machte. Husserl wurde noch im gleichen Jahr Privatdozent in Halle. In dieser Hallenser Zeit trat er Stumpf zunächst „als Hörer, dann als Dozent wissenschaftlich und freundschaftlich nahe" (vgl. Stumpf, 1924: S. 217). Aus welchen Gründen auch immer der Druck (ein Heftchen von vier Bogen von Husserls Habilitationsschrift mit dem Titel „Über den Begriff der Zahl") „nicht in den Buchhandel gekommen ist" (vgl. Husserl, 1887), mag dahin gestellt bleiben. Husserl nahm dieselbe Thematik jedoch wieder in seiner Arbeit „Philosophie der Arithmetik" auf, die 1891 veröffentlich wurde. Die psychologischen Untersuchungen aus seiner Habilitationsschrift wurden „nahezu wörtlich" (Kapitel I bis IV) für den ersten Teil übernommen und in einem zweiten Teil um die Zahlenoperationen und die eigentlichen Zahlbegriffe, die symbolischen Vielheitsvorstellungen, die symbolische Zahlvorstellung sowie die logischen Quellen der Arithmetik ergänzt. Ein zweiter Band, den Husserl in seiner Vorrede zur „Philosophie der Arithmetik" ankündigt und dessen Konzept, wie er schreibt, bereits größtenteils fertig sei, wurde nicht veröffentlicht; auch wurde das Manuskript in seinem Nachlass nicht gefunden (vgl. Husserl, 1891: S. 5ff).

Bei einer Gegenüberstellung der Positionen von Stumpf (1870) und Frege (1884) sollte Folgendes Berücksichtigung finden:

1. Gerade im Hinblick auf die mathematischen Entwicklungen, insbesondere auf dem Gebiet der Mengenlehre, der fortschreitenden Formalisierung und Axiomatik, der Darstellung von Grundbegriffen der Analysis durch Begriffe der Arithmetik (z.B. die Definition von reellen Zahlen durch ganze Zahlen) usw., existiert eine für diese Epoche große Zeitspanne zwischen den Arbeiten von Stumpf und Frege (14 Jahre). Dieser Zeitabstand, in dem Wesentliches in der Grundlagenforschung der Mathematik passierte, hatte selbstverständlich Auswirkungen auf die Überlegungen zur Definition des allgemeinen Zahlbegriffs, speziell der Null und Eins, die in vorangegangen Abhandlungen immer zu Schwierigkeiten geführt hatten.

2. Während bei Frege (und später auch Husserl) der Zahlbegriff das Zentralthema schlechthin ist, nimmt er bei Stumpf im Rahmen der Habilitationsschrift nur eine bedeutende Stellung für die Grundsätze der Arithmetik ein.

Bis zu Beginn des neunzehnten Jahrhunderts waren Mathematik und Philosophie eng miteinander verknüpft. Der Kenntnisstand wurde durch ihre Vertreter wie z. B. Descartes, Pascal oder Leibniz, die sowohl exzellente Philosophen als auch bedeutende Mathematiker waren, weitergegeben. Die beginnende allgemeine Spezialisierung führte zu einer Auflösung dieser bis dahin fruchtbaren Zusammenarbeit. Wenn an deutschen Universitäten zunehmend die Tendenz entstand, die Fakultät in eine *philosophische* und eine so genannte *mathematisch-naturwissenschaftliche* Fakultät (vgl. Patzig, 1981: S. 77) zu unterteilen, geschah dies nicht zuletzt aus praktischen Gründen, nämlich in Bezug auf die Bedeutung, welche die Mathematik mit ihren Methoden und Verfahren innerhalb der naturwissenschaftlichen Disziplinen (Schwerpunkt Physik) gewonnen hatte. Die Psychologie versuchte mit Herbart und Fechner zunächst mit zu halten, indem sie das für die Naturwissenschaften so fruchtbare methodische Mittel, die Mathematik, in die Psychologie einführte. Man könnte in dieser Maßnahme den eigentlichen Ursprung der späteren Diskussion über den Psychologismus vermuten, wenngleich dieser sich nicht an der Verwendung von Mathematik, als vielmehr an der Gleichsetzung von Logik und Psychologie festmachte. Entscheidend ist das Aufkommen einer geisteswissenschaftlichen Psychologie, wie sie von Lotze und Brentano befürwortet wurde. Für diese Differenz haben Mathematiker sich nicht interessiert. Eine feindselige Einstellung zwischen Mathematikern (wie Bolzano oder Frege) und der Psychologie konnte erst aufkommen, als der Anspruch formuliert wurde, die Mathematik auf Logik zu gründen, weil sie ohne ein so begründetes Terrain gewissermaßen in der Luft gehangen hätte. Im letzten Drittel des 19. Jh. bildeten sich um Lotze, Brentano, Stumpf, Wundt, Helmholtz, Erdmann auf der philosophischen und psychologischen Seite und mit Gauß, Riemann, Klein, Dedekind, Weierstraß, Hilbert, Russell auf Seite der Mathematik bestimmte Schulen (Spezialisierungen), deren Anhänger ebenfalls nicht nur an einer Universität blieben, sondern häufig wechselten und dadurch das Wissen durch direkten Kontakt und stetigen Briefwechsel schneller zugänglich machten, entweder bestätigend, aufbauend oder durch eine kritische Würdigung sich gegenseitig ergänzend. In diesem Kontext ist es auch nicht verwunderlich, dass die Mathematik infolge ihrer Bedeutung für die Naturwissenschaften oft selbst als eine Naturwissenschaft angesehen wurde. Stumpf scheint diese Entwicklung, die sich mehr und mehr von den Bestrebungen distanzierte, einer Philosophie der Mathematik auch weiterhin Aufmerksamkeit und Interesse zu widmen, bedauert zu haben. Gleich zweimal hat Stumpf sich 1907 für eine engere Zusammenarbeit zwischen Mathematik und Philosophie eingesetzt. In seiner Arbeit „Zur Einteilung der Wissenschaften“ bemerkt er: „Die Stellung der Mathematik im System der Wissenschaften richtig zu bestimmen, gehört zu den schwierigsten Aufgaben“. Er betont, dass es weiterhin eine wichtige Aufgabe sei, die mächtige Entwicklung der Mathematik mit den Begriffen und Erkenntnissen der gleichfalls fortschreitenden philosophischen Doktrinen in Einklang zu bringen; dies sei eine Aufgabe, „die wir den Mathematikern oder mathematisch geschulteren Philosophen überlassen müssen“ (vgl. Stumpf, 1907: S. 64ff). In seiner Rede zum Antritt des Rektorats am 15. Oktober 1907 kehren die Hauptthemen seiner Habilitationsarbeit, nun aus einer langen Distanz überdacht, wieder. Stumpf sagt in der mit „Die Wiedergeburt der Philosophie“ betitelten Rede (vgl. Stumpf, 1907b: S. 17 – 18):

> Schon die allgemeinsten mathematischen Ideen sind heute in einer Umwandlung begriffen, die die höchste Aufmerksamkeit des Philosophen herausfordert. Die Frage nach dem Ursprung der mathematischen Axiome, deren Wichtigkeit für die Erkenntnislehre bereits Leibniz und Kant durchschauten, ist durch die Mathematiker selbst in einer ungeahnten Richtung fortgebildet worden. Aber es ist den Mathematikern bisher nicht gelungen, diese Neubildungen in den Rahmen der allgemeinen Erkenntnisprobleme befriedigend einzufügen, sie zu den Begriffen von Erfahrung und apriorischer Erkenntnis, zu denen wir von anderen Seiten unweigerlich geführt werden, in einleuchtende Beziehung zu setzen: sie sind eben ihrerseits wieder nicht in der Erkenntnistheorie aufgewachsen. Nur ein mit beiden Gebieten gleichmäßig vertrauter Denker könnte diese Aufgabe definitiv lösen, und sie muß einmal gelöst werden. Weitere Bemühungen bietet der Ursprung des Zahlbegriffs, den Kant sicher mit Unrecht in der Zeitanschauung suchte [...].

ZWEITES KAPITEL

2.1 Erste Systematisierung der Mathematik in Euklids „Elemente"

Carl Stumpfs Bemerkung zur Nichtveröffentlichung seiner Habilitationsschrift geben vor dem Hintergrund der gewählten Thematik Anlass, zuerst einmal die Entwicklung der Mathematik, insbesondere die der Geometrie, anhand der Geschichte von der Antike bis hin zur Entstehung der nichteuklidischen Geometrie im 19. Jh. gedrängt, und nur in ihren wichtigsten Stationen nachzuzeichnen. Vor diesem historischen Hintergrund können sodann ihre Grundbegriffe (Definitionen), Postulate und schließlich auch der Bedeutungswandel des Axioms als terminus technicus verstanden werden. Der um 1870 einsetzende Wandel der Mathematik, exakt im Entstehungsjahr der Habilitationsschrift Stumpfs, von einer „Quasi-Naturwissenschaft" zu einer „Strukturwissenschaft" initiierte eine Flut von Literatur über logisch-methodologische und philosophische Fragen der Mathematik, an der die Entwicklung der Geometrie einen erheblichen Anteil hatte. Im Gegensatz zur Analysis und Algebra ist die Geometrie aber schon immer der Zweig der Mathematik gewesen, der durch seine engen Kontakte zur räumlichen Anschauung, die strenge axiomatische Form und die Einfachheit ihrer Beweise auch die meisten „Nichtmathematiker" angezogen hat.

Im Lehrbuch der Geometrie „Die Elemente" (vgl. Euklid, 2001) des hellenistischen Mathematikers Euklid von Alexandria (ca. 365 – 300 v. Chr.) werden erstmals die Grundlagen der griechischen Mathematik umfassend beschrieben. In dem Gesamtwerk von 13 Büchern vereinigte und systematisierte Euklid um 330 v. Chr. das bis dahin entstandene mathematische Wissen, vergleichbar der Position Aristoteles (384 – 322 v. Chr.) für die Logik und Philosophie.

Verglichen mit den Ägyptern und Babyloniern, die Mathematik zu dieser Zeit aus vorwiegend praktischen Gründen betrieben und viele Rechenverfahren und geometrische Sätze der unmittelbaren Anschauung entnahmen, beinhaltete die Mathematik für die Griechen ein wichtiges Mittel zur *Erkenntnis*, unabhängig von jeder Frage nach Anwendbarkeit. Erst mit Archimedes (ca. 287 – 212 v. Chr.) wurden auch Anwendungen zum Gegenstand der Mathematik. Die Schrift, entstanden in der Blütezeit der griechischen Wissenschaft, beeinflusst durch die Philosophie Platons (losgelöst von jeglicher Anwendung) und die Methodologie Aristoteles (Axiome, deduktiver Aufbau), gibt Zeugnis von einer zwischen 500 und 300 v. Chr. entwickelten strengen Beweisdisziplin der Mathematik, der axiomatischen Methode. Diese Methode (Definition, Satz, Beweis) wurde bis zum Ende des 19. Jh. angewandt; mit ihr axiomatisierten viele Autoren in ihren Werken unterschiedliche Disziplinen, indem sie ein Prinzip der Darlegung anwandten, das von Bekanntem zu Jenem fortschreitet, was neu ans Licht der Erkenntnis befördert werden soll. Das bedeutete aber nach dem Prinzip Euklids auch, nichts einzuführen, was aus Axiomen, Postulaten und Definitionen nicht hergeleitet werden konnte.

2.2 Begriffsbestimmungen der Euklidischen Geometrie

Der aus dem Griechischen übernommene Begriff *Axiom* (griech. ἀξίωμα, axioma – wird mit dem Hinweis auf das Verbum ἀξιοῦν erklärt, im Sinne von einschätzen, für richtig halten (vgl. Ritter / Szabó, 1971: Band 1, S. 737ff)) ist also eng mit dem der Logik und seiner erkenntnistheoretischen Stellung für die Mathematik verbunden. Insbesondere seine Verwendung innerhalb der Geometrie und seine unterschiedlichsten Interpretationen bis in die heutige Zeit, beginnend mit der griechischen Philosophie, die mit Aristoteles den Begriff in die philosophische Sprache einführte, machen deutlich, dass die Unbeweisbarkeit dieser Sätze immer wieder Anlass gab, sich mit ihnen auseinander zu setzen. Insbesondere das fünfte Postulat der Elemente, das Parallelenpostulat (vgl. Euklid, 2001: S. 1, §1), hat nicht das sogleich Einleuchtende der anderen Grundsätze. Dass die nichteuklidischen Geometrien aus der Erkenntnis der ständigen und vergeblichen Versuche der Unbeweisbarkeit dieses Euklidischen Postulats entstanden, sei hier nur erwähnt und wird später ausführlich behandelt.

Euklid kategorisiert in seinem Buch I (von XIII Büchern) die Elemente, seine Grundlagen (Prinzipien) in Definitionen, Postulate und Axiome (mit lateinischen Namen aus dem Griechischen übersetzt: *definitiones, postulata* und *communes animi conceptiones*), die zusammen erstmals in dieser Form eine axiomatisierte Wissenschaft darstellen (vgl. Euklid, 2001: S. 1-3).

In den *Definitionen* werden häufig Nominaldefinitionen aufgeführt, um die geometrischen Begriffsbildungen von bereits Existierendem in der Anschauung einsehbar zu machen, wie z. B. in Def. 1 die Ganzheit eines Punktes und somit seine Unteilbarkeit. Die Existenz eines Punktes kann daraus nicht begründet werden und müsste nach Euklid durch Postulate beschrieben oder aus Konstruktionen solcher Postulate sichergestellt werden. Betrachtet man nun alle Definitionen in Bezug auf vollständige logische Exaktheit, so lässt sich erkennen, dass sie diese Anforderung nicht erfüllen und darum für die mathematische Beweisführung nicht in Frage kommen. Es wird vermutet, dass Euklid dieses bereits bemerkt hatte, da er seine Herleitungen und Beweise nur auf den Postulaten und den Axiomen aufbaute, die Definitionen also gar nicht benutzte. Darüber hinaus wird diese Theorie durch die Bestrebungen zahlreicher Mathematiker (die in jener Zeit meist auch Philosophen waren) gestützt, die u. a. versuchten, über Jahrhunderte hinweg den Begriff „Punkt" neu zu definieren. Hier einige Versuche (vgl. Filler, 1993: S. 56):

Plato	(ca. 380 v. Chr.)	: Ein Punkt ist der Anfang einer Linie.
Aristoteles	(ca. 340 v. Chr.)	: Ein Punkt ist eine unteilbare Einheit, die eine Position besitzt.
Euklid	(ca. 325 v. Chr.)	: Was keine Teile hat, ist ein Punkt.
Heron	(ca. 50 n. Chr.)	: Ein Punkt ist, was keine Teile hat oder eine Begrenzung ohne Dimension oder die Grenze einer Linie.

Die Beispiele zeigen, dass diese Art und Weise der Definition für die grundlegenden Begriffe, wie zum Beispiel „Punkt“ oder „Gerade“ und auch die fehlenden Eigenschaften, die zur Definition herangezogen werden, für mathematische Beweisführungen ungeeignet ist. Es werden von alltäglich bekannten Objekten Merkmale oder Eigenschaften gefordert, um mit ihrer Hilfe den zu definierenden Begriff zu bestimmen, weil weder Oberbegriffe noch Eigenschaften (was z. B. bedeutet: „...keine Teile hat“?) zur Verfügung stehen, die für eine Definition der Begriffe herangezogen werden könnten.

Postulate (griech. αἴτημα = aitema) aus dem lateinischen „postulatio“ sind Forderungen oder Grundsätze, die sich speziell auf die Geometrie beziehen und die Möglichkeit einer Konstruktion, z. B. eines Dreiecks (Buch I) sowie ihre Existenz (ähnlich den Existenzaussagen bei Aristoteles) gewährleisten sollen. Postulate sind bei Euklid ebenso wie die Axiome unbeweisbare Grundsätze.

Die *Axiome* (von ἀξιοῦν, wertschätzen) sind allgemeine und grundlegende Sätze, unabhängig von einer Wissenschaft oder von einem Wissensgebiet und setzen damit keine Kenntnisse der Geometrie voraus (vgl. Euklid, 2001: S. 417, 419). Euklid und Archimedes stellten diese Grundsätze als „allgemein Eingesehenes“ voran (Euklid: κοιναί ἔννοιαι =, im lateinischen = notiones communes = die dem Menschen angeborenen und daher allen Menschen gemeinsamen Begriffe und Vorstellungen (vgl. auch Stumpf, 1870: Bg. 2-1)). Sie sind einsichtig (evident), selbstverständlich und bedürfen deswegen keiner Begründung.[29]

Historischen Aufzeichnungen nach kommt das Wort „Axiom“ in dem Urtext der Elemente von Euklid überhaupt nicht vor, hingegen spricht bereits Aristoteles über die Axiome (vgl. Aristoteles, 1998: S. 315, I2, 71 b 20 ff). Heute wird angenommen, dass mit Proklos (5. Jh. n. Chr.) erst nachträglich der Terminus „Axiom“ in das antike Schrifttum eingearbeitet wurde. Szabó stellt fest, dass dieser Terminus wie viele andere aus der Dialektik, der antiken Kunst des Dialogführens, übernommen wurde, bei der ein Dialogpartner mit dem Axiom nur die Richtigkeit eines Satzes behauptete, und der andere Partner nur bedingt oder überhaupt nicht der Aussage zustimmte, d. h. es handelte sich um einen Satz, der in Frage gestellt wurde, und erst mit Aristoteles festigte sich der gegenteilige Sachverhalt, dass die Richtigkeit eines Axioms von allen anerkannt werden musste. Mit Proklos kann zumindest das Postulat textlich belegt werden. „Wenn aber die Behauptung [die man einer Untersuchung zugrunde legen will] noch unbekannt ist, und die Annahme gleichwohl erfolgt, obwohl der Lernende sie nicht zugibt, dann – sagt er [Aristoteles] – sprechen wir von einem Postulat (αἴτημα), wie z. B. bei dem Satz, dass alle rechten Winkel gleich sind“ (vgl. Ritter/Szabó, 1971: S. 738ff). Diese Theorie würde auch erklären, warum immer wieder versucht wurde, das fünfte Postulat – der Dialektik nach eine Forderung – zu beweisen. Aristoteles unterschied in seiner *Analytica Posteriora* (vgl. Aristoteles, 1993: S. 78) zwischen den verschiedenen Termini, indem er versuchte, diese zu klassifizieren und zu strukturieren.

Die unscharfe Abgrenzung dieser beiden Gattungen von Grundsätzen bei Euklid führte, wie gezeigt, seit dem Altertum und insbesondere mit Proklos zu Umstellungen

---

29 (vgl. Szabó, 1969: S. 412ff) Á. Szabó geht ausführlich auf die Unterscheidung der Postulate und Axiome zwischen Euklid, Aristoteles und Archimedes ein.

und lieferte damit eine Kompilation, die sich schwerlich mit den Schriften Aristoteles vergleichen lässt. Auch ging die Bedeutung des Unterschieds durch nicht exakte Ausarbeitungen der alten Vorlagen, beginnend mit dem dritten Jahrhundert, verloren, indem die Axiome allen Naturwissenschaften zu Grunde gelegt wurden, und Postulate sowie Hypothesen innerhalb der Einzelwissenschaften variierten (vgl. Heath, 1921: I, S. 361 und II, S. 208).

2.3 Die Entwicklung der axiomatischen Methode

Wenn gegenwärtig die Begriffe „Axiom", „Postulat" und „Definition" zu Synonymen geworden sind, so ist es für uns schon nahezu selbstverständlich, dass mit Hilfe der axiomatischen Methode die Mathematik und auch die Naturwissenschaften in einem Regelwerk nach Euklids Vorbild exakt und lehrmäßig beschrieben sind. Schließlich enthält die Methode eine systematische Anordnung dieser Termini, und damit ein Prinzip, um daraus alle weiteren Sätze und Aussagen von bereits Bekanntem herleiten zu können. Die inhaltliche Trennung und ihre kategorische Darstellung, wie sie in den Elementen Euklids festgelegt sind, ist weniger einsichtig, da die Axiome nur dann für die Geometrie von Bedeutung sind, wenn auch tatsächlich geometrische Begriffe verwendet werden. Dass darüber hinaus die Axiome auch für andere Disziplinen gelten können, ist für die Geometrie unerheblich. Die heutige Literatur trifft daher keine Unterscheidung mehr, sondern führt beide Arten zu unbewiesenen Grundaussagen einer Theorie, meist mit Hilfe der mengentheoretischen Schreibweise, in einem Axiomensystem zusammen.

Im Folgenden soll der Weg bis zum Ende des neunzehnten Jahrhunderts, speziell mit Blick auf die Axiomatik und Logik und ihre starken Auswirkungen auf die Geometrie bis hin zum ersten logisch exakt aufgestellten Axiomensystem durch David Hilbert (1899) punktuell expliziert werden.

Anfang des 19. Jh. mehrten sich mit den neuen Ideen von einer mathematischen Logik auch das Interesse der Mathematiker, die Mathematik selbst zum Objekt ihrer Untersuchung zu machen und hierbei über neue Methoden nachzudenken. Der Impuls übertrug sich auch auf das Gebiet der Geometrie, und veranlasste zahlreiche Mathematiker, die axiomatische Methode verstärkt in ihre Betrachtungen mit einzubeziehen. Auf der Seite der Algebra verlagerte sich nach der geometrischen Darstellung der komplexen Zahlen (im ersten Drittel des 19. Jh.) das Interesse der Untersuchung von Objekten bestimmter Art zur Untersuchung von Relationen, die sich auf ganz bestimmte Objekte bezogen. Die Fortschritte in den Disziplinen der Topologie, der analytischen Funktionen, der Zahlentheorie, der Analysis, der Funktionalanalysis, der Differentialgeometrie und der Wahrscheinlichkeitsrechnung wurden, im Vergleich zu den vielen vorausgegangenen Jahrhunderten, fast unüberschaubar. Hinzu kam, dass bedeutende Philosophen wie Hegel, Schopenhauer oder Nietzsche im 19. Jh., gemessen an philosophischen Vorgängern wie Descartes oder Leibniz, keine schöpferischen

Mathematiker waren, und so eine Öffnung zwischen Philosophie und Mathematik entstand. Bemerkenswerterweise entstanden die meisten mathematischen Theorien unabhängig von der Forderung nach naturwissenschaftlicher Anwendung. Zu diesen theoretischen Entwicklungen zählt auch die nicht-euklidische Geometrie, auf die jetzt weitestgehend ohne philosophische Betrachtungen näher eingegangen wird.

Die Methode des Beweisens, bestimmte Behauptungen als Werkzeug zur Erkenntnissicherung in der Mathematik zu nutzen, hatte mit Thales von Milet ihren Anfang genommen und bildet bis heute noch eine essentielle Grundlage anderer moderner Wissenschaften. Einen mathematischen Satz zu beweisen, heißt ja, ihn auf bekannte Sätze (Hypothesen oder Prämissen) zurückzuführen, die ihrerseits wiederum aus bestimmten Aussagen abgeleitet werden können und so weiter, eine auf den ersten Blick einfache Methode, nämlich Zusammenhänge, wie sie in den Elementen von Euklid für die Geometrie hergeleitet werden, anschaulich darzulegen (vgl. Filler, 1993: S. 51ff), allerdings mit der Konsequenz, dass über die Beweisnotwendigkeit unterschiedliche Auffassungen bestehen können. Was dem einen selbstverständlich erscheint, ist für einen anderen nicht ohne weiteres einleuchtend. Geht man diesen Weg schlüssig zurück auf immer wieder Bewiesenes, dann kommt man an einen Punkt, an dem eine Aussage aus dem „Nichts" bewiesen werden müsste, oder, wie Stumpf es treffend umschreibt:

> Denn es ist gewiß, dass irgendwo das Beweisen einen Anfang nehmen muß, daß es einen festen, unbezweifelten und nicht mehr zu beweisenden Grund geben muß, auf welchem unsere Beweise ruhen. Oder sollen wir auch die 3 Dimensionen beweisen und dann am Ende (mit Hegel) den Raum selbst mit sammt der ganzen übrigen Welt aus dem absoluten Nichts „ableiten"? Es möchte gerathener scheinen, ein paar Schritte vor dem Abgrund Halt zu machen. Wie nun, wenn eben jene Sätze die wären, bei denen man stehen bleiben muß? Die versuchten Beweise scheinen, wenn auch sonst nichts, wenigstens dieses zu beweisen (vgl. Stumpf, 1870: Bg. 2-2ff).

Eben dies trifft aber auf Euklid zu: quasi aus dem „Nichts", formulierte und postulierte er Grundaussagen in Form von Axiomen, Postulaten und Definitionen, die man als gegeben anzusehen hatte, führte sie in einem System zusammen und deduzierte hieraus für die damals bekannte Geometrie alle übrigen Sätze und Eigenschaften. Dass dieses Axiomensystem den heutigen Anforderungen noch nicht entspricht, ist an dieser Stelle nicht relevant, das Große und Wesentliche ist die von Euklid auf den Weg gebrachte Methode.

2.4 Die euklidische Geometrie und das Parallelenproblem

Einen bestimmten Anspruch hatte Euklid aber dennoch; nämlich auf der Grundlage möglichst weniger Axiome und Postulate denkbar viele Sätze und Aussagen zu beweisen. Über zweitausend Jahre lang, bis zum Anfang des neunzehnten Jahrhunderts, verzweifelten unzählige Mathematiker an ihren Versuchen, durch den Beweis eines Axioms oder Postulats das Systems zu reduzieren. Das V. Postulat, das Parallelenpostulat,[30] war durch eine nicht ganz exakte Formulierung – die Sprache ist hier im Hinblick auf den Entstehungszeitraum zu berücksichtigen – nicht gleich so einleuchtend und verständlich wie die anderen Grundsätze und rückte somit in den Mittelpunkt aller Bemühungen. Zu den namhaften, aber allemal gescheiterten Vertretern (vgl. Filler, 1993: S. 148) dieser Versuche gehörten u. a. Claudius Ptolomäus von Alexandria (ca. 90 – 160 v. Chr.), Johann Heinrich Lambert (1728 – 1777, Schweiz u. Deutschland), Adrien-Marie Legendre (1752 – 1833, Frankreich) und auch Farkas (Wolfgang) Bolyai (1775 – 1856, Ungarn). Selbst Aristoteles wollte in der Behandlung der Parallelen einen Zirkelschluss erkannt haben (vgl. Aristoteles, 1998: S. 219). Der Historiker T. L. Heath stellte die These auf, dass Euklid das Parallelenpostulat genau aus diesem Grund – nämlich um eine Diallele zu vermeiden – eingeführt hatte, konnte aber hierfür keine Bestätigung finden. Interessant erscheinen die Versuche von Ibn al Haitham (ca. 965 – 1039), der einige elementare Aussagen der nichteuklidischen Geometrie aufstellte, aber in ihnen nicht mehr als Kettenglieder eines indirekten Beweises sah. Überwiegend wurde bei diesen Versuchen das indirekte Beweisverfahren angewendet, indem die Axiome und Postulate – außer dem Parallelenpostulat – als gegeben vorausgesetzt wurden, um dann mit der Negation des Parallelenaxioms einen Widerspruch zu erreichen. Nur die Schlussfolgerungen konnte man nicht richtig interpretieren, während man heute weiß, dass es einerseits keinen Widerspruch gibt, und andererseits gerade mit der Negation des Parallelenpostulats – im Gegensatz zu einer Parallelen entweder keine oder unendlich viele Parallelen – und den anderen Axiomen sowie Postulaten der Geometrie die nichteuklidischen Geometrien aufgebaut sind.

Saccherie nahm die Ergebnisse der Araber auf und „erhielt ganze Abschnitte der nichteuklidischen Geometrie, ohne sie als solche zu erkennen" (vgl. Klein, 1928: S. 273). Sein bis dato neuer Ansatz zur Widerlegung (vgl. Dieudoneé, 1985: S. 750ff) des Parallelenpostulats bestand in der *Hypothese des spitzen oder stumpfen Winkels* in C und D eines Vierecks $ABCD$ (Saccherie-Viereck, Abb.01), mit den rechten Winkeln in A und B und $AC = BD$. Jede dieser Annahmen muss dann zu einem Widerspruch führen. Im Falle des stumpfen Winkels war der Nachweis für ihn leicht, im Falle des spitzen Winkels gelangte er weiter und weiter zu zahlreichen Folgerungen und Sätzen, die man später bei Legendre, J. Bolyai und Lobatschefskij wieder fand und sie auch diesen

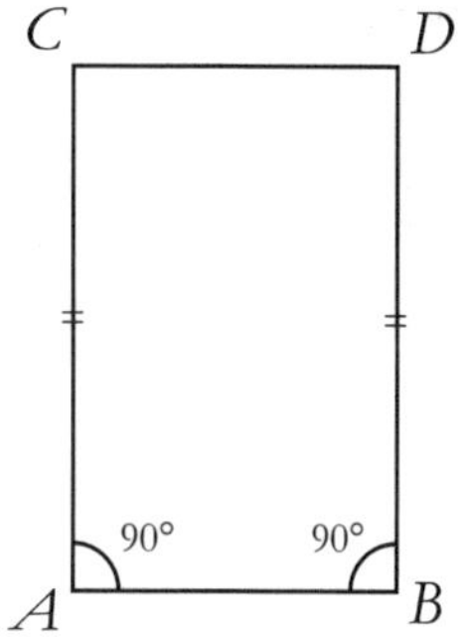

Abb. 01

[30] (vgl. Klein, 1928: S. 272) Klein schreibt: „Gegenüber den anderen Axiomen Euklids, die eine überraschend einfache Gestalt besitzen, erscheint die Aussage des Parallelenaxioms unnatürlich kompliziert… Alle diese Arbeiten wollen also das Parallelenaxiom aus den anderen Voraussetzungen der euklidischen Geometrie ableiten. Wir wissen heute, dass alle Versuche von vornherein zum Scheitern verurteilt sind."

meist zuordnete.[31] Diese, mit Saccherie eingeleitete Wende in der Betrachtung des Parallelenproblems,[32] wurde durch Johann Heinrich Lambert (1766) fortgesetzt. Lambert stellte fest, dass die Differenz zwischen zwei Rechten und der Winkelsumme des Dreiecks proportional ist und gelangte so auf eine charakteristische Konstante des Raumes, die für die euklidische Geometrie unendlich wird. Ferner sah er die Möglichkeit für logisch kohärente Theorien der beiden Fälle, des spitzen und stumpfen Winkels. Seine Untersuchungen, die er nicht zum Abschluss bringen konnte, dies aber auch in seinen Darstellungen erwähnte, wurden erst nach seinem Tode 1786 veröffentlicht. Lambert gilt als bedeutendster erkenntnistheoretischer und kosmologischer Vorgänger Kants, mit dem er einen regen Briefwechsel pflegte. Seine Schrift „Neues Organon oder Gedanken über Erforschung und Bezeichnung des Wahren" (1764), zählt zu den Hauptwerken des deutschen Rationalismus.

Ende des 18. Jh. und Anfang des 19. Jh. unternahm auch der französische Mathematiker Adrien-Marie Legendre mehrere Versuche, das Parallelenpostulat zu beweisen.[33] Die Fehler, die er bei den Bemühungen machte, eine diesem Postulat äquivalente Aussage einzusetzen, bemerkte er später meistens selbst. Seine drei Hypothesen lauteten (vgl. Filler, 1993: S. 149ff):

1. Die Innenwinkelsumme ist größer als zwei Rechte.
2. Die Innenwinkelsumme ist kleiner als zwei Rechte.
3. Die Innenwinkelsumme ist gleich zwei Rechten.

Legendre führte die erste Hypothese zu einem Widerspruch und kam beim Beweis für die dritte Hypothese auf ein neues Resultat:

> Wenn die Innenwinkelsumme in einem Dreieck gleich zwei Rechten ist, so gilt das fünfte Postulat von Euklid, d. h. es ist wahr.

Für den Beweis der zweiten Hypothese glückte ihm jedoch nur ein Teilerfolg. Während ihm zwar der Beweis gelang, dass die Existenz eines einzigen Dreiecks mit der Innenwinkelsumme von zwei Rechten genügt, um daraus folgern zu können, dass jedes Dreieck diese Innenwinkelsumme hat, gelang es ihm aber nicht, die Existenz eines solchen Dreiecks aufzuzeigen.

---

31 Das Buch, das Saccherie (ein Jesuitenpater) veröffentlichte, trägt den Titel: *Euclides, ab omni naevo vindicatus, sive conatus geometricus quo stabiliuntur prima ipsa universae geometriae principia.*

32 G. S. Klügel, ein Schüler des bekannten Göttinger Mathematikers Kaestner, stellte in seiner Dissertation *Conatuum praecipuorum theoriam parallelarum demonstrandi recensio etc.* im Jahre 1763 alle wesentlichen Beweisversuche (28) zusammen, die seit dem Erscheinen der „Elemente von Euklid" unternommen wurden. Die meisten davon sind Trugschlüsse, nicht stichhaltig und haben nur noch ein historisches Interesse. Der erste wirkliche Fortschritt im Parallelenproblem gelang Saccherie (nachzulesen bei F. Klein und H. Meschkowski).

33 Sein Werk „Éléments de Géométrie", das er während der Zeit am *Institut National des Science et des Arts* erarbeitete galt fast für hundert Jahre als ein Standardwerk und wurde nach der 12. Auflage des Originals von A.L. Crelle (1858) auch in die deutsche Sprache übersetzt.

Parallel zu diesen Bemühungen von 1700 – 1900, das Parallelenpostulat nachzuweisen und ad absurdum zu führen oder durch anschaulichere Formulierungen zu ersetzen, entwickelten sich – wie an anderer Stelle beschrieben – auch die projektive Geometrie und die analytischen Methoden weiter. Der Impuls, der von diesen Bestrebungen in der Geometrie ausging, breitete sich auch auf die Algebra und Analysis aus. Ähnlich der Idee einer „characteristica universalis" von Leibniz (vgl. Dieudonné, 1985: S. 748ff), aber davon unabhängig, bildete sich der Begriff der „symbolischen Sprache", eine sog. *Langue des Calculs*,[34] die geeignet war, die mathematischen Formeln übersehbar darzustellen und die verschiedenen Interpretationen exakt zu vergleichen. Alle Entwicklungen und die Versuche der Negation des V. Postulats, die zu immer mehr Genauigkeit und Disziplin veranlassten, überlagerten sich und ebneten, ausgehend vom 18. Jahrhundert bis zum Ende des 19. Jahrhunderts, den Boden für die Entstehung der nichteuklidischen Geometrien.

2.5 Die Entstehung der nichteuklidischen Geometrien

Noch zwei Jahrtausend später herrschte unter den Mathematikern ein gewisser Vorbehalt, in wieweit es denn überhaupt möglich sei, einen Beweis für das Parallelenproblem zu erbringen, was einen dunklen Punkt der Geometrie darstellte, den es aufzuhellen galt. Wie stark dieser Umstand den Mathematikern zu schaffen machte, wird deutlich in einem Brief, den der ungarische Mathematiker Farkas Wolfgang Bolyai, ein Studienkollege und Jugendfreund von Gauß, aus der Göttinger Zeit an seinen Sohn Janos 1820 schrieb (vgl. Meschkowski, 1971: S. 26ff): „Es ist unbegreiflich, daß diese unabwendbare Dunkelheit, diese ewige Sonnenfinsternis, dieser Makel in der Geometrie zugelassen wurde, diese ewige Wolke an der jungfräulichen Wahrheit." Wolfgang Bolyai, für den die Sätze der Mathematik ähnlich wie für Platon metaphysische Wahrheiten waren, ist in Sorge um seinen Sohn Janos und entsetzt, dass auch er sich des Parallelenproblems annehmen will. Janos (Johann) Bolyai (1802 – 1860) beschäftigte sich aber trotz der fürsorglichen väterlichen Warnung mit dem Parallelenproblem. Sein Gedanke, dass es vielleicht gar keinen Widerspruch gibt, dass es in Wirklichkeit vielleicht unendlich viele Parallelen durch einen Punkt zu einer Geraden geben kann, was gleichzeitig bedeutete, dass auch die Winkelsumme im Dreieck kleiner als zwei Rechte ist, dieser Gedanke war neu und radikal gegenüber den meisten Versuche, deren Beweisführung auf indirektem Wege durchgeführt wurde (vgl. Meschkowski, 1985: S. 15). Die Darstellungen dieser neuen Ideen über die Parallelenproblematik und zur nichteuklidischen Geometrie wurden 1832 als Anhang (*Appendix, scientam spatii absolute veram exhibens*) im Buch seines Vaters „Tentamen" veröffentlicht. Farkas Bolyai, der über die Arbeiten seines Sohnes stark verunsichert war, ließ diese seinem Freund Gauß

[34] E. Condillac „Die Logik – Die Sprache des Rechnens" wurde aus dem Französischen übersetzt und ist postum im Akademie-Verlag, Berlin, erschienen.

mit der Bitte zukommen, sie zu prüfen und zu beurteilen (vgl. Schmidt / Stäckel, 1899: S. 102ff).

Gauß, der die Bedeutung der Arbeiten des jungen Bolyai anerkannte, hatte sich aber schon Jahre zuvor mit der Problematik beschäftigt und prägte auch den Begriff der „nichteuklidische Geometrie" (zuerst die Bezeichnung „anti-Euklidischen Geometrie" bevorzugend). Dies geht aus den Briefen hervor, die er 1829 und 1830 an Friedrich Wilhelm Bessel (Astronom und Mathematiker) schrieb:

> Auch über ein anderes Thema, das bei mir schon fast 40 Jahre alt ist, habe ich zuweilen in einzelnen freien Stunden wieder nachgedacht; ich meine die ersten Gründe der Geometrie; ich weiss nicht, ob ich Ihnen je über meine Ansichten darüber gesprochen habe. Auch hier habe ich manches noch weiter consolidirt, und meine Überzeugung, dass wir die Geometrie nicht vollständig a priori begründen können, ist wo möglich noch fester geworden. Inzwischen werde ich wohl noch lange nicht dazu kommen, meine sehr ausgedehnten Untersuchungen darüber zur öffentlichen Bekanntmachung auszuarbeiten, und vielleicht wird dies auch bei meinem Lebzeiten nie geschehen, da ich das Geschrei der Bœotier scheue, wenn ich meine Ansichten ganz Aussprechen wollte… (vgl. Brief 1829 in Schmidt/Stäckel, 1899: S. 193).

> Wahre Freude hat mir die Leichtigkeit gemacht, mit der Sie in meine Ansichten über die Geometrie eingegangen sind, zumal da so wenige offenen Sinn dafür haben. Nach meiner innigsten Überzeugung hat die Raumlehre in unserem Wissen a priori eine ganz andere Stellung, wie die reine Grössenlehre; es geht unserer Kenntnis von jener durchaus diejenige vollständige Überzeugung von ihrer Nothwendigkeit (also auch von ihrer absoluten Wahrheit) ab, die der letzten eigen ist; wir müssen in Demuth zugeben, dass, wenn die Zahl bloss unsers Geistes Product ist, der Raum auch ausser unserm Geiste eine Realität hat, der wir a priori ihre Gesetze nicht vollständig vorschreiben können… (vgl. Brief an Bessel 9.4.1830, Gauss, 1863: S. 201).

Gauß scheute sich also vor den Konsequenzen dieser revolutionären Gedanken, derer er sich wohl bewusst war. Aus einem Brief an Taurinus 1824 geht hervor, dass er Widerspruchslosigkeit für eine eigene, von der Euklidischen verschiedene Geometrie ausgebildet habe, die in sich selbst durchaus konsequent sei mit der Ausnahme einer Konstanten, die sich a priori nicht bestimmen ließe und die, je größer sie würde, sich immer mehr der euklidischen Geometrie näherte. Seine Arbeiten zur nichteuklidischen Geometrie wurden aber erst nach seinem Tode ab 1856 sukzessive herausgegeben. Der Versuch von Gauß, ein großes terrestrisches Dreieck auszumessen,[35] um den Nachweis

---

[35] Artikel von Hoppe, E. mit dem Titel „C. F. Gauss und der euklidische Raum." in der Göttinger Zeitschrift „Naturwissenschaften", Heft 35 vom 28.8.1925, Auszug der Niedersächsischen Staats- und Universitätsbibliothek Göttingen, S. 743-744 : „In Heft 28 dieses Jahrganges spricht Herr KIENLE in seinem interessanten Nachruf für HUGO VON SEELIGER den Wunsch aus, es möge die Legende aufgeklärt werden, dass v. SEELIGER und andere gemeint hätten, GAUSS habe das Dreieck Brocken – Hagen – Inselsberg ausgemessen, um daran zu konstatieren, dass die Winkelsumme im Dreieck gleich 2R. sei. Da mir heute der Irrtum von anderer Seite begegnet, ist es vielleicht angebracht, das mitzuteilen, was ich darüber weiß. Zunächst hat GAUSS jenes Dreieck gemessen, um für die Triangulation des Königreichs Hannover die große Distanz

zu erbringen, dass, wie in der Annahme von Bolyai, die Winkelsumme im Dreieck kleiner als zwei Rechte sein kann, hat in der Art und Weise, wie es bis heute in fast allen Mathematikbüchern geschrieben steht, nie stattgefunden, was auch Stumpf in seinem Nachtrag bemerkte.[36]

Parallel zu diesen Entwicklungen erschien 1826/1829 die erste Veröffentlichung (vgl. Klein, 1928) zur nichteuklidischen Geometrie von Nikolai Iwanowitsch Lobatschewskij (1793 – 1856), einem Mathematik-Professor an der Universität von Kasan. Die Vorstellungen von Bolyai und von Lobatschewskij waren nahezu identisch mit denen von Gauß, allerdings mit dem Unterschied, dass jene sie für die Nachwelt publizierten. Lobatschewskijs Abhandlungen gingen aber weiter, begannen mit der

---

Brocken – Hoher Hagen als Basis zu haben. Darüber hat er sich wiederholt in den Briefen an SCHUMACHER ausgesprochen, der gleichzeitig die Gradmessung von Jütland bis Altona und die Triangulation dieses Gebietes im Auftrage des Königs von Dänemark auszuführen hatte. Ein zweiter Grund für dies große Dreieck war, daß GAUSS über den Inselsberg den Anschluß an die bayrischen Dreiecke gewinnen wollte, wie er gleichfalls an SCHUMACHER schreibt. Nun hat bekanntlich GAUSS sich bereits in seiner Studienzeit, wie aus dem Briefwechsel mit W. BOLYAI hervorgeht, mit dem Parallelen-Problem beschäftigt, und daß dies Thema damals allgemeiner interessierte, ist wohl darauf zurückzuführen, daß LEGENDRE in seinem Êlements 1794 glaubte einen Beweis gefunden zu haben, daß die Winkelsumme im Dreieck gleich 2R. sein müsse. Der Beweis war natürlich nicht stichhaltig. Dann kam SCHUMACHER 1831 auf das Parallelen-Problem in 2 Briefen an GAUSS zu sprechen und meinte auch einen Beweis zu haben, daß in jedem ebenen, gradlinig begrenzten, endlichen Dreieck die Winkelsumme = 2R. sei. In seiner Antwort zeigt GAUSS, daß der Schluß SCHUMACHERS nicht richtig ist. Sowohl aus diesem Briefwechsel wie aus dem mit BOLYAI und aus dem Brief von GAUSS an TAURINUS von 1824 geht hervor, dass GAUSS den Satz von der Winkelsumme im Dreieck als einen Erfahrungssatz ansah. Er betont sehr energisch und wiederholt, daß die nichteuklidische Geometrie durchaus einwandfrei ist. In einem Brief an SCHUMACHER weist er auch darauf hin, daß die Messungen in endlichen Dreiecken darüber keinen Aufschluß geben können. In dem mathematischen Seminar, welches LISTING 1875 abhielt, kam derselbe auch auf diese Frage und erzählte uns, daß GAUSS gesagt habe, man könne vielleicht durch Messung von ganz großen Dreiecken an Fixsternen prüfen, ob der Erfahrungssatz von der Winkelsumme im Dreieck auch dort noch richtig sei. Da LISTINGS jahrelang GAUSS' Assistent war, ist wohl anzunehmen, daß seine Erzählung richtig war; sie stimmt auch mit dem, was GAUSS an TAURINUS schrieb. So kann, da für andere Triangulationen erheblich kleinere Dreiecke zugrunde gelegt sind, wohl die Meinung entstanden sein, daß jenes Dreieck schon von GAUSS in Absicht der Feststellung der Winkelsumme gemessen sei. Aus GAUSS' Werken ist nicht ersichtlich, ob er astronomische Messungen zu diesem Zweck ausgeführt hat, und auch LISTING hat nichts von einer Ausführung jenes Gedanken gesagt."

Anmerkung: Dieser Sachverhalt wurde auch von Dr. Axel Wittmann, Göttingen (Gauss-Gesellschaft) bestätigt. Das besagte Dreieck (Inselsberg – Brocken – Hoher Hagen) wurde 1821 von Gauss vermessen. Die Schenkellängen betrugen 69,2km, 105,7km und 84,9km, die Abweichung (innerhalb der Fehlergrenze) der Messung 14,85 Bogensekunden. Im Vordergrund des Experiments standen die Dreiecks-Vermessung, die Erprobung des Heliotrops und Nebeneffekte wie die Instrumentengenauigkeit, Abweichungen durch atmosphärische Störungen, etc. Dass hierbei auch die Winkelsumme ermittelt werden konnte ist eher nebensächlich.

[36] (vgl. Stumpf, 1870: Nachtrag – 1) Anmerkung: Stumpf nennt zumindest mit dem Heliotrop, anstatt dem Theodoliten, das richtige Messinstrument. Es könnte auch sein, dass die entsprechenden Werke von Gauß 1870, im Jahre der Habilitationsschrift Stumpf noch nicht zur Verfügung standen.

Verneinung des Parallelenaxioms, um zu einem Widerspruch zu gelangen, der aber nicht eintrat. Stattdessen entwickelte er die Grundzüge einer neuen Geometrie, die auf der absoluten Geometrie und der Verneinung des euklidischen Parallelenaxioms aufbaute. In seiner Abhandlung „Anfangsgründe der Geometrie", die erst ein Jahrzehnt später in Westeuropa bekannt wurden, schreibt er (vgl. Lobatschewskij, 1898: S. 80ff):

> Raum, Ausdehnung, Ort, Körper, Fläche, Linie, Punkt, Richtung, Winkel sind Wörter, mit denen man die Geometrie beginnt, mit denen man aber niemals einen klaren Begriff verbindet [...]. Es ist nöthig zu bemerken, daß hier die Unklarheit im Begriffe durch die Abstraktheit hervorgerufen wird, die bei der Anwendung auf wirkliche Messungen überflüssig wird... Andrerseits giebt es in der Natur weder gerade noch krumme Linien, weder Ebenen noch krumme Flächen; wir finden darin nur Körper, so daß alles Uebrige von unsrer Einbildungskraft geschaffen und daher blos in der Theorie vorhanden ist.

Nicht anders als die Arbeiten von Gauß fanden auch die Arbeiten von Lobatschewskij und Bolyai zu ihren Lebzeiten kaum Beachtung, war doch der Gedanke, dass die euklidische Geometrie die einzig wahre und mögliche sei, viel zu tief im allgemeinen Denken verwurzelt.

Bewegung in die Sache kam erst wieder mit der Veröffentlichung des Nachlasses von Gauß und den Arbeiten von Riemann. Die Veröffentlichung des Briefwechsels zwischen Gauß und dem Astronomen Schuhmacher sorgte dafür, dass die Ansichten von Gauß publik wurden. In einem Brief vom 12. Juli 1831 stellte er seine Ansicht über die hyperbolische Geometrie mit drei Resultaten sehr ausführlich dar:

1. Es gibt in der hyperbolischen Geometrie Dreiecke, deren Winkelsumme beliebig klein ist.
2. Es gibt in der hyperbolischen Geometrie keine Ähnlichkeit der Figuren, sondern nur Kongruenz.
3. Einen Ausdruck für die Länge des Kreisumfanges in der hyperbolischen Geometrie.

Ferner wurde durch diesen Briefwechsel in weiteren Kreisen bekannt, dass Gauß von der Widerspruchsfreiheit der hyperbolischen Geometrie überzeugt war. Neben den namhaften Mathematikern wurden noch die beiden Rechtsgelehrten – Ferdinand Karl Schweikart (1780 – 1857) und sein Neffe Franz Adolf Taurinus (1794 – 1874) genannt, die sich beide in ihren Mußestunden mit der Geometrie beschäftigten. Gauß fand hier die Auffassung wieder, dass der Raum eine ausserhalb von uns vorhandene Wirklichkeit sei, der wir ihre Gesetze nicht vollständig vorschreiben können, deren Eigenschaften vielmehr nur auf Grund der Erfahrung vollständig festzustellen sind (vgl. Gauss, 1863: Band 10, Abt. 2, Kapitel 7, S. 31ff).

2.6 Riemann, Klein und Poincaré

Mit der Herausbildung der nichteuklidischen Geometrie durch Gauß, Bolyai und Lobatschewskij war auch das jahrtausendlang existierende Parallelenproblem auf eigenartige Weise gelöst worden. Das Parallelenpostulat verlor damit den Status einer „absoluten Wahrheit“, in den es erhoben worden war und wurde so zu einer möglichen Hypothese unter anderen. Bernhard Riemann (1826 – 1866), ein Schüler von Gauß und P.-G. Lejeune-Dirichlet, war der erste führende Mathematiker und „Herbartianer in Psychologie und Erkenntnistheorie (Methodologie und Eidologie)“, wie aus einem Fragment seines Nachlasses hervorgeht (vgl. Scholz, 1982)), der die Bedeutung der neuen Geometrie erkannte. Neben seiner Dissertation bei Gauß, in der er der Funktionentheorie durch die Einführung der später nach ihm benannten „Riemannschen Flächen“ neue Wege bahnte, erzeugte sein Habilitationsvortrag „Über die Hypothesen, welche der Geometrie zugrunde liegen“ (vgl. Riemann, 1867) vor der Philosophischen Fakultät der Universität Göttingen noch größere Wirkung (vgl. Scholz, 2001). Seine Ausführungen über eine allgemeine Theorie der Mannigfaltigkeiten lieferten ein theoretisches Gebäude, das sowohl den begrifflichen Rahmen beträchtlich erweiterte, die bereits bestehenden Geometrien systematisierte und integrierte, wie auch weitere geometrische Systeme hervorbrachte. Riemann hielt seinen Vortrag vor einem Publikum, das zum großen Teil philosophisch vorgebildet war. Nachdem Riemann darauf hingewiesen hatte, dass er „außer einigen ganz kurzen Andeutungen“ von Gauß „und einigen philosophischen Untersuchungen Herbart´s, durchaus keine Vorarbeiten nutzen konnte“, eröffnete er seinen „Plan der Untersuchung“ wie folgt:

> Bekanntlich setzt die Geometrie sowohl den Begriff des Raumes, als die ersten Grundbegriffe für die Constructionen im Raume als etwas Gegebenes voraus. Sie giebt von ihnen nur Nominaldefinitionen, während die wesentlichen Bestimmungen in Form von Axiomen auftreten. Das Verhältnis dieser Voraussetzungen bleibt dabei im Dunkeln; man sieht weder ein, ob und in wie weit ihre Verbindung nothwendig, noch a priori, noch ob sie möglich ist.
> Diese Dunkelheit wurde auch von Euklid bis auf Legendre, um den berühmtesten neueren Bearbeiter der Geometrie zu nennen, weder von den Mathematikern, noch von den Philosophen, welche sich damit beschäftigen, gehoben. Es hatte dies seinen Grund wohl darin, dass der allgemeine Begriff mehrfach ausgedehnte Grössen, unter welchem die Raumgrössen enthalten sind, ganz unbearbeitet blieb. Ich habe mir daher zunächst die Aufgabe gestellt, den Begriff einer ausgedehnten Grösse aus allgemeinen Grössenbegriffen zu construiren.

Dieser programmatische Vorschlag, mit dem er ein neues begriffliches und methodisches Gerüst zur Verallgemeinerung der euklidischen, der nichteuklidischen und auch der projektiven Geometrie unterbreitete, stellte alle bisherigen Ansätze in den Schatten. Zur Formulierung seines Ansatzes musste er einen neuen Grundbegriff einführen, der eine begriffliche Allgemeinheit antizipierte, die erst nach siebzig Jahren (1920) eingeholt wurde und zu dem damaligen Zeitpunkt die zeitgenössische Mathematik weit übertraf (vgl. Scholz, 2001: S. 172ff). Riemann charakterisierte eine Mannigfaltigkeit im Rahmen des Begriffs einer n-fach ausgedehnten Größe im Sinne der klassischen Logik (vgl. Riemann, 1867: §1, S. 9):

> Grössenbegriffe sind nur da möglich, wo sich ein allgemeiner Begriff vorfindet, der verschiedene Bestimmungsweisen zulässt. Je nachdem unter diesen Bestimmungsweisen von einer zu andern ein stetiger Übergang stattfindet oder nicht, bilden sie eine stetige oder discrete Mannigfaltigkeit; die einzelnen Bestimmungsweisen heissen im ersteren Falle Punkte, im letzteren Elemente dieser Mannigfaltigkeit [...]

Riemann vermeidet hier bewusst das Wort „Raum". Seine Theorie der Mannigfaltigkeiten nahm ihren Anfang von dem durch Gauß eingeführten Begriff der inneren Geometrie einer Fläche, die durch das so genannte Bogenelement (*ds* = Krümmung) charakterisiert ist.

Zum besseren Überblick sind in der nachfolgenden Tabelle 1 einmal die wichtigsten charakteristischen Merkmale der euklidischen und nichteuklidischen Geometrie mit ihren verschiedenen Begriffen in Anlehnung an Pfeiffer (vgl. Pfeiffer, 1994: S. 160) zusammengestellt.

Tabelle 1: Charakteristika der euklidischen und nichteuklidischen Geometrien

Geometrie	**Terminologie nach Klein**	**Anzahl der Parallelen zu einer Geraden**	**Winkelsumme im Dreieck**	**Fläche konstanter Krümmung**	**Saccherie-Viereck**
Euklid	parabolische Geometrie	eine	180°	Krümmung Null	Annahme des rechten Winkels
Gauß Bolyai Lobatschewskij	hyperbolische Geometrie	unendlich viele	kleiner 180°	negative Krümmung	Annahme des spitzen Winkels
Riemann	elliptische Geometrie	keine	größer 180°	positive Krümmung	Annahme des stumpfen Winkels

Eine völlig andere Herangehensweise unternahm Felix Klein (1849 – 1925), eine Ausnahmeerscheinung unter den Mathematikern und Markstein der Theoriebildung in der zweiten Hälfte des 19. Jahrhunderts (auf seine freundschaftliche Beziehung zu Stumpf wurde bereits eingegangen). Kleins wegweisende Entwicklungsrichtung für die Geometrie war die „Geometrie der Transformationsgruppen", eine Untersuchung von Invarianten geometrischer Figuren gegenüber Transformationsgruppen, ausgeführt in seiner Antrittsrede, dem „Erlanger Programm" (1872). Aufbauend auf dem Begriff der Gruppe, von Transformationsgruppen (Hauptgruppen), welche die geometrischen Eigenschaften räumlicher Gebilde unverändert lassen, formuliert Klein seine Theorie, die mit der Verallgemeinerung der Geometrie folgendes umfassende Problem entstehen lässt (vgl. Klein, 1872: S. 5ff):

> Es ist eine Mannigfaltigkeit und in derselben eine Transformationsgruppe gegeben; man soll die der Mannigfaltigkeit angehörigen Gebilde hinsichtlich solcher Eigenschaften untersuchen, die durch die Transformation der Gruppe nicht geändert werden.

Die vergleichenden Untersuchungen hinsichtlich solcher Eigenschaften, die durch die Transformation der Gruppe nicht verändert werden, standen damit im Mittelpunkt seines „Erlanger Programms".

Durch die Einbeziehung der nichteuklidischen Geometrien in die projektive Geometrie gelang Klein – neben Henri Poincaré (1854 – 1912) – dann doch noch eine Veranschaulichung der nichteuklidischen Geometrien im „Modell". Hierfür nutzte Klein um 1871 die Ideen von Arthur Cayley (1821 – 1895) aus der projektiven Geometrie; die Ergebnisse mündeten dann im so genannten Cayley-Kleinschen Modell (auch nur Kleinsches Modell genannt), neben dem Kreismodell und dem Halbebenenmodell von Poincaré, das Bekannteste der Lobatschewskij-Geometrie. Klein erkannte 1869 die Beziehungen zwischen der euklidischen und der nichteuklidischen Geometrie, nutzte die Elemente der projektiven Geometrie und nahm an dem Cayleyschen Ansatz einige Verallgemeinerungen vor, um eine völlige Übereinstimmung zu erhalten (vgl. Klein, 1928: S. 304).

Klein konnte durch seine Untersuchungen der metrischen Geometrien, die den quadratischen Formen im Raum und den ebenen Kegelschnitten entsprechen (die man als absolute wählt) zeigen, dass im Falle der Ebene die Wahl eines reellen Kegelschnittes (Ellipse, Hyperbel oder Parabel) immer auf die Lobatschewskij-Geometrie führt; dagegen führt sie zur elliptischen Geometrie bei einem imaginären Kegelschnitt (z. B. $x_1^2+x_2^2+x_3^2=0$). Wird der absolute Kegelschnitt zu zwei Punkten, ist die euklidische Geometrie gegeben. Darauf hin kategorisierte er die Geometrien mit dem Kegelschnitt als Absolutum, wie folgt:

> *Hyperbolische Geometrie* bezeichnete er die Lobatschewskij-Geometrie, in der jede Gerade den Kegelschnitt in zwei reellen Punkten schneidet. Analog schneidet die Hyperbel die Gerade im Unendlichen in zwei Punkten.
>
> *Elliptische Geometrie* bezeichnete er die Geometrie von Riemann, in Analogie zu der normalen Ellipse, die einen leeren Durchschnitt (in R) mit der Ferngeraden hat und den Geraden in der Riemannschen Geometrie, die keine gemeinsamen reellen Punkte mit dem Kegelschnitt haben.
>
> *Parabolische Geometrie* bezeichnete er die euklidische Geometrie, in der alle ihre Geraden das Absolutum in einem einzigen reellen Punkt treffen.

Danach sind die metrischen Geometrien (euklidisch oder nichteuklidisch) Spezialfälle der projektiven Geometrie.

Mit Klärung dieser Beziehungen zwischen den Geometrien war die Basis, einen allgemeinen Grundsatz zu finden, auf dem man die beiden Methoden aufbauen konnte, für sein „Erlanger Programm“ gegeben. Die Intention seiner Abhandlungen, jede Geometrie durch eine Gruppe von Transformationen zu charakterisieren, zielte damit auf die unveränderlichen Eigenschaften dieser Transformationsgruppe. Da die Klassifikation von Klein nicht auf die ebenen und räumlichen Transformationsgruppen beschränkt ist, kann sie auch auf die Transformation einer Mannigfaltigkeit von beliebiger Dimension ausgeweitet werden. In Anlehnung an die moderne Ausdrucksweise und bezogen auf eine bestimmte Gruppe, die Gruppe aller linearen Umformungen, ist Geometrie demnach die Lösung folgender Aufgabe:

> Es ist eine Mannigfaltigkeit und in derselben eine Transformationsgruppe gegeben. Man entwickele die auf die Gruppe bezügliche Invariantentheorie.

Durch den Gruppenbegriff und die bedeutende Rolle, die Klein ihm mit seinen vergleichenden Untersuchungen gab, wurden auch die bisher getrennten Sichtweisen zwischen analytischer und projektiver Geometrie aufgehoben.

2.7 Die axiomatischen Methoden bei Pasch, Hilbert und Peano

Mit den bisher beschriebenen Entwicklungen der Geometrie und der Herausbildung der nichteuklidischen Geometrien im 19. Jahrhundert, welche die Schwächen der euklidischen Axiomatik, bezüglich ihrer logischen Exaktheit, z. B. durch das Fehlen von Definitionen für die ersten Begriffe, deutlich machte, war die Zeit gekommen, ihre Grundlagen, ihr axiomatisches Gebäude, neu aufzubauen. Moritz Pasch (1843 – 1930), beeinflusst von Weierstraß und Kronecker, schrieb in seinen Vorlesungen über neuere Geometrie (vgl. Pasch, 1912: S. 1ff):

> Wenn Euklid sagt: „Ein Punkt ist, was keine Teile hat; eine Linie ist die Länge ohne Breite; eine gerade Linie (Strecke) ist diejenige, welche den auf ihr befindlichen Punkten gleichförmig liegt“, so erklärt er die angeführten Begriffe durch Eigenschaften, welche sich zu keiner Verwerthung eignen, und welche auch von ihm bei der weiteren Entwickelung nirgends verwerthet werden. In der That stützt sich keine einzige Stelle auf eine jener Aussage, durch welche der Leser, der aus den „Elementen“ ohne eine bereits vorher durch wiederholte Beobachtungen ausgebildete Vorstellung von den geometrischen Grundbegriffen überhaupt nichts lernen kann, höchstens an die betreffende Vorstellung erinnert und dazu veranlasst wird, sie den wissenschaftlichen Anforderungen gemäss einzuschränken oder zu ergänzen.
>
> Die Mathematik stellt die Relationen zwischen den mathematischen Begriffen auf, welche den Erfahrungsthatsachen entsprechen sollen, aber weitaus in ihrer Mehrzahl der Erfahrung nicht unmittelbar entlehnt, sondern „bewiesen“ werden; die (ausser den Definitionen der abgeleiteten Begriffe) zur Beweisführung nothwendigen Erkenntnisse bilden selbst einen Theil der aufzustellenden

> Relationen. Nach Ausscheidung der auf Beweise gestützten Sätze, der Lehrsätze, bleibt eine Gruppe von Sätzen zurück, aus denen alle übrigen sich folgern lassen, die Grundsätze; diese sind unmittelbar auf Beobachtungen gegründet,[37] freilich auf Beobachtungen, welche seit undenklichen Zeiten sich unaufhörlich wiederholt haben, welche klarer erfasst werden, als die irgend einer anderen Art, und mit denen die Menschen deshalb längst so vertraut geworden sind, dass ihr Ursprung in Vergessenheit gerathen und Gegenstand eines Streites werden konnte.
> Die Grundsätze sollen das von der Mathematik zu verarbeitende empirische Material vollständig umfassen, so dass man nach ihrer Aufstellung auf die Sinneswahrnehmungen nicht mehr zurückzugehen braucht (vgl. Pasch, 1912: S. 16ff).

Die Vorwegnahme der Differenzierung verschiedener „Sprachen", die sich für eine exakte Erfassung in einem formalen System eignen, wird in seinen Begriffsdefinitionen bezüglich der „Lage" deutlich (vgl. Pasch, 1912: S. 74). Diese Begriffe sind zwar laut Pasch als „abgeleitete" gegenüber den Grundbegriffen eingeführt,

> aber wenn man aus ihnen ohne Zuziehung anderer geometrischer Begriffe weitere ableitet (von denen man ebenfalls sagen wird, dass sie sich auf die Lage beziehen), so kann man innerhalb der auf die Lage bezüglichen Begriffsgruppe jene den übrigen als Stammbegriffe voranstellen, d. h. Punkt, Gerade und Ebene (im allgemeinen Sinne), Aneinanderliegen von Elementen und Getrenntliegen von Paaren spielen in der Geometrie der Lage die Rolle von Stammbegriffen, auf welche alle anderen zurückgeführt werden.

Pasch hebt mit Nachdruck hervor, dass alles, was von graphischer (Pasch benutzte noch „graphisch", „deskriptiv", „projektiv" und „der Lage" als Synonyme) Geometrie hergestellt werden kann, in Folgerungen aus den graphischen Sätzen §§7 – 9 besteht (Kapitel über „Ausgedehntere Anwendung der Worte *Gerade, Ebene* und *zwischen*"), wo die Worte Punkt und Ebene vertauscht werden können, ohne dass der Tausch einen Einfluss auf die Folgerungen hat (vgl. Pasch, 1912: S. 98). Pasch schreibt weiter:

> Es muss in der That, wenn anders die Geometrie wirklich deductiv sein soll, der Process des Folgerns überall unabhängig sein vom Sinn der geometrischen Begriffe, wie er unabhängig sein muss von den Figuren; nur die in den benutzten Sätzen, beziehungsweise Definitionen niedergelegten Beziehungen zwischen den geometrischen Begriffen dürfen in Betracht kommen. Während der Deduction ist es zwar statthaft und nützlich, aber keineswegs nöthig, an die Bedeutung der auftretenden geometrischen Begriffe zu denken; so dass geradezu, wenn dies nöthig wird, daraus die Lückenhaftigkeit der Deduction und (wenn sich die Lücke nicht durch Abänderung des Raisonnements beseitigen lässt) die Unzulänglichkeit der als Beweismittel vorausgeschickten Sätze hervorgeht. Hat man aber ein Theorem aus einer Gruppe von Sätzen – wir wollen sie Stammsätze nennen – in voller Strenge deducirt, so besitzt die Herleitung einen über den

---

[37] Anmerkung von Pasch: Den empirischen Ursprung der geometrischen Axiome hat Helmholtz einer eingehenden Erörterung unterworfen in seinem Vortrage „*Ueber den Ursprung und die Bedeutung der geometrischen Axiome*" (Populäre wissenschaftliche Vorträge von H. Helmholtz, drittes Heft, Braunschweig 1876).

ursprünglichen Zweck hinausgehenden Werth. Denn wenn aus den Stammsätzen dadurch, dass man die darin verknüpften geometrischen Begriffe mit gewissen anderen vertauscht, wieder richtige Sätze hervorgehen, so ist in dem Theoreme die entsprechende Vertauschung zulässig; man erhält so, ohne die Deduction zu wiederholen, einen (im Allgemeinen) neuen Satz, eine Folgerung aus den veränderten Stammsätzen.

Die Verwendung von Wörtern aus der Umgangssprache sieht Pasch hier als sehr bedenklich an, selbst da, wo kein sinnliches Bild, keine innerliche Vorstellung zugelassen wird; übt doch der Gebrauch vieler Wörter, mit denen namentlich die einfacheren geometrischen Begriffe bezeichnet werden, einen gewissen störenden Einfluss aus. Es sind umgangssprachliche Ausdrucksweisen und alltägliche Anschauungen in die Mathematik hineingelangt und haben Anlass gegeben, dass viele Abschnitte unklar erschienen und damit „Diskussionen über geometrische Dinge" bestritten wurden. Es wäre Aufgabe der „strengen Wissenschaft", diese Assoziationen und Relationen der unbewussten Beimischung aufzuzeigen, um damit die Grundlage, auf welcher sich die Geometrie aufbaut, in ihrem wahren Umfang erkennbar zu machen.

Eine Loslösung vom Sinn der Wörter ist Pasch, wie später dann auch Frege, aber nicht wirklich gelungen. Frege hatte in seiner „Begriffsschrift" (vgl. Frege, 1879) zwar vorgeschlagen, Wortbezeichnungen durch Buchstaben zu ersetzen, um so den Philosophen ein „brauchbares Werkzeug" zur Aufklärung und Befreiung der Gedanken von demjenigen, das durch den Sprachgebrauch über Beziehungen der Begriffe entstanden ist, zu geben. Aber selbst wenn Frege hier zum ersten Mal die Beweismittel genauer beschrieb, die er anerkannte (*modus ponens* und die *Generalisierungsregel*), konnte er doch nicht von dem dafür angemessenen Sinn absehen, den er seinen formalen Ausdrücken zuerkannte (vgl. Dieudonné, 1985: S. 765).

David Hilbert (1862 – 1943) hat in seinem Buch „Grundlagen der Geometrie" (vgl. Hilbert, 1899) das erste logisch exakte Axiomensystem veröffentlicht, das der Forderung nach *Widerspruchsfreiheit*, *Vollständigkeit* und *Unabhängigkeit* nachkam (*und Minimalität*): dies bedeutet, dass ein Axiomensystem nur so viele Axiome enthalten soll, wie notwendig sind, um daraus alle relevanten Aussagen der entsprechenden Theorie abzuleiten. Aussagen, die aus anderen Axiomen beweisbar sind, müssten entsprechend dieser Forderung nicht als Axiome formuliert, sondern als Sätze bewiesen werden (vgl. auch Filler, 1993). Es ist auch heute noch das am weitesten verbreitete geometrische Axiomensystem, das ohne Rückgriff auf Elemente der Mengenlehre und ohne die Theorie der reellen Zahlen auskommt. Trotz aufwendiger Beweisführung vieler geometrischer Eigenschaften gegenüber anderen Axiomensystemen ist es von besonderer „mathematischer Eleganz". Hilbert verzichtete auf die Definitionen der in den Axiomen auftretenden Grundbegriffe „Punkt" und „Gerade", da eine Definition im Rahmen dieser Geometrie gar nicht möglich ist. Sein Ziel war es, ein möglichst einfaches System von Axiomen aufzustellen, um aus denselben die wichtigsten geometrischen Sätze in der Weise abzuleiten, „daß dabei die Bedeutung der verschiedenen Axiomengruppen und die Tragweite der aus den einzelnen Axiomen zu ziehenden Folgerungen klar zutage tritt". Im ersten Kapitel „Die Elemente der Geometrie und die fünf Axiomgruppen" beginnt er mit folgender *Erklärung* (vgl. Hilbert, 1899: S. 2ff):

> Wir denken drei verschiedene Systeme von Dingen; die Dinge des ersten Systems nennen wir Punkte und bezeichnen sie mit *A, B, C, …*; die Dinge des zweiten Systems nennen wir Geraden und bezeichnen sie mit *a, b, c, …*; die Dinge des dritten Systems nennen wir Ebenen und bezeichnen sie mit *α, β, γ, …* ; die Punkte heißen auch die Elemente der linearen Geometrie, die Punkte und Geraden heißen die Elemente der ebenen Geometrie und die Punkte, Geraden und Ebenen heißen die Elemente der räumlichen Geometrie oder des Raumes. Wir denken die Punkte, Geraden und Ebenen in gewissen gegenseitigen Beziehungen und bezeichnen diese Beziehungen durch Worte wie „liegen", „zwischen", „parallel", „kongruent", „stetig"; die genaue und vollständige Beschreibung dieser Beziehungen erfolgt durch die „Axiome der Geometrie".

Aus dieser Erklärung geht nicht hervor, was die „Dinge" in den drei Systemen eigentlich sind, d. h. auch wenn die „Axiome gewisse Grundtatsachen unserer Anschauung ausdrücken wollen" bleibt durch diesen Verzicht auf Definitionen damit die Freiheit zur Vorstellung – Punkten, Geraden und Ebenen – erhalten. Meschkowski bemerkt hierzu (vgl. Meschkowski, 1971: S. 7ff):

> Durch die folgenden Axiome wird die Freiheit der Deutung aber Schritt um Schritt immer mehr eingeschränkt, so dass man auch von einer *impliziten Definition* sprechen kann. Vorläufig sei dies betont: Wir wollten eigentlich nur durch ein System von Sätzen die anschaulichen Grundlagen unserer Geometrie unmissverständlich ausdrücken, durch den formalen Charakter der Axiome aber erschließen sich Möglichkeiten der Deutung, die uns veranlassen werden, über das Wesen der Geometrie überhaupt nachzudenken.

Die Hilbertschen Axiome für die ebene Geometrie sind in fünf Gruppen gegliedert, wie sie heute jedem Lehrbuch entnommen werden können:

[1] Axiome der Verknüpfung
Die Axiome dieser Gruppe stellen zwischen den eingeführten Dinge: Punkte, Geraden und Ebenen eine Verknüpfung her.

[2] Axiome der Anordnung
Die Punkte einer Geraden stehen in gewissen Beziehungen zueinander, zu deren Beschreibung uns insbesondere das Wort „zwischen" dient.

[3] Axiome der Kongruenz
Strecken und Winkel können in einer Beziehung stehen, die durch das Wort „kongruent" bezeichnet wird.

[4] Axiom der Parallelen
Wir nennen zwei Geraden parallel, wenn sie in einer Ebene liegen und sich nicht schneiden.

[5] Axiome der Stetigkeit
(Archimedisches Axiom)

Die gesamte Entwicklungslinie – von den Unzulänglichkeiten der euklidischen Axiomatik, dem Fehlen von ersten Definitionen und dem Entstehen der nichteuklidischen Geometrien – kulminierte in diesem „neuen Fundament", dem Axiomensystem

Hilberts, das auch damit die Möglichkeit lieferte, abstrakte Räume zu definieren, deren Elemente Punkte genannt werden, ohne zu wissen, um was es sich dabei handelt (z. B. Kurven, Flächen, usw.). Hilbert schreibt 1899 in einem Brief an Frege (vgl. Frege, 1976: S. 65ff):

> Wenn ich unter meinen Punkten irgendwelche Systeme von Dingen z. B. das System: Liebe, Gesetz, Schornsteinfeger [...] denke und dann nur meine sämtlichen Axiome als Beziehungen zwischen diesen Dingen annehme, so gelten meine Sätze, z. B. der Pythagoras, auch von diesen Dingen.

Mit dieser abstrakten Sprache ermöglichte Hilbert, gleichsam allgemeine und umfassendere Objekte durch Axiome zu definieren, die nicht mehr auf konkrete Körper im Anschauungsraum Bezug nehmen müssen, und die so die Geometrie als Wissenschaft von den räumlichen Figuren ablösten (vgl. Hilbert, 1932).

Für die Arithmetik lieferte Giuseppe Peano (1858 – 1932), ein italienischer Mathematiker an der Turiner Universität, die bis heute noch gebräuchliche Gestalt eines Axiomensystems (vgl. Peano, 1889). Er bewies schon 1891, dass dieses System aus voneinander unabhängigen Axiomen besteht und gab zu jedem Axiom eine Interpretation der Grundbegriffe in der Art und Weise an, wie schon Beltrami und Klein die „Widerspruchsfreiheit" der nichteuklidischen Geometrie methodisch bearbeitet hatten. Welche Bedeutung die mathematische Logik für Peano spielte, geht aus einem Brief hervor, den er am 15.9.1894 an Felix Klein schrieb, indem er die Untersuchung der mathematischen Begriffe und Schlussweisen als grundlegende Hilfe für alle anderen Ausdrücke hervorhob. In der Peanoschen Schule kam in den folgenden Jahren die moderne Konzeption der Axiomatik, wie sie sich am Ende des 19. Jh. herausgebildet hatte, am besten zum Ausdruck (vgl. Dieudonné, 1985: S. 768).

Georg Cantor (1845 – 1918) soll hier im geschichtlichen Abriss nur kurz aufgeführt werden. Seine ersten Arbeiten waren stark mit den mengentheoretischen und topologischen Begriffen verbunden. In seinem Werk *Beiträge zur Begründung der transfiniten Mengenlehre* von 1895 definiert er am Anfang den Begriff einer Menge:

> Unter einer „Menge" verstehen wir jede Zusammenfassung M von bestimmten wohlunterschiedenen Objekten m unserer Anschauung oder unseres Denkens (welche die „Elemente" von M genannt werden) zu einem Ganzen (vgl. Cantor, 1932).

Cantor macht deutlich, dass die *Elemente* einer *Menge* keine gebräuchlichen Gegenstände mathematischer Forschung wie Zahlen oder Punkte sein müssen, sondern dass damit alle *wohlunterschiedenen Objekte* der Anschauung und des Denkens zugelassen wären.

DRITTES KAPITEL

3.1 Der Einfluss der Kantischen Philosophie in Bezug auf die Entstehung einer anschauungsfreien Geometrie

Man muss sich diese bahnbrechende Entwicklung der Mathematik (Geometrie) vor Augen führen, wenn der Umschwung im Denken im letzten Drittel des 19. Jahrhunderts deutlich werden soll, von dem allem Anschein nach nicht nur die Mathematik, sondern die allgemeine Erkenntnistheorie und die Erkenntnispsychologie betroffen waren. Wissenschaftswelt und Alltagsleben schienen infolge der neuen Entwicklung weit auseinander zu treten, sodass wissenschaftliches Denken und alltägliches Denken, der so genannte „gemeine Menschenverstand", anscheinend nichts mehr miteinander zu tun hatten. Geometrie hatte man doch immer noch mit der Anschauung der geometrischen Figuren und den Abmessungen im Raume in Zusammenhang bringen können. Nun löste sich auch diese Wissenschaft gänzlich von der Anschauung, vertrat Modelle, die man sich nicht mehr vorstellen und vergegenwärtigen konnte, sodass eine weite Kluft entstand zwischen dem, was wir als den uns bekannten Raum bezeichnen und dem Raumbegriff der neuen Geometrie oder vielmehr Geometrien.

Aber nicht nur eine Kluft zwischen Alltagserlebnissen und der Wissenschaft tat sich auf, sondern auch zwischen verschiedenen Wissenschaften entstand ein Abstand durch Verzicht auf jegliche Anschaulichkeit, zum Beispiel zwischen der Philosophie der Mathematik und der Psychologie (Alle Psychologen des 19. Jahrhunderts waren ihrer Berufsbezeichnung nach ja Philosophen). Von Johann Friedrich Herbart war schon im ersten Drittel des 19. Jahrhunderts die Parole ausgegeben worden, dass aus der alten, auf Introspektion und Begriffsklärung beruhenden Seelenlehre eine Psychologie als Wissenschaft erarbeitet werden müsste. Herbart betitelte 1824 sein zweibändiges Hauptwerk mit „Psychologie als Wissenschaft, neu gegründet auf Erfahrung, Metaphysik und Mathematik". Mit Herbart hielt die Mathematik ihren Einzug in die Psychologie, was der Psychologie zu einem ganz neuen Status innerhalb der Philosophie verhalf. Aber obwohl Herbart nach Aussage von Riemann dabei mitgeholfen hatte, die neue Geometrie auf den Weg zu bringen (vgl. Riemann, 1867), wurden alsbald auch Stimmen laut, die sich gegen die Hereinnahme der Mathematik in die Psychologie wehrten, aber ebenso Stimmen, die wiederum gegen den Einfluss der Psychologie auf die Mathematik als *apriorische* Wissenschaft protestierten.

In dem Wort „Psychologismus" drückte sich die Abwehr der Philosophen aus, die an einer der empirischen Wissenschaft vorangestellten, apriorischen Erkenntnis festzuhalten gewillt waren. Man darf diese Philosophen aber nicht mit der Transzendentalphilosophie Kants, die ja ihrerseits gegen die Einmischung der Psychologie in Grundfragen der Erkenntnis gekämpft hatte (vgl. Kaiser-El-Safti: 2001), in einen Topf werfen. Kants mathematische Kenntnisse blieben weit hinter der oben geschilderten Entwicklung der Mathematik zurück. Kritik an erkenntnistheoretischen Grundlagen wurde auch gegen Kant selbst gewendet,[38] die Zurückweisung der Psychologie in Grundfragen der *logischen* Erkenntnis wurde zuerst von Philosophen geäußert, die zugleich auch die Grundlagen der Transzendentalen Philosophie Kants kritisierten. Jedoch spielte die Kantische Philosophie im 19. Jahrhundert eine bedeutende Rolle, nicht zuletzt in der Diskussion um die nichteuklidische Geometrie. Wenn Gauß von seiner Furcht vor dem „Geschrei der Boeotier" gesprochen hatte, meinte er die Anhänger Kants, für die der Raum ja keine Realität außer unserem Geiste eine hat, sondern als „apriorische Form unserer Anschauung" verstanden wurde. Um es vorwegzunehmen: die Bedeutung der erkenntnistheoretischen Grundlagen Kants musste in Frage gestellt werden, bevor das neue Denken auch außerhalb der Mathematik bei den Philosophen Anerkennung finden konnte.

Kant war im Laufe des 19. Jahrhunderts wieder entdeckt worden und als Kontrast zu der alle kritischen Grenzen überfliegenden Philosophie des Deutschen Idealismus von dem nun entstehenden Neukantianismus in Anspruch genommen worden.[39]

Kants Hauptprobleme in der „Kritik der reinen Vernunft" waren, kurz zusammengefasst in Bezug auf diesen Kontext: die Rettung der philosophischen und mathematischen Erkenntnis vor dem Empirismus und Skeptizismus, die Sicherung der notwendigen mathematischen Erkenntnisse und die Vorreiterrolle der Mathematik für alle Wissenschaften. Dazu war psychologisch erforderlich die Klärung der Beziehung zwischen Vorstellung und Gegenstand. In der empiristischen und psychologischen Philosophie der angelsächsischen Philosophie hatte sich der Gegenstand aufgelöst in die psychologischen Bestandteile der „Eindrücke" („impressions") und Vorstellungen („ideas"), was Kant abwertend als „psychologischen Idealismus" bezeichnete. Demgegenüber wollte er den „transzendentalen Idealismus" durchsetzen, der verlässlicher Auskunft geben sollte über die Struktur unserer Erkenntnisse, vor allem über unsere *notwendigen* Erkenntnisse. Die älteren Stützen der philosophischen Erkenntnis, die „eingeboren" mathematischen Erkenntnisse nach Descartes und die apriorischen „Vernunftwahrheiten" nach Leibniz, suchte der sensualistische Empirismus zu beseitigen, indem er bestritt, dass es überhaupt irgendwelche „eingeborenen" oder der Erfahrung vorgängigen Erkenntnisse gäbe. Die Seele sei bei ihrer Geburt ein unbeschriebenes weißes Blatt, und was sie dazu lerne, gewinne sie durch Erfahrung.[40]

In der empiristischen Schule wurden *Verbindungen* zwischen den Eindrücken ohne Notwenigkeit und nach dem psychologischen Prinzip der Assoziation gedacht. Begriffe fungierten als sprachliche Bezeichnungen für konkrete Eindruckskomplexe. Die Existenz von abstrakten Begriffen wurde abgelehnt und der Grundsatz vertreten, dass alle Begriffe aus den sinnlichen Eindrücken und Vorstellungen gewonnen würden. Diese Position wird als „Sensualismus" bezeichnet Das Phänomen des Urteils oder der

---

38 (vgl. Husserl, 1900: S. 216ff) Husserl kritisiert an Kant seine Verwendung „mythischer" Begriffe wie Vernunft und Verstand, die dürftige Logik und die Tatsache, dass Kant an keine Weiterentwicklung der Logik nach Aristoteles glaubte.

39 Vgl. die diesbezügliche Kampfschrift von O. Liebmann, „Kant und die Epigonen", deren Kapitel immer mit dem Satz enden: „Also muss auf Kant zurückgegangen werden", Stuttgart 1865.

40 Zu den speziellen erkenntnispsychologischen Grundlagen der angelsächsischen Philosophie und der Philosophie Leibniz' vgl. Kaiser-El-Safti, 2001: Einleitung und S. 244 ff.

logische Status von Sätzen interessierte hier nicht. Kausale *Notwendigkeit* reduzierte sich auf *Gewöhnung*; exakte mathematische Erkenntnisse konnten nur für die Arithmetik (als formale oder fiktive Wissenschaft), aber nicht für die Geometrie (weil keine Messung absolut genau sein konnte und die geometrischen Figuren bloße fiktive Gebilde waren) gefordert werden. Mathematische Erkenntnisse galten demnach nur als Fiktionen, und die positive Wissenschaft musste sich mit bloßer induktiver Wahrscheinlichkeit begnügen. Diesen „skeptizistischen" Positionen gegenüber musste Kant sich eine andere Weichenstellung überlegen, wenn er die Notwendigkeit auch der geometrischen Erkenntnis als wesentliche Bedingung der physikalischen Naturwissenschaft und die Notwenigkeit der Naturerkenntnis schlechthin beweisen wollte.

Diese Intentionen sind bereits im vorkritischen Werk bei Kant erkennbar, insofern Kant dort einerseits die psychologischen und erkenntnistheoretischen Bedingungen der ihn hauptsächlich beschäftigenden Beziehung unserer Vorstellungen auf die Gegenstände der Erkenntnis klären will[41] und sich andererseits gegen die empiristischen Bestrebungen wehrt, die Notwendigkeit der euklidischen Geometrie in Zweifel zu ziehen (vgl. Kant, 1770: §15). Für Kant war unbezweifelbar, dass die Geltung der Euklidischen Geometrie und der Aristotelischen Logik ein für allemal feststand, dass beide weder erweitert oder verändert werden konnten noch sollten.

In der „Kritik der reinen Vernunft" werden diese Intentionen nochmals erheblich erweitert; Kant fragt nun nach den Bedingungen der Möglichkeit von Erfahrung überhaupt. Er bezeichnet diesen neuen Standpunkt als den „transzendentalphilosophischen". Ihm ist klar, dass der Status der Erfahrungserkenntnis nicht mithilfe der Logik geklärt werden kann. Ausgehend von der Zweiteilung der Urteile in analytische und synthetische machte Kant geltend, dass seiner Meinung nach die Natur der synthetischen Erfahrungsurteile durch keine Logik geklärt werden könnte, diese von ihnen im Grunde gar nichts wissen darf, weil nur analytische Urteile zu ihrem Gegenstand gehören (vgl. Kant, 1787: B 193), erst recht natürlich keine „synthetischen Urteile a priori", die es nach Kant aber geben *muss*, weil sonst keine Wissenschaft im strengen Sinne möglich wäre, die Tatsache, dass wir Naturwissenschaft haben (die Newtonsche Physik) aber dagegen spräche. Kant sieht sich veranlasst, einer neuen „transzendentalen Logik" den Weg zu bahnen, die uns Urteile, die weder tautologisch, wie die analytischen, noch bloß induktiv, wie die Erfahrungsurteile, als notwenige erklären soll. Diesem für Kants Unternehmung wichtigsten Teil seines Hauptwerkes, der „Kritik der reinen Vernunft", stellt er eine „Elementarlehre", die sogenannte „transzendentale Ästhetik", voran, in der Zeit- und Raumvorstellung als reine Formen der Erfahrungserkenntnis ausgewiesen werden sollen. Kant geht davon aus, dass allen unseren sinnlichen Einzeleindrücken Raum und Zeit als jene bedingend vorangestellt werden müssen. Auf die mathematische und die naturwissenschaftliche Erkenntnis bezogen bedeutete das, vereinfacht ausgedrückt, dass, wenn die Raumvorstellung als dreidimensional erlebte sozusagen in unserem geistigen Erkenntnisapparat ein für

---

41 (vgl. Kaiser-El-Safti: 2001, S. 107): Kaiser-El-Safti erwähnt dort den Brief, den Kant 1771 an seinen Freund M. Herz schrieb, und in dem er das ihn hauptsächlich aufzuklärende Geheimnis der menschlichen Erkenntnis erwähnt: "Ich frug mich nämlich selbst: auf welchem Grunde beruht die Beziehung desjenigen, was man in uns Vorstellung nennt, auf den Gegenstand [...]."

allemal festgeschrieben ist, wir gar nicht an eine andere als die euklidische Geometrie, deren Axiome seit der Antike als evident gelten, denken können, und dass von diesem Tatbestand die Notwenigkeit naturwissenschaftlicher Erkenntnis profitiert.

Über Kants transzendentale Bestimmungen, besonders die „transzendentalen Ästhetik", ist im 19. Jahrhundert wiederholt Kritik geäußert worden, die möglicherweise mithalf, gegen Kant sowohl die Möglichkeit einer neuen Begründung der Geometrie als auch eine Weiterführung der Aristotelischen Logik ins Auge zu fassen. Als philosophische Vorläufer sind zu erwähnen berühmte Namen wie Bernard Bolzano, der bereits (1810) in seiner kleinen Schrift „Philosophie der Mathematik" sowohl die Kantischen Annahmen über Raum und Zeit als auch die Kantische Klassifizierung der Urteile in analytische, synthetische und synthetische a priori kritisiert hatte (vgl. Bolzano, 1910: S. 71ff), ausführlicher noch in seiner 1837 erschienen „Wissenschaftslehre". Nach Bolzano ist die mathematische Erkenntnis von analytischer und notwendiger Natur; Bolzano machte sich einen Namen durch seine Befürwortung einer von aller Psychologie befreiten Logik. Auch Johann Friedrich Herbart hatte verschiedentlich, ausdrücklich (1813) in seinem „Lehrbuch zur Einteilung in die Philosophie", auf der Trennung von Logik und Psychologie bestanden,[42] und ohne das Wort zu verwenden, vor einem schädlichen „Psychologismus" gewarnt.[43] Herbart hatte aber auch in wiederholter kritischer Auseinadersetzung mit Kants „Transzendentaler Ästhetik" und als Gegenmodell eine neue Theorie des Raumes und der Raumwahrnehmung auf den Weg gebracht (vgl. Herbart, 1885: VI, S. 86ff),[44] die im 19. Jahrhundert auf psychologischer Seite eine Lawine der Forschung zur Raumvorstellung und zur Visualität ins Rollen brachte (vgl. Stumpf, 1873), und selbst die Mathematiker inspirierte. Herbart hatte anscheinend nicht unerheblich dazu beigetragen, den neuen mathematischen Begriff der Mannigfaltigkeit im Kontext der nichteuklidischen Geometrie durchzusetzen (vgl. Scholz, 2001: S. 163ff). Diese beiden wichtigsten Stränge (Logikbegründung und Raumvorstellung) liefen zusammen in den Arbeiten Hermann Lotzes und gaben damit auch das Thema, wenngleich nicht dieselbe Richtung an, aus der die Beschäftigung des jungen Carl Stumpf mit der Natur der mathematischen Axiome zu verstehen ist.

Interessanterweise gehörte Lotze zu den Philosophen, die sich aus ontologischen Gründen keinesfalls mit einer nichteuklidischen Geometrie befreunden wollten. (vgl. Cassirer, 2000b: S. 31f) In seiner berühmt-berüchtigt polemischen Art glaubte auch

---

42 (vgl. Herbart, 1885: IV, S. 68): „In der Logik ist es nothwendig, alles Psychologische zu ignoriren, weil hier lediglich diejenigen Formen der möglichen Verknüpfungen des Gedachten sollen nachgewiesen werden, welches das Gedachte selbst nach seiner Beschaffenheit zulässt."

43 (vgl. Herbart, 1885: IV, Anmerkung S. 68): Herbart insistiert darauf, dass es von äußerster Wichtigkeit sei sich einzuprägen, „dass Begriffe weder reale Gegenstände, noch wirkliche Acte des Denkens sind. Der letztere Irrthum ist noch jetzt wirksam; daher halten Manche die Logik für eine Naturgeschichte des Verstandes, und glauben dessen angeborene Gesetze oder Denkformen, in ihr zu erkennen, wodurch die Psychologie gänzlich verdorben wird."

44 Vgl. dazu Kaiser-El-Safti, „Aisthesis und Ästhetik im Werk Johann Friedrich Herbarts und Carl Stumpfs vor dem Hintergrund der Philosophie des Realismus", Vortrag internationales Herbartsymposion in Paris, Juni 2005, im Druck.

Wilhelm Wundt die neue nichteuklidische Geometrie ablehnen zu müssen, weil ihr nichts Wirkliches entsprechen konnte. (vgl. Wundt, „Logik", Stuttgart 1893: S. 496ff)

Selbst Frege zählt die nichteuklidische Geometrie zu den „Unwissenschaften", wie aus Schriftstücken zur Auseinandersetzung mit Hilbert (1899 – 1906) zu entnehmen ist. Frege schreibt „Über Euklidische Geometrie" (vgl. Frege, 1983: S. 182ff):

> Wer die euklidische Geometrie als wahr anerkennt, muss die nichteuklidische als falsch verwerfen, und wer die nichteuklidische als wahr anerkennt, muss die euklidische verwerfen. Man hat einst geglaubt, eine Wissenschaft zu betreiben, die man Alchemie nannte; als man erkannte hatte, dass diese vermeintliche Wissenschaft durch und durch irrtümlich war, verbannte man sie aus der Reihe der Wissenschaften. Ebenso hat man einst geglaubt, eine Wissenschaft zu betreiben, die man Astrologie nannte. Auch diese verbannte man aus der Reihe der Wissenschaften, nachdem man ihre Unwissenschaftlichkeit durchschaut hatte. Jetzt handelt es sich darum, die euklidische oder nichteuklidische Geometrie aus der Reihe der Wissenschaften zu streichen und der Alchemie und Astrologie als Mumie einzureihen. Wo man sich nur von Vorstellungen umgaukeln lassen will, braucht man es nicht so ernst zu nehmen; in der Wissenschaft aber muss das Wahrheitstreben eine strenge Herrschaft führen. Da heisst es: entweder herein oder heraus! Soll nun die euklidische oder die nichteuklidische Geometrie herausfliegen? Das ist die Frage. Wagt man es, Euklids Elemente, die mehr als 2000 Jahre ein unbestrittenes Ansehen behauptet haben, als Astrologie zu behandeln? Nur dann, wenn man es nicht wagt, kann man auch Euklids Axiome nicht als falsch oder zweifelhaft hinstellen. Dann muss die nichteuklidische Geometrie zu den Unwissenschaften gezählt werden, die man nur noch als geschichtliche Seltsamkeiten einer geringen Beachtung wert achtet.

Es wurden auch von Seiten Kant Nahestehender Versuche gemacht, die Kantische Raumauffassung zu „retten", insofern an der *Trennung* von Quantität und Qualität, wie beispielsweise von Ausdehnung und Farbe, festgehalten wurde.[45] Insbesondere gegen diesen falschen Ansatz – die in der „Transzendentalen Ästhetik" vertretene Trennung der Anschauungsformen von ihrem Empfindungsinhalt – wird Stumpf in seiner Phänomenologie Front machen.

In der Habilitation war dem jungen Stumpf aber offenbar noch vielmehr daran gelegen, in einer Zeit tiefgreifender Umbrüche im wissenschaftlichen Denken und sich ankündigender Paradigmenwechsel dabei mitzuhelfen, die logischen Prämissen *notwendiger* Erkenntnis zu klären bzw. die beiden, zu seiner Zeit paradigmatisch vorherrschenden Ansätze, den empiristischen J. St. Mills und den transzendentalen Ansatz Kants zu untersuchen, auf ihre Tauglichkeit zu prüfen, ob sie, Mill und Kant, uns tatsächlich die Natur apriorischer und notwendiger Erkenntnis, an der der junge Stumpf festzuhalten gedachte, erklären konnten. Darauf liegt der Hauptakzent des „kritischen" Teils der Habilitation: Stumpf will nachweisen, dass weder der ältere

[45] Dies galt beispielsweise für Lotze, dessen Ansatz zur psychologischen Raumerklärung zu seiner Zeit Berühmtheit erlangt hatte, und den Stumpf in seiner Monographie einer akribischen Kritik unterzog (vgl. Stumpf, 1873: S. 86); dass Lotzes Auffassung der Kantischen verwandt ist, deutet Stumpf S. 28 an.

Kantische transzendentale Ansatz noch der jüngere Versuch von Mill, die Mathematik empirisch zu fundieren, der Bedeutung des mathematischen Denkens gerecht werden können. Im Zuge dieser Auseinandersetzung müssen ihm Erkenntnisse aufgegangen sein, die für sein späteres Werk, die Phänomenologie und die Psychologie, wichtig wurden.

3.2 Stumpfs Auseinandersetzung mit Mill

Stumpf eröffnet seine Habilitationsschrift „Über die Grundsätze der Mathematik" mit der Forderung, die erkenntnistheoretisch *allgemein* interessierende Frage zu entscheiden, ob es Erkenntnisse von wissenschaftlicher Bedeutung gäbe, die sich in keiner Weise, weder mittelbar noch unmittelbar, auf *Erfahrung* gründen, und wenn es solche Erkenntnisse gäbe, deren Quelle aufzusuchen. Sollte es sie geben, dann hätte man vor allem die mathematischen Erkenntnisse heranzuziehen. Die Mathematik leite ihre Sätze aus einigen wenigen Prämissen ab, nach deren *Evidenz* sich sodann die Schlüsse richteten. „Um also sowohl den Grund als die Beschaffenheit der mathematischen Erkenntnisse zu finden und hiernach über unsere allgemeinen Fragen urteilen zu können, hat man nur jene wenigen Grundsätze zu untersuchen" (vgl. Stumpf, 1870: Bg. 1-2).

Stumpf verteidigt im Folgenden zunächst die *Evidenz* der Grundsätze, stellt aber sodann zur Diskussion, ob man sich bei ihr beruhigen könnte, ob es nicht vielmehr zu den Aufgaben der Philosophie gehöre, „die scharfe Grenze aufzusuchen, wo Ableitung und einfache Annahme, wo unmittelbare und mittelbare Evidenz sich scheiden" (Bg. 2a -1). Der *Logiker* frage ja nicht danach, *ob* uns diese Sätze evident sind, sondern wie es komme, *dass* sie es sind. „Nicht um der Sätze willen wünscht er den Beweis, sondern um der Konsequenzen willen, welche sich aus der Möglichkeit derselben für die Theorie der Erkenntnis ergeben würden" (vgl. Bg. 2a-3).

Nun biete sich vom *logischen* Standpunkt aus ein prinzipieller Einwand gegen die Möglichkeit des Beweises an und zwar *aller* mathematischer Grundsätze, nicht nur der geometrischen; würde man sie, wie üblich, auf die Sätze der Identität und des Widerspruchs zurückführen, so würde die gesamte Mathematik aus identischen (tautologischen) Urteilen bestehen, in den Vordersätzen würde immer schon ausgesagt, was in den Nachsätzen stünde. Wir würden also durch sie nichts Neues erfahren. Um den Grund der Zustimmung zu eruieren, müsste also ein anderer Weg beschritten werden, nämlich statt sich auf den *Inhalt der Vorstellungen* (oder der Objekte) zu konzentrieren, eine *besondere Einrichtung unseres Erkenntnisvermögens* nachzuweisen, „wonach gewisse Sätze uns notwendig a priori evident seien; und also an die Stelle der logischen Notwendigkeit die psychologische zu setzen" (Bg. 3-1). Hierdurch erhalte die Frage einen ganz anderen Charakter, indem der Schwerpunkt nun auf den Nachweis des *psychologischen* Mechanismus gelegt würde. Dieser Weg, den *Kant* eingeschlagen habe, gelte vielen als der einzig mögliche (Stumpf erwähnt namentlich Whewell 1847 und Becker 1870).

Daneben würde aber noch eine weitere Möglichkeit ins Auge gefasst, nämlich die logische Begründung der mathematischen Axiome *nicht durch Analyse oder Deduktion aus den Begriffen*, sondern *durch Induktion aus der Erfahrung* zu gewinnen, aus der auch unsere übrige Erkenntnis stamme, sie sich folglich bezüglich ihrer Gewissheit nicht wesentlich von jener unterscheide. Wenn wir auch nicht für ihre Notwendigkeit garantieren könnten, so stünden sie doch infolge der überaus großen Induktion außer Zweifel. In dieser Sichtweise gehörte die Mathematik zur Naturwissenschaft. Nach Stumpf ist diese Auffassung nicht neu, sie wurde schon in der Antike von Epikur vertreten; neuerdings finde sie unter den Mathematiker bei B. Riemann, unter den Naturforschern bei H. v. Helmholtz und unter den Philosophen bei John Stuart Mill Zustimmung. (Bg. 4-1).

Um die Entscheidung voranzutreiben, hält Stumpf sich zunächst an die Prüfung der letzteren, empiristischen Version, wie Mill sie in seiner Logik vertreten hatte, auf Mill folgend untersucht Stumpf die Gründe Kants. Mill fordere, dass die geometrischen Definitionen *Wirkliches* bedeuteten, weil sonst keine *Wahrheit von wissenschaftlicher Bedeutung* aus ihnen folgen könnte. Dies hieße dann aber, dass sie nicht völlig genau sein könnten, denn es gäbe in der Wirklichkeit keinen Punkt ohne Größe, keine völlig gerade Linie etc., woraus wiederum resultiere, dass auch die *Sätze* über sie nicht *notwendig* wahr sein könnten.

Außer den Definitionen gäbe es noch eine Klasse von Voraussetzungen: die Axiome. Für einige gelte, dass sie in die Form von Definitionen gebracht werden könnten, für anderen gelte das aber nicht. Die folgende Diskussion dreht sich um die Frage, dass, wenn einige Axiome eigentlich Definitionen wären, und andere daraus deduziert werden könnten, man meinen sollte, dass beide Arten der Definitionen auch deren Ungenauigkeit teilen müssten. Vor diesem Hintergrund beharre Mill darauf, dass unter „*Notwendigkeit*" nicht jene absolute Notwendigkeit zu verstehen sei, die man als Kennzeichen für den apriorischen Ursprung der axiomatischen Sätze betrachte. Sie seinen vielmehr „experimentelle Wahrheiten", oder „Generalisierungen aus der Beobachtung". Ihre Gewissheit rühre aus der außerordentlich großen Induktion, auf die man sich stützen könnte. Man sei nur dann berechtigt, für sie eine andere Quelle als für die übrigen Wahrheiten anzunehmen, wenn man nachweisen könnte, dass eine solche Induktion nicht stattgefunden hätte oder sie zur Erklärung unserer Überzeugung nicht ausreiche. Die anschließende Diskussion bezieht sich auf eine Diskussion zwischen Whewell und Mill; sie betrifft mehr den Charakter der Sätze als ihre Beweisfähigkeit. Stumpf erinnert daran, dass die Grundsätze der Logik und der Mathematik in der Geschichte der Philosophie noch nie bezweifelt worden seien, und selbst David Hume, der versuchte, Sätze, die man für apriorische hielt, auf Ideenassoziation und Gewohnheit zurückzuführen, dehnte diese seine Auffassung ausdrücklich nicht auf die Mathematik (Arithmetik) aus. Stumpf vermutet, dass Mill, um seine Theorie zu beweisen, evidente Tatsachen des Bewusstseins leugnen muss. Dagegen glaubt Stumpf, sich „für die Existenz notwendiger Wahrheiten im strengeren Sinne des Wortes und darunter insbesondere für die mathematischen Axiome" verbürgen zu können, die deutlich genug vom unmittelbaren Bewusstsein aufgewiesen und von der Geschichte bestätigt würden, deren man sich aber auch noch auf *indirektem* Wege versichern könnte. Dies unternimmt Stumpf im Folgenden, indem er die *psychologischen* und die das *Experiment* betreffenden *Grundannahmen* Mills einer genaueren Untersuchung unterzieht, die den von Mill eingeschlagenen Weg, weil sie nicht zum Ziel führten, zunächst einmal entlarven sollen.

Nach Mill muss man, um die mathematischen Axiome zu finden, keine Beobachtungen und keine Experimente machen, vielmehr genüge *die einfache Vorstellung der Objekte*, die Vorstellung der Geraden, der Parallelen etc. Mill führt die Vorstellungen als Erinnerungsbilder auf die ursprünglichen Eindrücke zurück; die Erinnerungsbilder seien den ursprünglichen Eindrücken ähnlich, die Figuren sogar ganz genaue Bilder derselben. Da sie für die Beobachtung den wirklichen Gegenständen äquivalent seien, könnten wir an ihnen Experimente machen, „welche in diesem Falle bloß in dem aufmerksamen Anschauen bestehen" (Bg. 7-2). Den Experimenten dürften wir freilich nur darum trauen, weil wir bereits durch die Erinnerung gelernt hätten, dass die Erinnerungsbilder den Originalen in diesem Falle genau entsprächen.

Stumpf verwahrt sich insbesondere hinsichtlich der von Mill behaupteten Induktion *durch das Experiment.* Induktion und Experiment seien stets auf eine *Veränderung des Objekts oder der Umstände* gegründet und erste Regel der physikalischen experimentellen Forschung beinhalte, die Umstände zu verändern, was dann allerdings auch im Gedächtnis stattfinden könnte. Wer ein sehr gutes Gedächtnis besitze, könnte aus dem Erinnerungsbild eines schwingenden Pendels die Pendelgesetze erkennen und Galilei hätte sie in der Tat auf diese Weise entdecken können. Wer aber nie ein *bewegtes*, sondern immer nur ein *ruhendes*, einen Senkel, gesehen habe, könnte weder aus der unmittelbaren Beobachtung noch aus dem Erinnerungsbild dieses Senkels die Gesetze seiner Bewegung erraten. Man sähe es dem Wasserstoff nicht an, was aus ihm werden könnte, wenn man ihn mit anderen Stoffen in Verbindung brächte. Nach Stumpf gibt es keine Induktion und kein Experiment, die „bloß in dem aufmerksamen Anschauen" bestünden(Bg. 8-1).

> „Anschauung (Vorstellung) ohne jede Veränderung des Angeschauten (Vorgestellten) führt nur zu *Begriffen*; oder wenn sie zu Sätzen führt, so sind es solche, welche ohne Weiteres aus den daran sich knüpfenden Begriffen folgen, d. h. analytische Sätze. Diese Sätze sind dann nicht unmittelbar durch Anschauung gewonnen, obwohl sie unentbehrlich sein mag, um auch nur die Begriffe zu denken, sondern sie ergeben sich in eigentlichster Weise durch logische Folgerung aus den Begriffen".

Nach Stumpf versagt Induktion vollends bei der Verifikation von Sätzen wie: „Zwei Graden, die sich in einem Punkte schneiden, können sich in's Unendliche verlängert, nie wieder schneiden." Es sei von vornherein klar, dass der Verlauf ins Unendliche nicht nur nicht *wiederholt*, sondern *überhaupt* nicht *beobachtet* werden könnte. Stumpf führt noch weitere Beispiele an, um zuletzt zu dem Schluss zu gelangen, dass entgegen der Auffassung Mills, die sogenannten deduktiven Wissenschaften wären ausnahmslos induktive Wissenschaften, habe er, Stumpf, „das gerade Gegenteil von alledem gefunden. Entweder sind die geometrischen Axiome (und damit die ganze Geometrie) geradezu falsch; oder sie stammen nicht aus der Erfahrung und sind notwendige Wahrheiten" (Bg. 10-3).

Den gleichen „induktiven" und „experimentellen" Standpunkt vertritt Mill auch bezüglich des Zahlbegriffs, denn auch die Arithmetik soll seiner Auffassung nach von „wirklichen Gegenständen" handeln. Alle Zahlen müssten Zahlen von etwas sein; es gäbe nichts Derartiges wie Zahlen in abtracto, „10" müsste „zehn Körper", „zehn Töne" oder „zehn Pulsschläge" bedeuten, und die Sätze der Arithmetik drückten physikalische Tatsachen aus (Mill zit. nach Stumpf, Bg. 10-4).:

> Drei Kieselsteine in drei verschiedenen Theilen, und drei Kieselsteine in Einem Theil machen nicht denselben Eindruck auf unsere Sinne; und die Behauptung, dass die selben Kieselsteine durch einen Wechsel des Ortes und der Anordnung entweder die eine oder die andere Reihe von Sensationen hervorbringen können, ist, obgleich es ein sehr geläufiges Urtheil ist, doch kein identisches. Es ist eine Wahrheit, die uns durch frühe und beständige Erfahrung bekannt ist, eine inductive Wahrheit; und solche Wahrheiten sind das Fundament der Wissenschaft der Zahl.

Die Definitionen wären nichts anderes als solche Sätze. Den Satz. „Drei ist zwei und eins" könnte man die Definition von „drei" nennen, aber die von diesem Satz abhängigen Rechnungen folgten nicht aus der Definition selbst, sondern aus einem darin unterstellten arithmetischen Lehrsatz, der die *Zusammenfügung* von Gegenständen beinhalte. Der Eindruck $^{0}{}_{0}{}^{0}$ auf die Sinne könnte, wie folgt, in zwei Teile getrennt werden: 00 0 „2 + 1 macht 3" wäre hiernach die richtige Übersetzung des Gleichheitszeichens, und auch das „Abziehen" wäre durchaus wörtlich zu nehmen. Stumpf macht gegen Mill geltend, dass „Gleichheit" natürlich nur in Bezug auf die Zahl behauptet würde, ganz gleich, an was für *Objekte* man auf beiden Seiten des Gleichheitszeichens dächte.

Stumpf geht im Folgenden nochmals detailliert auf Mills empiristische Argumente ein, um die Unhaltbarkeit dieser *sensualistischen* oder *physikalischen* Zahlentheorie zu widerlegen, die nicht allesamt aufgelistet werden müssen Sollte der Begriff der Zahl nicht von logischen Definitionen, sondern von unseren Sinneseindrücken, der Wahrnehmung und Erfahrung zählbarer Gegenstände abhängen, ergäben sich bei größeren Zahlen sofort unüberwindliche Schwierigkeiten. Die *Zahlvorstellung* soll nach Mill stets durch eine eigene Beobachtung, direkt durch die *Lage* der zu zählenden Gegenstände oder indirekt durch *Vergleich* zweier Mengen, gewonnen worden sein. Aber haben wir jemals 999 999 Exemplare irgendeiner Gattung mit 1000000 derselben Gattung nebeneinander gesehen und dazu noch den Unterschied der beiden Erscheinungen bemerkt? Welche Fülle von Anschauungen, welch' scharfe und geübte sinnliche Beobachtungs- und Unterscheidungsgabe, welch' reiche Erfahrung wären vonnöten, um zählen zu können und rechnen zu lernen! (vgl. Bg. 12-4)

Der Keim zu dieser falschen Zahlauffassung liegt nach Stumpf in einer falschen Unterstellung. Es sei wahr, dass wir bei Zahlen, beispielsweise „3" immer, oder doch häufig, drei Dinge, drei Kieselsteine vorstellten; aber diese müssten nicht, für die Anschauung bequem, *beieinander* liegen. Wer sage, es gebe drei Sandkörner, müsste nichts darüber aussagen, wo diese lägen. „[e]ins kann in meinem Streusandfasse, eins auf dem Mond und eins auf dem Sirius sein." Der Unterschied der Lage mache keinen

Unterschied der Zahl. So ist nach Stumpf bezüglich der Wissenschaft der Zahlen das gleiche Resultat zu fordern wie bezüglich der Geometrie: „die mathematischen Sätze sind sämtlich apriorisch, (unabhängig von der Erfahrung) und notwendig wahr" (vgl. Bg. 13-2).[46]

3.3 Stumpfs Auseinandersetzung mit Kant

Wie stimmen mit diesem Resultat die Grundansichten des Philosophen überein, der in der Frage nach der apriorischen Natur unserer Erkenntnisse die größte Autorität beanspruchte – Immanuel Kant? Stumpf beginnt nicht mit Vergleich und Auseinandersetzung des Unterschieds, der Kant berühmt machte, der Unterteilung unserer Urteile oder Begriffe in *analytische* und *synthetische*, bzw. *synthetische Urteile a priori* (In analytischen Urteilen gibt das Prädikat lediglich wieder, was im Subjekt schon enthalten ist wie „Junggesellen sind unverheiratet", während synthetische Urteile der Wahrnehmung oder Beobachtung bedürfen, wenn sie wahr sein sollen). Von entscheidender Bedeutung ist die dritte Klasse der Urteile, die „synthetischen Urteile a priori", die, wie die analytischen Urteile, notwendig, aber nicht tautologisch sind, sondern den analytischen gegenüber als erkenntniserweiternd ausgezeichnet werden. In diese letzte Rubrik gehören nach Kant auch die mathematischen Erkenntnisse, die arithmetischen wie die geometrischen. Stumpf fällt gewissermaßen mit der Tür ins Haus und konfrontiert mit Kants, der Auffassung Stumpfs entgegengesetzten Auffassung, nämlich dass mathematische Urteile, insbesondere die der Arithmetik, insgesamt *synthetisch* seien (vgl. Stumpf, 1870: Bg. 13-3). Wenn 7 + 5 = 12 sei, dann enthalte der Begriff 12 ja nicht in sich oder an sich den der 7 und den der 5, dennoch seien die Urteile zwar notwendig, aber nicht analytisch, meinte Kant.[47] Das Gleiche gelte für die geometrischen Sätze, weil die *Axiome*, aus denen sie folgten, synthetisch seien, wie z. B. das Axiom, dass die Gerade die kürzeste zwischen 2 Punkten sei, die eine zwar notwenige, aber nicht tautologische Erkenntnis impliziere. Nach Kant enthält der Begriff der Geraden nicht per se den der Kürze, da eine gerade Linie kurz oder lang, eine kurze Linie gerade oder krumm sein könnte. Stumpf erwähnt nur beiläufig die Unterschiede, die Kant zwischen analytischen Sätzen, Axiomen und Prinzipien, aus denen Axiome folgen, macht. Woher rührt nun der Charakter apriorischer Notwendigkeit, den Kant den synthetischen Urteilen a priori zuschreibt? Auf der Beantwortung dieser Frage liegt nach Stumpf der Schwerpunkt des Kantischen Systems überhaupt.[48] Eine mögliche, von Kant

---

46 Stumpf zitiert aus der „Kritik der reinen Vernunft" korrekt, aber häufig ohne Quellenangabe; diese werden in den Fußnoten nachgeliefert. Dieses Werk ist in Folge mit „KrV" abgekürzt.

47 (vgl. KrV: B 205 ff): „Daß 7+5=12 sei, ist kein analytischer Satz. Denn ich denke weder in der Vorstellung von 7, noch von 5, noch in der Vorstellung von der Zusammensetzung beider die Zahl 12 [...]."

48 (vgl. KrV: B 193), wo Kant die Notwendigkeit einer „transzendentalen Logik" mit dem Hinweis darauf erklärt, dass nur sie, aber nicht die „allgemeine Logik" uns den Charakter der synthe-

abweichende Antwort müsste aber nicht zu einer „neuen Kritik der Kantischen Philosophie" führen, vielmehr will Stumpf nur an „die Jedem bekannten Hauptpunkte des Systems" erinnern, durch welche die in Frage stehende Notwendigkeit der synthetischen Urteile a priori gegeben sein soll. Stumpf erwähnt im Folgenden sehr gedrängt jene Voraussetzungen der kritischen Philosophie, die als Fundament der Lehre von den „synthetischen Urteilen a priori" in Frage kommen: (1) der ursprüngliche Besitz der reinen Anschauungen oder bloßen Formen „Raum und Zeit", (2) der ursprüngliche Besitz der zwölf Kategorien, darunter den der Quantität, (3) die von Kant vorauszusetzende Synthesis der Vorstellungen (und Urteile) in der „transzendentalem Einheit der Apperzeption" (vgl. KrV: §15, B 129), die „Einheit des Bewusstseins" (vgl. KrV: §16, B 132) und die „Einheit der Apprehension" (vgl. KrV: §26, B 160). Hinzuzudenken ist noch Kants Forderung der „Axiome der Anschauung" (vgl. KrV: B 202ff). Durch diese Bedingungen sind nach Kant „synthetische Urteile a priori" gegeben, und durch sie werden auch die mathematischen Urteile a priori ermöglicht, wenn ein weiteres allgemeines Prinzip in Rechnung gestellt wird, nämlich jene „Axiome der Anschauung". Unter „Größe" versteht man ein mannigfaltiges Gleichartiges, und extensive Größen sind solche, bei denen die Vorstellung der Teile die des Ganzen bedingen bzw. durch sukzessive Erzeugung in der Vorstellung gedacht werden können. Eine solche ist nach Kant der Raum als ein Mannigfaltiges, dessen Teile alle gleichartig sind, die angeschaut werden, indem man einen Teil nach dem anderen vorstellt. Da der Raum aber in allen Anschauungen mit enthalten ist, sind alle Anschauungen, die auf diese Weise vorgestellt werden, extensive Größen. Stumpf zitiert Kant: „Ich kann mir keine Linie, so klein sie auch sei, vorstellen, ohne sie in Gedanken zu ziehen [...]" (vgl. KrV: B 203) und hieran anschließend: „Auf dieser sukzessiven Synthesis der produktiven Einbildungskraft, in der Erzeugung der Gestalten, gründet sich die Mathematik der Ausdehnung (Geometrie) mit ihren Axiomen [...]" (vgl. KrV: B 204-205). Ähnliches gelte auch von der Zeit. Auch sie ist nach Kant „extensive Größe"; und da sie nichts anderes sei als die Erzeugung der Zeit selbst in der sukzessiven Apprehension eines Gegenstandes, so gründe sich hierauf die Notwendigkeit und Evidenz der arithmetischen Sätze (vgl. Stumpf, 1870: Bg. 14-3).

Indem Stumpf zur Kritik übergeht, beanstandet er zunächst die im Vergleich mit Mill auffallende Länge der Kantischen Beweisführung, die aber nicht als „Präjudiz" für seine kritische Auseinandersetzung angesehen werden soll. Zu fragen sei lediglich, was der komplizierte Apparat letztendlich *leiste*. Stumpf erklärt sich zwar durch Kant darüber belehrt, wie synthetische Urteile a priori prinzipiell *möglich* sind, aber nicht darüber, wie „jene besonderen mathematischen Urteile notwendig sind" (vgl. Stumpf, 1870: Bg. 14-4). Stumpf zitiert aus der „transzendentalen Methodenlehre", in der Kant vorführt, dass die Notwendigkeit geometrischer Erkenntnisse nicht aus Begriffen, sondern aus der Konstruktion, die a priori aus reiner Anschauung erkannt wird, erfolgen kann.[49] Stumpf bezweifelt nicht, dass wir durch Konstruktionen zu geometrischen

tischen Urteile und insbesondere den der „synthetischen Urteile a priori" näher bringe. Letztere haben den hauptsächlich „kritischen" Zweck, „den Umfang und die Grenzen des reinen Verstandes zu bestimmen."

49 (vgl. KrV: Transzendentale Methodenlehre, 1. Haupt., 1. Abschnitt, B 477)

Sätzen kommen, wohl aber, dass wir die Notwendigkeit der geometrischen Sätze *nicht* etwa aus Begriffen, sondern tatsächlich aus Anschauungen gewinnen. Er hatte ja bereits darauf aufmerksam gemacht, dass wir aus einer einzigen Anschauung nur Begriffe und analytische Sätze, nämlich solche, die aus den Begriffen unmittelbar folgen, erhalten (vgl. Stumpf, 1870: Bg. 8-1).

Das Folgende wird auch für die späteren Arbeiten Stumpfs von Bedeutung sein. Bei *Anschauung* eines Hauses knüpfen sich an sie viele Begriffe wie „Figur", „Größe", Begrenzung", „Ganzes", Teil" und man könnte sofort zwei Reihen von analytischen Urteilen bilden, nämlich solche, deren Prädikat bereits im Urteil enthalten sei, indem entweder von der ganzen individuellen Anschauung ein Teil herausgehoben würde („Dieses viereckige Haus ist viereckig", stimmt in Länge und Breite überein), oder indem die in den Begriffen liegenden *Beziehungen* zueinander hervorgehoben würden („Das Ganze ist größer als sein Teil", was auch Kant als analytischen Satz angesehen hätte). Dabei mag die Anschauung psychologisch eine Rolle spielen, ohne die wir ja nicht einmal die einzelnen Begriffe denken könnten, aber die beispielhaft vorgeführten *Sätze* stützten sich nicht auf Anschauung als ihren logischen Grund, sie ergäben sich vielmehr unmittelbar aus den Begriffen. Nach Stumpf ist es für die Natur der Sätze völlig gleichgültig, woher uns die Anschauung käme, ob a priori aus unserer Seele oder durch Wahrnehmung in sie hineingelangt. Die übrigen (nicht-analytischen) synthetischen Sätze würden durch Veränderung der Objekte oder der Umstände und Beobachtung (also durch das Experiment) gewonnen; wenn an allgemeinen Sätzen gelegen sei, dann müssten die Prozesse (Experimente) wiederholt und eventuell variiert werden, und die Erkenntnis würde sie als Induktion im gewöhnlichen Sinne charakterisieren. Durch Erfahrung gelange man zu dem Satz, dass der grüne Baum im Herbst gelbe Blätter bekommt; durch wiederholte Erfahrung gelange man zu der allgemeinen Ansicht, dass die Blätter der Bäume im Herbst die Farbe wechselten.

Stumpf untersucht im Folgenden zwei Möglichkeiten: 1. wenn Kant die mathematische Erkenntnis aus der Anschauung gewinnen will, diese aber (was Kant freilich bestreitet) analytisch ist, dann kann aus Anschauungserkenntnis nichts anderes als Induktion gewonnen werden (was Stumpf ja bereits dargestellt hatte). Wenn aber 2. die Auffassung von Kant als richtig angenommen wird, erübrigt die erste oder wird sogar widersprüchlich. Die von Kant geforderte *Notwendigkeit* der Erkenntnis ist ja, wenigstens dem Keime nach, schon da (Einheit des Selbstbewusstseins, „Einheit der Apprehension"), während die Sätze sich durch Anschauung ergeben sollen: „die psychologische Maschine zur Bildung synthetischer Urteile steht immer schon bereit, um den synthetischen Sätzen, welche die Erfahrung bildet und in ihr Getriebe wirft, sofort das apriorische Gepräge aufzudrücken" (vgl. Stumpf, 1870: Bg. 16-3). Für Stumpf liegt hierin ein offener Widerspruch: die Notwendigkeit eines Satzes kann nicht aus einer anderen Quelle *als aus ihm selbst* bezogen werden; eben so wenig kann man Farbe, Figur und Größe eines Gegenstandes auf andere Weise als an ihm selbst kennen lernen. Man sähe nicht *zuerst* die Farbe und *dann* den Gegenstand, an dem sie hafte. Die Notwendigkeit eines Satzes erkennen wir, indem wir ihn überhaupt erkennen. Es sei nicht einmal möglich, dass einem Satz, insofern er durch Erfahrung so gewiss wie nur möglich gemacht wird, jetzt (nachträglich) absolute Notwendigkeit zugesprochen werde. „Wenigstens wäre es eine höchst fatale Einrichtung unseres Geistes, wenn wir uns gezwungen sähen, Sätze als absolut apriorisch und notwendig zu behaupten, von denen wir doch wissen, dass wir sie aus der Erfahrung haben, dass ihnen also ihrer logischen Begründung nach eine solche Notwendigkeit *nicht* zukomme. Wir müssten mit absoluter Sicherheit Urteile fällen, ohne einen vernünftigen logischen Grund für diese Sicherheit angeben zu können; und zwar Sätze, welche die Grundlage aller unserer Erkenntnis bilden. Diese Notwendigkeit wäre in der Tat die traurigste, die es je gegeben, und es wäre fraglich, ob man eine derartige Erkenntnis noch eine vernünftige nennen dürfte" (vgl. Bg. 17-1). Für Stumpf gibt es nur zwei widerspruchsfrei denkbare Hypothesen über den Ursprung unserer Sätze: entweder stammen sie aus der Erfahrung und sind dann nicht notwendig, oder sie sind absolut notwendig, ergeben sich dann aber nicht aus der Erfahrung, sondern aus den Begriffen und sind demnach analytisch. „'Synthetische Urteile a priori' ist also ein reiner Widerspruch [...]" (vgl. Stumpf, 1870: Bg. 17-1).

Stumpf nimmt gegen Ende seiner Auseinandersetzung mit Kant nochmals dessen Axiom der Anschauung unter die Lupe. Für Stumpf ist dieses Axiom („Alle Anschauungen sind extensive Größen") 1.) wenn es denn überhaupt wahr ist (nach Stumpf ist es nicht wahr),[50] analytisch, und tatsächlich scheint Kant sich ja im Kreise zu drehen mit seiner Argumentation.[51] Aber selbst wenn es wahr und seiner Natur nach als synthetisch a priori angenommen würde, könnten die mathematischen Axiome nicht aus ihm abgeleitet werden. Für Stumpf erübrigt also nach Abschluss seiner kritischen Untersuchung einzig die analytische Natur der mathematischen Axiome. Die Auseinandersetzung mit Mill habe gezeigt, dass die mathematischen Axiome nicht durch Induktion begründet werden könnten, sondern apriorisch notwendig sein müssten; die Kritik an Kant habe gelehrt, dass sie nicht synthetisch a priori sein könnten. „Das Einzige also, was noch bleibt, ist: dass sie analytisch sein müssen. Und wir würden berechtigt sein, diese zu behaupten, selbst wenn uns die wirkliche Analyse nicht gelingen würde" (vgl. Stumpf, 1870: Bg.18-2). Stumpf macht auch keinen Hehl daraus, dass der Versuch, den Weg der Erklärung oder Erhellung der Axiome über die Analyse zu nehmen, nicht einfach sein wird, die Schwierigkeiten auch häufig zu der Behauptung verleitet hätten, sie sei unmöglich. Es ginge mit der logischen nicht anders als mit der chemischen oder physikalischen Analyse: je weiter sie geführt würde und je einfacher die Elemente würden, mit denen wir es zu tun hätten, umso schwieriger würde sie.

Bevor zu dem positiven Teil der Abhandlung übergegangen wird, ist darauf aufmerksam zu machen, dass Stumpf in seiner Abhandlung ein bestimmtes Prinzip besonders stark macht, das später von Frege gegen die psychologische Vereinnahmung zur Sprache gebracht wird: das sogenannte „Kontextprinzip". Einmal ganz abgesehen von den Kantischen transzendentalen Bedingungen für „synthetischen Urteile a priori" und

---

50 „Wahr" ist das Axiom nur, wenn man räumliche Wahrnehmung im Modus einer sukzessiven Wahrnehmung und nicht ganzheitlich, wie Stumpf später in seiner Monographie über den Raum beweisen wird, für möglich hält.

51 (vgl. KrV: B 203) „[d]die Erscheinungen sind insgesamt Größen, und zwar extensive Größen, weil sie als Anschauungen im Raume oder der Zeit durch dieselbe Synthesis vorgestellt werden müssen, als wodurch Raum und Zeit überhaupt bestimmt werden."

der Trennung der Formen der Anschauung von ihren Inhalten, macht Stumpf immer wieder geltend, dass Begriffe nur in Urteilen oder *Sätzen* Bedeutung erlangen, und dass die logische *Notwendigkeit* von Urteilen und Sätzen keinerlei Geltung durch irgendeine Art von Anschauung erhalten können. Liest man diesen Teil der Habilitationsschrift von Stumpf ohne Kenntnis der späteren Werke, könnte man glauben, man habe einen Antipsychologisten vor sich. Denn noch hat Stumpf nicht seine spätere Position deutlich gemacht, die davon ausgeht, dass die Begriffsanalyse letztlich die Aufgabe der Psychologie ist, nicht jedoch die Beschäftigung mit der Geltung der Urteile und Sätze, welche der Logik untersteht.

Nach diesem groben philosophischen Überblick über die beiden Kontrahenten des kritischen Teils, Mill und Kant, sind im folgenden Kapitel Einzelheiten in Hinblick auf die mathematische Relevanz der Millschen empiristischen Theorie, der Stumpf anscheinend größere Bedeutung zubilligte als den Anschauungen Kants, stärker unter die Lupe zu nehmen.

VIERTES KAPITEL

4.1 Stumpfs Auseinandersetzung mit der empiristischen Auffassung der Geometrie

Stumpf beginnt in seiner „Kritischen Untersuchung" über die empirische Theorie Mills mit den wichtigsten Aussagen des Kapitels „Von der Demonstration und den nothwendigen Wahrheiten" (vgl. Mill, 1862: S. 269ff). Dort heißt es, dass die geometrischen Definitionen genauso wie ihre Sätze „Wirkliches" bedeuten müssten, sonst könnten aus ihnen keine Wahrheiten von wissenschaftlicher Bedeutung folgen. Mill leitet daraus ab, dass sie daher nicht völlig genau sein könnten, weil es keinen Punkt ohne Größe, keine Linie ohne Breite, keine vollkommen gerade Linie oder auch, bezogen auf die Sätze, kein Dreieck mit der Winkelsumme von 2R gäbe. Er zieht im §1 folgenden Schluss (vgl. Mill, 1862: S. 272):

> Wenn daher behauptet wird, die Schlüsse der Geometrie wären nothwendige Wahrheiten, so besteht die Nothwendigkeit nur darin, dass sie aus den Voraussetzungen, aus denen sie abgeleitet sind, nothwendig folgen. Diese Voraussetzungen sind so weit entfernt, nothwendig zu sein, dass sie nicht einmal wahr sind; sie entfernen sich absichtlich mehr oder weniger von der Wahrheit.

Ferner könnten nach Mill einige Axiome Euklids ohne Zweifel in die Form von Definitionen gebracht oder aus ähnlichen Sätzen abgeleitet werden, so z. B. die Axiome „Grössen, welche dahin gebracht werden können, dass sie sich decken sind gleich", „Grössen, welche einer und derselben Grösse gleich sind, sind einander selbst gleich", Gleiches zu Gleichem addirt, giebt gleiche Summen" und „Gleiches von Gleichem abgezogen, giebt gleiche Reste" (vgl. Mill, 1862: S. 275). Durch ein imaginäres Aufeinanderlegen könnten so diese Axiome nach Mill bewiesen werden, ähnlich dem Beweis für den 1. Kongruenzfall (4. Satz) von Euklid. Sowohl die nicht beweisbaren als auch die beweisbaren Axiome unterschieden sich von jener anderen, in den Definitionen enthaltenen Klasse von Grundprinzipien darin, dass sie ohne den Zusatz einer Hypothese wahr wären.

Wenn einige Axiome eigentlich Definitionen seien und andere daraus deduziert werden könnten, so sollte man nach Mill durchaus schließen, dass beide Arten auch alle Eigenarten der Definitionen und damit zugleich deren Ungenauigkeit teilen müssten. Dies sei aber nicht der Fall, so Stumpf. Die Definition „Dreieck ist etc." hieße nach Mill „Es gibt eine solche Figur"; „Gleiche Größen etc." müsste demnach heißen „Es gibt gleiche Größen". Dies sei eine Inkonsequenz Mills, denn bekanntlich gäbe es so wenig ganz gleiche Größen, als es ganz genaue Dreiecke usw. gäbe. Auch die Klasse der Axiome, die als nicht deduzierbar gelten und von den gewöhnlichen geometrischen Objekten (Punkte, gerade Linien etc.) handeln, könnten hiervon nicht ausgeschlossen werden.

Was die Notwendigkeit dieser Axiome anbelange, ist nach Mill nicht jene absolute Notwendigkeit zu verstehen, die man gemeinhin als Kennzeichen für den apriorischen Ursprung der Sätze betrachtet. Sie seien nichts anderes als „experimentelle Wahrheiten", Verallgemeinerungen aus der Beobachtung, gestützt auf eine außerordentlich große Induktion mit einem sinnlichen Beweis (vgl. Mill, 1862: S. 277).

Neben den vielen Beispielen, die Mill der Geschichte der Wissenschaft entnimmt, wendet Stumpf ein, sind eine Reihe von Sätzen noch nie ernstlich angezweifelt worden. Zu ihnen gehörten auch die Sätze der Logik und Mathematik, die eine Ausnahme von der Regel bildeten. Selbst wenn Mill diese auf die Erfahrung gründen wollte, so dürfte er sie aber nach den Regeln der Induktion nicht auf ganze Wissensgebiete ausdehnen, insbesondere nicht auf diejenigen, in denen Erfahrung nicht einmal in einem einzigen Fall gemacht worden wäre.

Um mathematische Axiome zu finden, so Mill, mache man keine Beobachtungen und keine Experimente; es genügten die einfachen Vorstellungen der Objekte, die Vorstellung von Geraden, Parallelen, von Winkeln usw. Mill sei der Auffassung, dass die Erinnerungsbilder den ursprünglichen Eindrücken so ähnlich seien, dass sogar die geometrischen Formen in der Einbildungskraft ein Bild hervorriefen, das so deutlich sei, wie die Wirklichkeit selbst (vgl. Mill, 1862: S. 280). Das Fundament der Geometrie würde daher auch dann auf der direkten Erfahrung beruhen, wenn die Experimente, „in diesem Falle bloss in einem aufmerksamen Anschauen bestehen". Den Experimenten dürften wir darum trauen, weil wir durch vielfache Erfahrung gelernt hätten, dass alle Eigenschaften der wirklichen Objekte in dem Bild „treulich" repräsentiert würden, die Erinnerungsbilder also in diesem Falle den Originalen genau entsprächen. Der Schluss sei daher immer eine Induktion aus der Beobachtung.

Was zunächst diese letzte Erfahrung anbelangt, schreibt Stumpf, „so würde sie nicht die Bildung der Sätze, sondern ihre richtige Anwendung auf die Wirklichkeit bedingen" (vgl. Stumpf, 1870: Bg. 7-2). Sie könnten immerhin durch jenes innerliche Experiment gewonnen werden und bereits gewonnen sein; wenn aber die Bilder, an denen dieses Experiment gemacht wurde, den Gegenständen nicht genau entsprächen, so würden eben auch die Sätze in der Wirklichkeit nicht genau zutreffen. Diese Erfahrung für Bildung und Ursprung der Sätze käme daher nicht in Betracht.

Stumpf zweifelt daran, ob Mill die Induktion, durch welche die Sätze gewonnen werden sollen, unter irgendeiner der vier von ihm so vortrefflich unterschiedenen Methoden[52] der experimentellen Forschung unterbringen könnte. Jede Induktion beruhe

---

52 (vgl. Mill, 1862: S. 453ff) Mill schreibt in seinem Dritten Buch, Achtes Kapitel über „Die vier Methoden der experimentellen Forschung" folgendes: „Es giebt zwei einfache und augenfällige Methoden, um von den Umständen, welche einer Naturerscheinung vorhergehen oder ihr folgen, diejenigen abzusondern, welche durch ein unveränderliches Gesetz damit zusammenhängen. Die eine besteht darin, dass man verschiedene Fälle, in denen die Naturerscheinung stattfindet, mit einander vergleicht; die andere, dass man Fälle, in denen die Erscheinung stattfindet, mit in anderer Beziehung ähnlichen Fällen vergleicht, worin sie nicht stattfindet. Diese zwei Methoden kann man beziehungsweise die „Methode der Übereinstimmung" und die „Methode des Unterschieds" (Differenzmethode) nennen." Auch in Kombination finden diese zwei Eliminationsmethoden in der „Vereinigten Methode", einer indirekten Methode nach Mill durch einen doppelten Gebrauch der Methode der Übereinstimmung ihre Anwendung mit dem

auf Veränderung des Objekts, sei es, das wir diese im Experiment herbeiführen oder nur beobachten. Die Veränderung der Umstände, wie Bacon sie fordere, wäre nach Mill hiernach die erste Regel der physikalischen Forschung und das Fundament aller übrigen, die es zu befolgen gelte.

Nach Mills Vorschlag, dies alles im Gedächtnis stattfinden zu lassen, könnte derjenige, der über ein „sehr getreues" [im heutigen Sinne fotografisches] Gedächtnis verfüge, aus dem Erinnerungsbild eines schwingenden Pendels die Pendelgesetze erkennen, d. h. Galilei hätte sie auch auf diese Weise entdecken können. Wer aber niemals ein bewegtes Pendel, sondern immer nur ein Senkel sähe, werde weder aus der unmittelbaren Beobachtung noch aus dem Erinnerungsbild des Senkels die Gesetze der Pendelbewegung finden können, argumentiert Stumpf. Wer immer nur rot und grün nebeneinander gesehen hätte, werde nicht sagen können, welches die Mischungsfarbe der beiden sei.[53] Auch sähe man dem Wasserstoff nicht an, wenn er eine Verbindung mit anderen Stoffen eingehe, was aus ihm werde. Daraus schließt Stumpf (vgl. Stumpf, 1870: Bg. 8-1):

> Eine Induction oder Experimente, welche „bloß in dem aufmerksamen Anschauen" beständen, gibt es also nicht. Anschauung (Vorstellung) ohne jede Veränderung des Angeschauten (Vorgestellten) führt nur zu Begriffen; oder wenn sie zu Sätzen führt, so sind es solche, welche ohne weiteres aus den daran sich knüpfenden Begriffen folgen, d. h. analytische Sätze. Diese Sätze sind dann nicht unmittelbar durch Anschauung gewonnen, obwohl sie unentbehrlich sein mag, um auch nur die Begriffe zu denken, sondern sie ergeben sich in eigentlichster Weise durch Folgerung aus den Begriffen.

Stumpf stellt nun in Frage, was denn im Hinblick auf die Sätze zu tun wäre, wenn wir für diese eine Induktion nach Mill durchführten. Hierfür wählt er den Satz, den Mill selbst als Beispiel verwendet: „Zwei Gerade, die sich in einem Puncte schneiden, können sich in's Unendliche verlängert, nie wieder schneiden" (vgl. Mill, 1862: S. 277). Zur Ausführung der Induktion hätte man mit Mill hierzu drei Möglichkeiten. Am einfachsten wäre es, zwei ins Unendliche verlängerte Geraden unter verschiedenen Umständen zu beobachten. Selbst wenn man von der Verschiedenheit der Umstände und der Wiederholung des Experiments absähe, würde man feststellen, dass dieses Experiment nicht ein einziges Mal durchgeführt werden kann. Aber könnte man denn nicht, selbst wenn es in Wirklichkeit keine unendlich geraden Linien zu beobachten gäbe, sie in Gedanken konstruieren, indem man eine Gerade, deren Anfang gegeben

---

Effekt, dass ein jeder Beweis derselben unabhängig von dem anderen ist und denselben verstärkt. Neben der „Methode der Rückstände" (Reste), die Mill als eines der wichtigsten Instrumente für die Entdeckung von Naturgesetzten bezeichnet, findet die „Methode der begleitenden Veränderungen" eine ausgedehnte Anwendung dort, wo die Veränderungen der Ursache Veränderungen der Quantität sind. Mill stellt für die Anwendung dieser Methoden Regeln auf.

53 Stumpf verweist in seiner Fußnote auf Schlömilch (vgl. Schlömilch, 1849: XVIII), der in seiner Vorrede zur Illustration, der Verbindung zweier Geraden, ein ähnliches Beispiel gibt: „Die einzelnen Farben roth, blau etc. kennt Jedermann, aus der Kenntniß allein, läßt sich aber schlechterdings nicht entscheiden, welche zwei solche Farben zusammen machen."

wäre, in derselben Richtung stetig weiterzieht? Das könnte man zwar tun, meint Stumpf lakonisch, aber leider könnten wir „hier nicht warten, bis das Experiment fertig ist.“

Das zweite induktive Verfahren ergäbe sich aus einer bestimmten Anzahl von Beobachtungen der beiden Geraden in verschiedenen Entfernungen vom Schnittpunkt. Zeigte sich hier kein Einfluss der Entfernung auf das Richtungsverhältnis der Geraden, so könnte daraus geschlossen werden, dass Geraden, die einmal divergieren, nie wieder konvergieren würden. Fraglich bliebe nur, in wieweit hier eine endliche Anzahl von Beobachtungen genügte. Müssten nicht wenigstens einige Beobachtungen in Bezug auf Sonnenfernen gemacht werden, um auch das Gesetz allgemein behaupten zu können? Beobachtungen innerhalb kleiner Distanzen wären nicht geeignet, um eine Divergenz oder Konvergenz festzustellen. Sie seien für die Feststellung eines Richtungswechsels in Bezug auf eine erforderliche Genauigkeit unzureichend. Wenn also Mill behaupte, dass wir uns noch nicht einmal die kleinste gerade Linie vorstellen könnten, folgte demnach genau das Gegenteil unseres Satzes, was durch Induktion bewiesen werden könnte.

Stumpf vermutet, dass Mill die Insuffizienz durch Anschauung selbst bemerkt haben könnte, um mit dem dritten Verfahren, welches nicht nur auf Anschauung beruht, dem Mangel entgegen zu wirken. Diese Methode, die Mill wie ein Experiment beschreibe, erfordere, ein „geistiges Bild“ von Linien aufzustellen, die in einem endlichen und nicht unendlichen Punkt anfangen zu divergieren. Die Verallgemeinerung aus der Beobachtung führt aber nach Mill zu dem Beweis aus der Erfahrung, dass unsere Sinne eine Linie, die einmal divergiere und dann wieder konvergiere, eine „gebogene Linie“ und keine „gerade Linie“ wäre (vgl. Mill, 1862: S.281). Für Stumpf ist schon hier in den ersten Worten der Erfahrungsbeweis abzulehnen, der nach ihm voraussetze, dass „man wirklich sieht, ob sie sich begegnen“ (vgl. Bg. 9-3). Das beschriebene Experiment ist nach Stumpf nichts anderes als der gewöhnliche indirekte geometrische Beweis (welchen Mill als deduktiv anerkennt): man konstruiert ein Bild, wie es sich aus der gegenteiligen Annahme ergeben würde und erkennt daran, dass es der Voraussetzung widerspricht, dass also diese Annahme mit der Voraussetzung unverträglich, dass ihr kontradiktorisches Gegenteil wahr sei. Die Begriffe der geraden und gebogenen Linie seien „Generalisationen aus der Beobachtung“ und damit das einzige, was aus der Erfahrung genommen sein könnte. In diesen Verallgemeinerungen, unter denen die einzelnen Fälle subsumiert würden, bestünde aber nicht der Beweis des Satzes; selbst wenn die Quelle für die Begriffe eine andere wäre, wäre das Beweisverfahren ein und dasselbe.

An dem Axiom, „die Gerade ist zwischen 2 Punkten die kürzeste Linie“, wird die Falschheit des Erfahrungsbeweises ebenso klar. Womit, fragt Stumpf, wollten wir hier die verschiedenen Linien messen, welche man für eine Induktion benötigte? „Wir messen mit der Geraden, weil wir schon wissen, dass sie einen ganz bestimmten singulären Fall unter den Linien zwischen 2 Punkten bildet“ (vgl. Bg. 10-1). Gäbe es zwischen 2 Punkten aber verschiedene Längen (oder auch mehrere Geraden), so könnte man die Gerade nicht mehr als Messmittel gebrauchen, d. h. der Satz wird also schon vorausgesetzt.

„In Beziehung auf die Axiome fanden wir, dass sie, als experimentelle Wahrheiten betrachtet, auf einem übervollen und augenfälligen Beweise beruhen“, beginnt Mill in seinem sechsten Kapitel die Zusammenfassung seiner vorhergehenden Untersuchungen über die Evidenz derjenigen Wissenschaften, welche gewöhnlich als Systeme von notwendigen Wahrheiten betrachtet werden. Sie seien die einfachsten und leichtesten Fälle von Verallgemeinerungen aus Tatsachen, eine höchste Klasse von Induktionen aus der Erfahrung, welche unsere Sinne oder unser inneres Bewusstsein liefere. Dem entgegnet Stumpf: Wenn Mill glaubt, hiermit den Beweis geliefert zu haben und seine allgemeine Behauptung hinsichtlich der logischen Frage, dass Induktion die Grundlage aller Wissenschaften sei, und auch die deduktiven (demonstrativen) Wissenschaften ohne Ausnahme induktive Wissenschaften wären, so hat man gerade das Gegenteil von alle dem gefunden. Entweder sind die geometrischen Axiome, wie auch die Sätze (und damit die ganze Geometrie), geradezu falsch, oder sie stammen nicht aus der Erfahrung und sind apriorisch notwendige Wahrheiten.

Demnach, resümiert Stumpf, reiche der erste kritische Teil der Untersuchung für sich allein schon aus, dem intendierten Zweck, nämlich die Möglichkeit, eine Wissenschaft ohne Rückgriff auf Induktion nachzuweisen.

4.2 Stumpfs Analyse der geometrischen Sätze und Axiome

Stumpf verfährt mit der Analyse geometrischer Sätze, ihre Zurückführung auf den Satz des Widerspruchs oder der Identität in gleicher Weise wie mit einem arithmetischen Satz, d. h. die Analyse verlange nur, dass Subjekt und Prädikat als identisch oder widersprechend nachgewiesen würden. Nicht hingegen wäre der Nachweis zu erbringen, dass dem Subjekt auch etwas Wirkliches entspräche. Selbst wenn beide Begriffe sich widersprächen und demnach unmöglich seien, könnten die Sätze gleichwohl analytisch sein (z. B. eine weiße Röthe ist eine weiße Röthe). So bliebe auch die Voraussetzung, dass die geometrischen Begriffe nach Mill Existierendes ausdrücken müssten, unberücksichtigt, selbst auf die Gefahr hin, „an der Wissenschaft der Größen eine Wissenschaft imaginärer Größen, oder vielmehr ein völlig analytisches exact deducirendes wenn auch nicht sehr poetisches Märchen zu finden" (vgl. Stumpf, 1870: Bg. 27-3). Die Definitionen, die Auflösung und Erklärung der Begriffe erfolgte daher nur soweit, wie es der Nachweis einer beiderseitigen Identität erfordere. Richtung und Größe könnten, auch wenn sie hypothetisch heterogene Dinge seien, in einem analytisch evidenten Satz zusammenstehen, nämlich genau dann, wenn sie beiderseits in derselben Verbindung stünden. Stumpf kann die Autorität „eifriger Kantianer" nicht billigen, die bei jeder Deduktion zur Erklärung geometrischer Begriffe immer sofort auf die Anschauung verweisen, um aus ihr die Beweise zu führen. Aber wenn wir Begriffe wie Richtung, Seite, Größe oder Linie gebrauchten und jeden, der nicht wüsste, was das Wort bedeute, auf die Zeichnung verwiesen, so hieße dies nicht, den Satz aus der Erfahrung oder der unmittelbaren Anschauung (Intuition) zu beweisen. Die Analyse frage auch nicht, woher wir unsere Begriffe hätten, ob aus der Anschauung, der inneren oder äußeren Beobachtung; sie verlange nur, dass wir sie hätten.

Wie bereits erwähnt, wurde im letzten Drittel des 19. Jahrhunderts eine breite und teilweise heftige Diskussion über die Grundlagen der Geometrie geführt, die sich zum Jahrhundertwechsel hin, durch einen stetig wachsenden Grad der Abstraktion, immer mehr zuspitzte. Im Rahmen dieser Entwicklung löste sich insbesondere der Teil der Geometrie auf, der Begriffe und Sachverhalte des gewöhnlichen euklidischen Raumes in nahe liegender Weise verallgemeinerte oder unter neuen Gesichtspunkten betrachtete. Fragen, angeregt durch die Ausbildung nichteuklidischer Betrachtungsweisen, waren in dieser Diskussion z. B. folgende: Wie ist der wahre physikalische Raum beschaffen, und in welcher Beziehung steht die geometrische Theorie zu ihm? Die mathematische Raumvorstellung löste sich in dieser Zeit von der physikalischen Raumvorstellung. Es wurden Fragen formuliert wie folgende: Wie lückenlos muss ein mathematischer Beweis sein, welche sind seine kleinsten auszuführenden Schritte, wie weit „hinunter" muss man beim Definieren von Grundbegriffen gehen? Auch in Stumpfs Habilitationsschrift (1870) werden diese Fragen implizit schon gestellt. Beteiligte Wissenschaftler an diesen Diskussionen waren Helmholtz, Klein, Frege, Peano, Pasch, Hilbert, Weierstraß u. a. (vgl. Scriba/Schreiber: 2002, S.473ff). Die Übereinstimmungen in den Fragenstellungen sind nicht verwunderlich, denn Stumpf verfasste seine Schrift ja genau an der Zeitschwelle zu diesen mächtigen mathematischen Entwicklungen.

Vor diesem Hintergrund ist auch Stumpfs Bemerkung zur Einführung der Bewegung in die Elementargeometrie (die Elementargeometrie untersucht geometrische Objekte ohne Zuhilfenahme analytischer Hilfsmittel) zu verstehen. Wenn sich nach Stumpf die Bewegung auf die Bildung geometrischer Begriffe bezieht – wenn z. B. eine Linie durch sukzessive Linierung in der Vorstellung erzeugt wird – so kann diese Art der Bewegung ausgeklammert werden. Es gibt zudem Hinweise in Zusammenhang mit der theoretischen Begründung des Raumes, aus denen hervorgeht, dass auf die sinnlichen Wahrnehmungen in der geometrischen Erkenntnis zu verzichten sei. Schon Euklid vermeidet in den Definitionen des I. Buches der „Elemente" nach Möglichkeit die Bewegung. Die Definitionen der „Linie" und der „geraden Linie", wie sie von Proklos bekannt waren, nämlich „ein Fließen des Punktes" bzw. „ein gleichgerichtetes und unablenkbares Fließen des Punktes", wurden bei Euklid durch Formulierungen ersetzt, die den Begriff „Bewegung" umgehen. Es wird sogar angenommen, dass man bestrebt war, schon zu dieser Zeit das nur „Anschauliche" aus der Geometrie möglichst zu eliminieren (vgl. Szabó, 1969: S. 427ff). Heath ging soweit zu mutmaßen, die euklidische Definition der „geraden Linie" sei eigentlich der Versuch, eine Umschreibung für den Begriff „die Gerade" ohne Bezugnahme auf das Sehen zu geben (vgl. Heath, 1921: I, S. 373).

Anderes kommt dagegen zur Sprache, wenn unter „Bewegung" dasjenige verstanden werden soll, was heute unter die sog. Kongruenzaxiome fällt, die im Hilbertschen Axiomensystem auch durch Bewegungsgesetze ersetzt werden können: Drehungen, Spiegelungen, Translationen. Stumpf ergänzt in seiner Habilitation zur Bewegung folgendes: „Und meint man mit der „Einführung der Bewegung" gleichfalls nichts anderes (Aufeinanderlegen, Hinzufügen, Ablenken), dann wird ihr allerdings nicht auszuweichen sein" (vgl. Stumpf, 1870: Bg. 28-1). Man müsste sich bewegen, denn um Verhältnisse und Unterschiede zu behaupten, müsste man sie auch erkennen.

Stumpf beginnt seine Analyse mit den Definitionen von Gleichheit, Gerade, Parallele und Winkel. Es sind Definitionen über Linien, welche nach Stumpf offenbar nur in den drei Beziehungen, der Größe, der Richtung und der Lage (in „Ermangelung eines bestimmteren Ausdrucks"), einen Unterschied aufweisen können. Somit ist die Gleichheit in Bezug auf die Größe definiert als: „Größen sind gleich, wenn sie aufeinander gelegt sich decken", wobei hier mit „Größe" zunächst Linien, Flächen und Körper gemeint seien. „Gleich sein" hieße, überhaupt keinen Unterschied in irgendeiner Beziehung (hier in Bezug auf Größe) zu zeigen. „Gerade nennen wir eine Linie, welche in allen Theilen gleiche Richtung hat", „Parallele nennen wir eine Gerade in einer Ebene, welche mit einander gleiche Richtung haben" und „Winkel nennt man den Richtungsunterschied zweier Geraden, gemessen von einem beiden gemeinsamen Puncte (dem „Schnittpuncte") aus und auf einer bestimmten Seite einer der Geraden" (vgl. Bg. 28-3 bis Bg. 29-4). Stumpf ergänzt, dass man sich hierbei „ganz ungeniert" auf den Begriff berufen könnte; denn wer wüsste, was Linien seien, weiß auch, dass er sich darunter etwas „irgendwie Großes, irgendwie Gerichtetes und irgendwie Gelegenes" vorzustellen hätte, und wer es nicht weiß, den könnte man auf die Zeichnung verweisen, wo sich dann mit der Vorstellung und dem Begriff der Linie auch die eben genannten Vorstellungen und Begriffe einstellen würden. Wie schon hier leicht zu erkennen ist, benutzt Stumpf in seinen Definitionen stets den Begriff der Richtung und den Begriff der Richtungsänderung, auf den später zurück zu kommen ist.

Die Klasse der Axiome, die weder ausschließlich arithmetische noch mathematische Axiome seien und überall ihre Geltung hätten, würden in der Geometrie gewöhnlich nur in Bezug auf Größen aufgestellt und angewandt (in ihrer Allgemeinheit werden sie im Kapitel über die Arithmetik behandelt). „Euklid kennt sie nur in dieser Beziehung; es wird sich zeigen, daß hierin sein ganzes Versehen liegt", schreibt Stumpf weiter.[54] Übertragen auf die Geometrie hieße das erste der allgemeinen Axiome in dieser Beziehung demnach: „2 Richtungen, einer dritten gleich, sind unter sich gleich" oder genauer: „2 Linien, welche mit einer dritten gleiche Richtung haben, haben mit einander gleiche Richtung". Mit der Feststellung, dass Parallele gerade Linien seien, die in einer Ebene lägen, könnte der Satz auch etwas spezieller gefasst werden: „2 Gerade, welche einer Dritten parallel sind, sind unter sich parallel". Durch „Vermittlung" des o. a. 1. Axiom in Beziehung auf Richtungen, dem 2ten Axiom „Gleiche Richtungen und Gleiches (in gleichem Maße) nach derselben Seite abgelenkt geben gleiche Richtungen" und aus den gegebenen Definitionen leitet Stumpf alle folgenden fünf Sätze ab (vgl. Stumpf, 1870: Bg. 30-1): „Die Summe aller Winkel um einen Punct auf der einen Seite einer Geraden ist = 2R", „Zwischen 2 Puncten ist nur Eine Gerade möglich", „Wenn zwei Parallele von einer Geraden geschnitten werden, so ist die Summe der inneren Winkel auf jeder Seite = 2R", „Die Summe der Winkel eines Dreiecks beträgt 2R" und „Die Gerade ist zwischen zwei Puncten die kürzeste Linie."

[54] Stumpf verweist in seiner Fußnote auf Brentano, der ihn auf diese Möglichkeit in seiner Würzburger Zeit aufmerksam machte. Auf Bg. 33-4 werden von Stumpf die Ausführungen hierzu aber Schlömilch zugeschrieben.

Oskar Schlömilch macht in seinem Lehrbuch „Grundzüge einer wissenschaftlichen Darstellung der Geometrie des Maasses“ [55] in der Einleitung auf folgenden Sachverhalt aufmerksam (vgl. Schlömilch, 1849: XVII):

> Daß zweitens meine Darstellung nicht länger ist als die in einem Buche mit ausführlichen Beweisen, ja daß sie sich sogar durch Kürze empfehlen dürfte, wird eine einfache Vergleichung lehren; gerade hier war die streng systematische Anordnung vom größten Vortheile: sie schützte vor unnützen Wiederholungen und ließ nicht zu, dass Sätze besonders aufgeführt wurden, die als spezielle Fälle späterer Theoreme sich von selber verstehen; so fiel z. B. der Satz weg, daß der Außenwinkel am Dreiecke größer als jeder innere Gegenwinkel ist, weil ich gleich beweisen konnte, daß der Außenwinkel die Summe jener Innenwinkel ausmacht; wie groß in solchen Fällen die Raumersparnis wird, kann man leicht nachrechnen. [...] Von den Grundsätzen, welche in den ersten Paragraphen vorkommen, will ich einen mit ein paar Worten begleiten; es ist das Axiom: „zwei Gerade von verschiedenen Richtungen in einer Ebene schneiden sich, hinreichend verlängert, in einem Punkte.“ Ich will nämlich zeigen, daß man bei einer systematischen Anordnung gerade diesen Grundsatz nothwendig aufstellen muß, daß hier also auch die Willkür wegfällt, die bisher bei der Aufstellung des Grundsatzes der Parallelentheorie geherrscht hat.

Stumpf kann sich der wissenschaftlichen Darstellung Schlömilchs für die euklidische Geometrie der Ebene in Terminologie und Herleitung der Sätze im Wesentlichen anschließen und übernimmt sie für seine Analyse und Deduktion der fraglichen Sätze. Den Widerspruch oder die Identität der Sätze erreicht er mit Hilfe der aufgeführten Axiome, der Winkelverhältnisse (Nebenwinkel, Stufenwinkel, etc.) und dem Einsatz bereits bewiesener Sätze. Deutlich wird die Anlehnung an Schlömilch in einem Rückblick Stumpfs auf den „Gang der Untersuchung“, indem er die oben erwähnte Aussage Schlömilchs (1. Absatz) über den Satz der Außenwinkel wie folgt zusammenfasst (vgl. Stumpf, 1870: Bg. 34-1/2):

> Der Grundsatz: „zwei Richtungen, einer 3ten gleich, sind unter sich gleich“, welcher doch ein und dasselbe mit seinem ersten Axiom ist, findet sich hier als 30. Lehrsatz [Gerade Linien, die derselben Geraden parallel sind, sind auch einander parallel]. Und um diesen sehr einfach einleuchtenden Satz zu demonstriren, schickt er [Euklid] ihm einige andere über die Parallelen voraus, zu deren Beweis er nicht bloß ein eigenes (das 11te) Axiom aufstellen muß, welches keineswegs unmittelbare Evidenz beanspruchen kann, sondern auch des Satzes bedarf, dass der Außenwinkel immer größer sei als einer der gegenüberliegenden Dreieckswinkel. Nun konnte er aber den Satz, aus welchem dies als einfaches Correlar und zwar schon in bestimmter Fassung (Außenwinkel gleich der Summe etc.) folgt, nicht vorher beweisen; dieser IV. unserer Sätze [Die Summe der Winkel eines Dreiecks beträgt 2R] kann vielmehr erst als 32. Lehrsatz erwiesen werden. Er muß daher jenen Satz über die Außenwinkel erst in der unbestimmteren Fassung auf manchen Umwegen herleiten.

---

55 Das Werk ging 1888 in seine siebte Auflage. Von Schlömilch gingen die wesentlichen Impulse für den Teubnerschen mathematischen Verlagszweig aus (vgl. Weiß, Teubner-Stiftung, Leipzig).

Mit Einführung der „Richtung“ verwendet Stumpf einen Terminus, dem er nicht in der Art und dem Umfang von Definitionen anderer Begriffe nachkommt, sondern den er in seinem späteren Nachtrag (ca. 1871) ausführlich behandelt. Dieser Umstand scheint zum einen in der Implikation der Bewegung im Begriff „Richtung“ zu liegen und zum anderen in der Zuordnung des Begriffs in die Elementargeometrie, sofern sie sich auf die euklidische Geometrie bezieht. Es wäre viel gestritten worden, schreibt Stumpf, in wie weit die Bewegung in die Elementargeometrie (von der analytischen reden wir hier überhaupt nicht) einzuführen sei. Dies wäre eine offene Frage, über die man hier hinweggehen könne, wenn die Bewegung sich auf die Bildung geometrischer Begriffe beziehe, also darauf, ob wir eine Linie nur durch Linierung, durch sukzessive Erzeugung in der Vorstellung, denken könnten. Bei Schlömilch wird gerade die Konstruktion einer Linie durch stetige Bewegung eines Punktes beschrieben (indem man die Linie gewissermaßen als die Spur ansieht, welche der Punkt hinter sich zurücklässt). Die genannte Entstehungsweise der geometrischen Gestalten führe nämlich von selbst auf einige der wichtigsten Grundbegriffe der Geometrie, so auch zum Begriff der „Richtung“. Bewegt sich ein Punkt stetig fort und soll damit eine Gerade beschreiben, erläutert Schlömilch, „so muß er die Stelle des Raumes, an welcher er sich befindet, verlassen und sich nach einer anderen Gegend des Raumes begeben, d. h. er muß in irgend eine Richtung weiter gehen“ (vgl. Schlömilch, 1849: S. 2-3). Behalte der Punkt bei seiner Bewegung die einmal eingeschlagene Richtung fortwährend bei, nenne man die Linie Gerade, eine krumme Linie, wenn sie fortwährend ihre Richtung ändere.

Um den Begriff der „Richtung“ deutlicher zu machen, führt Stumpf in seinem Nachtrag vorab psychologische Betrachtungen durch, die er in seiner Hauptuntersuchung ja bewusst vermieden hatte. Er gibt im „Nachtrag A“ eine allgemeine Methode an, um jemanden auf einen Begriff aufmerksam zu machen, unabhängig davon, ob dieser Begriff angeboren ist oder erst erworben würde. Es handelt sich nach Stumpf um allgemeine Betrachtungen, die für das Verständnis des Begriffs „Richtung“ zwar nützlich, aber nicht notwendig wären.

In 12 Schritten beschreibt Stumpf in dieser allgemeinen Betrachtung den Vorgang (Prozess) der Begriffsbildung, meist vorbereitend für geometrische Begriffe (Größen) und ihre Kombination in Sätzen: (1) Viele Eindrücke, gewonnen durch äußere Wahrnehmung, deren Reflexion und andere psychische Funktionen (innere Wahrnehmung) würden zu einem zusammenhängenden Bild verknüpft. Davon würden zuerst die einfachsten individuellen Eindrücke wie z. B. ein bestimmtes Volumen oder auch eine bestimmte Farbe, unterdrückt. (2) Genauer gesagt, geschähe dies, indem wir die sinnlichen Eindrücke durch ein äußeres Objekt hervorriefen und währenddessen einen Eindruck (oder mehrere Eindrücke) so variierten, dass dabei die restlichen Eindrücke konstant blieben. Als Beispiel stelle man sich zwei Körper vor, welche bis auf einen einzigen Unterschied völlig gleich wären. Dieser Unterschied könnte einmal der Ort, die Lage oder auch die Farbe sein, usw. (3) Der so gewonnene einfache sinnliche Eindruck wäre notwendiger Weise direkt mit einem Begriff verknüpft, der den variierenden Eindruck (das Element) mit einem allgemeinen Wort bezeichne, z. B. einer bestimmten Farbe (rot). Dies seien jedoch einfache Begriffe. (4) Mittels der Eindrücke, die durch Reflexionen gewonnen würden, könnte man ähnlich verfahren und jemanden dazu bringen, dass er eine Empfindung hätte oder einen Vergleich anstellte. Durch Beachtung der Veränderung, jetzt in der Vorstellung oder in der Phantasie, bildeten wir so eine eigene Klasse einfacher Begriffe der später so genannten inneren Wahrnehmung, wie z. B. den der Empfindung oder den des Vergleichs. (5) Da sich jede psychische Tätigkeit (eine Empfindung, ein Vergleich) auf irgendein Objekt bezöge, könnten wir Begriffe bilden, die ein Objekt bezeichnen, sofern das Objekt Gegenstand dieser psychischen Tätigkeit wäre. (6) Die möglichen und vielfältigen Kombinationen der Elemente aus (3 bis 5) könnten mit neuen Namen versehen werden oder auch Begriffe an die Hand geben, die in einem Satz gebracht und gedacht werden sollten; z. B. „Ähnlichkeit ist (im Sinne von „nenne ich“) die Gleichheit in Bezug auf die Figur“. (7) Bis hierher sind alle Begriffe nur Nominaldefinitionen oder grammatische Sätze, aber noch keine Urteile, wobei im letzten Fall das „ist“ nur eine (logische) Wahrheit bedeute. Damit es (das „ist“) auch real würde, müsste nachgewiesen werden, dass es etwas dieser Art gäbe. (8) Stumpf thematisiert zwei Möglichkeiten: Man zeigt an wirklichen Individuen das Bezeichnete auf, oder an Individuen, deren Begriffskombination nur unter der Annahme einer Hypothese begreiflich seien. Im letzteren Fall müsste die Hypothese erst entwickelt werden, um dann die Assertion durch die Exklusivität („nur wenn“) des Vordersatzes und den Nachweis des Nachsatzes an der Wirklichkeit darzulegen. (9) Es gelte jedoch zu beachten, dass einigen Begriffsgebilden die Wirklichkeit nicht assertorisch, sondern nur approximativ entspräche. Wenn beispielsweise die beiden Begriffselemente „Gleichheit von Größen“ auf die beschriebene Art und Weise erzeugt würden, so könnte noch vor einer Entwicklung und Prüfung an der Wirklichkeit aufgezeigt werden, dass sich niemals genau gleiche Größen beweisen ließen; zum einen, weil der Sinneseindruck, auf den wir hinwiesen, nicht absolut genau die Wirklichkeit wiedergäbe und zum anderen, weil bei unendlicher Verschiedenheit denkbarer Einwirkungen auf einen Körper eine absolute Gleichheit ebenfalls unendlich und damit unwahrscheinlich sei. Ähnlich verhalte es sich mit dem Begriff der Grenze, der den Eindruck eines nach bestimmten Dimensionen minimal ausgedehnten Körpers zu Grunde lege, jedoch die fragliche Dimension ganz ausschließe. Hier wäre eine Annäherung an den Begriff eine Tatsache der Wirklichkeit. Was der Begriff hier verlange, sei nicht nur physisch, sondern auch logisch unmöglich. Im ersten Fall müsste der Begriff als eigener Körper oder Teil dessen aufgefasst werden; dann hätte die Grenze wieder eine Grenze, die Oberfläche wieder eine Oberfläche usw. Im zweiten Fall machte das Hinzufügen oder Wegnehmen eines Teils den Körper größer oder kleiner. (10) Die Linie als Definition einer bestimmten Grenze zusammen mit dem Begriff „Linien von gleicher Größe“ trage also im voraus denselben Charakter: Annäherungen an die Wirklichkeit. (11) Sinn und Zweck solcher Begriffsentwicklungen wäre, eine Möglichkeit bereit zu stellen für den indirekten mittelbaren Vergleich, da man ja wüsste, dass die Wirklichkeit nur Annäherungen biete, deren genaues Maß nie vorhersehbar wäre, sondern durch die Genauigkeitsgrenzen unserer künstlichen Messmittel bestimmt würde. (12) Die Geometrie mit der soeben gezeigten Möglichkeit eines indirekten Vergleichs bezüglich bestimmter Eigenschaften physischer Körper liefere damit Sätze, die in doppelter Hinsicht hypothetisch wären: 1) In dem Sinn, wie alle allgemeinen Sätze der Form: Alle Menschen sind sterblich; wenn es einen Menschen gibt, so ist er sterblich, hypothetisch sind. 2. Schließen die geometrischen Sätze darüber hinaus die Möglichkeit einer Existenz im Sinne der allgemeinen Sätze aus; d. h. wenn es gleich lange Linien gäbe, würden sie aufeinander gelegt sich decken.

Die geometrischen Sätze wären deshalb nicht nur hypothetisch, sondern sogar imaginär. Dennoch hätten sie, trotz ihres imaginären Charakters, einen Bezug auf die Wirklichkeit, weil der Raum so beschaffen sei, dass die Begriffe von ihm davon abstrahiert und in Folge davon auch die Sätze gebildet werden könnten.

Stumpfs folgende Explikation (Nachtrag B) für den Begriff der „Richtung" ist in Teilen Schlömilchs ähnlich oder gleich, geht aber auch weit darüber hinaus. Stumpf untersucht und beschreibt minuziös jeden Fall von „Richtung" (gleich, ungleich, entgegengesetzt), um danach diesen Begriff auf die geometrischen Sätze anzuwenden und formuliert im Wesentlichen folgende Aussagen (vgl. Stumpf, 1870: Bg. Nachtrag B1-B10):

1. Unter der Voraussetzung, dass aus dem Vorstellungskomplex eines physischen Körper ein mathematischer Körper mit 3 (Körper), 2 (Fläche), 1 (Linie) und 0 (Punkt) Dimension entstehe, interessiere für den Begriff der „Richtung" nur die Linie.
2. Wir betrachten Linien, um sie mittelbar oder unmittelbar zu vergleichen. Für den Vergleich stelle sich zuerst die Frage: In welchen Beziehungen und wann sind Linien unmittelbar zu vergleichen? Welche Unterschiede werden unmittelbar durch die Anschauung erkannt?
3. Ein unmittelbarer Vergleich kann nur zwischen zwei Linien stattfinden.
4. Zwei Linien, die nichts für die Anschauung gemein haben, sind nur in Beziehung des Ortes vergleichbar.
5. Zwei Linien, welche in all ihren Teilen zusammenfallen (dem Ort nach), sind in keiner Beziehung zu unterscheiden. Sie sind für die Anschauung einer einzigen äquivalent.
6. Bezogen auf diese zwei Linien gelten ohne Ortsveränderung folgende Aussagen:
    a. Bei unverändertem Ort der beiden Linien (alle Teile der einen liegen auf den Teilen der andere) nennen wir die mögliche Veränderung (Verschiedenheit) „Größe". Gleich große Linien sind die, welche aufeinander gelegt sich völlig decken (mit dem Unterschied der Größe 0).
    b. Bei nur einem unveränderten Punkt der Linie lassen sich die zwei Linien nur in einem Punkt decken. Diese Veränderung nennen wir Verschiedenheit der „Richtung". Hiernach sind Linien, die aufeinander gelegt sich decken, gleich gerichtet. Ungleich gerichtet, wenn sie sich nur in einem Punkt decken.

Die Bestimmungen der Richtung erfordern aber noch eine Ergänzung zu gleich und ungleich, den Begriff „entgegengesetzt". Diesen erhalten wir ebenso wie gleich und ungleich durch Vorführung bestimmter Objekte und Reflexionen auf den dabei stattfindenden psychischen Akt, wie er im Nachtrag A beschrieben wurde. Eine Linie, egal wo man sie betrachtet, welche in allen Punkten in entgegengesetzte Richtung zeigt, nennen wir gerade.

7. Ein unmittelbarer Vergleich ist aber in den meisten Fällen unmöglich, wenn z. B. zwei Linien weder eine Strecke noch einen Punkt gemeinsam haben. Für diesen Fall erfolgt ein indirekter Vergleich durch den Schluss von einem der folgenden Sätzen:
   a. 2 einem 3ten gleich sind unter sich gleich.
   b. Gleiches zu Gleichem gefügt gibt Gleiches.

   Dasselbe Verfahren gelte auch zum indirekten Vergleich der Richtungen. Mit Hilfe des Axioms (a) und der Zurückführung der Entgegensetzung auf Gleichheit gelte: Gerade Linien sind solche, deren Teile sich als gleichgerichtet erweisen, wenn man von einem zum anderen fortschreitet.

Aus dieser Untersuchung geht für Stumpf mit Gewissheit hervor, dass der Raum so beschaffen ist, dass wir uns die Begriffe „Größe" und „Richtung", wie auch „gleiche Größe" und „gleiche Richtung", bilden können. Daraus ergäben sich mit Hilfe der allgemeinen logischen Axiome „die Grundsätze der Geometrie mit logischer Notwendigkeit" (vgl. Stumpf, 1870: Bg. Nachtrag C1).

Die Voraussetzungen für die Kongruenzsätze, die im euklidischen Begriff der Kongruenz implizit vorhanden waren, wurden mit Einführung der Bewegung durch Helmholtz, eine zu ihrer Zeit fast unangreifbare wissenschaftliche Autorität, wieder zum Leben erweckt. Nach Helmholtz ist die Grundlage aller Beweise in der euklidischen Methode der Nachweis der Kongruenz der betreffenden Linien, Winkel, Flächen usw. Dieser Nachweis hat nach Helmholtz durch Veranschaulichung zu erfolgen. Die geometrischen Gebilde müssten hierfür „zu einander hinbewegt werden, natürlich ohne ihre Form oder Dimensionen zu verändern" (vgl. Helmholtz, 1870: S. 7). Der Methode der Anschauung entgehe man aber, wenn hierfür die von der neueren Geometrie ausgearbeitete analytische Methode auf die Untersuchung der Prinzipien angewendet würde.

Um 1870 existieren neben der Elementargeometrie, die euklidische -, die nichteuklidische - , die absolute -, die affine -, die analytische -, die projektive -, die Vektor-, die darstellende -, die angewandte -, die synthetische - und die Differentialgeometrie. Die rasante Entwicklung und unzählige Veröffentlichungen verhinderten häufig klare Begriffsabgrenzungen. Spätestens mit der Aufstellung des Hilbertschen Axiomensystems (1899) verschwindet der Begriff der „Richtung" aus dem Axiomensystem, geht aber, wie bereits erwähnt, mit der Diskussion über die „Bewegung" indirekt wieder in die Kongruenzaxiome ein. Der Begriff hat heute seinen Platz sowohl in der Vektorrechung als auch in der analytischen Geometrie gefunden.

Erwähnenswert in diesem Zusammenhang ist noch, dass Frege später ebenfalls den Begriff der Richtung aufgreift. Frege schlägt für die Definition des Anzahlbegriffs einen indirekten Weg ein (Abstraktion)[56], um mit Hilfe des schon bekannten Begriffes, der „Gleichheit", das zu gewinnen, was als gleich zu betrachten ist. Um den Vorwurf eines Zirkels zu umgehen, wählt Frege für seinen Zweck den Nachweis der

---

[56] (vgl. Frege, 1983: S. 76ff; in dieser Arbeit) Frege, wie auch Stumpf, verwenden den Begriff der „Abstraktion" nicht, wie allgemein unter Logikern üblich, im Sinne von „Abziehen oder Weglassen".

„Ähnlichkeit", ein für ihn geeignetes Beispiel, Aussagen über die Richtungsgleichheit von Geraden durch Parallelitätsaussagen von Geraden zu gewinnen (vgl. Frege, 1884: §63 und hier im Kapitel 5.6). Er gibt dies für eine Methode der Definition aus, die von Logikern noch nicht genügend beachtet würde. Die Antwort auf die Frage, mit welchem Recht wir anstelle von „Parallelität von Geraden" von der „Gleichheit ihrer Richtungen" sprechen dürfen, sieht Frege in der Anwendung der Leibnizschen Regel: die beiden Ausdrücke bezeichnen genau dann das gleiche, wenn sie in allen geometrischen Aussagen (ohne Änderung der Wahrheit) über Richtungsgleichheit unter einander ersetzt werden können. Mit zwei gegebenen parallelen Geraden *a* und *b* können wir Folgendes aussagen: „Die Gerade *a* ist parallel zu Geraden *b*" und heißt nichts anderes als „Die Richtung der Geraden *a* ist gleich der Richtung der Geraden *b*". Für Frege stehen nicht wie bei Stumpf die Herleitung des Begriffs „Richtung" und dessen Prüfung im Kontext geometrischer Aussagen im Vordergrund, sondern ein anschauliches Beispiel einer Äquivalenzaussage als logisches Hilfsmittel für seine Anzahldefinition. Frege verteilt („zerspaltet") hierfür den Inhalt des Parallelitätszeichens an *a* und *b* und gewinnt damit einen neuen Begriff (vgl. Frege, 1884: §64). Frege erörtert diese methodologische Diskussion der Begriffsgewinnung nicht weiter, weil es ihm hier vielmehr um die Gleichheitsbeziehung als um den Richtungsbegriff zu tun ist. Er macht aber ganz nebenbei darauf aufmerksam, dass häufig „die Sache umgekehrt" aufgefasst würde, die dann in vielen Darstellungen der Literatur zu einem falschen Schluss führte, dann nämlich wenn definiert würde: „parallele Geraden sind von gleicher Richtung". Der Satz „Wenn zwei Geraden einer dritten parallel sind, so sind sie einander parallel", könnte dann mit Berufung auf den ähnlich lautenden Gleichheitssatz sehr bequem bewiesen werden. „Nur schade, dass der wahre Sachverhalt damit auf den Kopf gestellt wird. Denn alles Geometrische muß doch wohl ursprünglich anschaulich sein" (vgl. Frege, 1884: §64).

Für Frege ist daher auch zweifelhaft, ob jemand eine Anschauung von der Richtung einer Geraden haben kann – von einer Geraden sicherlich, aber nicht von deren Richtung. Dieser Begriff könnte erst durch eine an die Anschauung anknüpfende geistige Tätigkeit gefunden werden, die Vorstellung von einer parallelen Gerade hätte dagegen jeder. Der Beweis käme nur dadurch zustande, dass mit dem Gebrauch des Wortes „Richtung" die Parallelität unterschwellig mitgedacht und damit vorausgesetzt würde. Da Frege sich in seinen kritischen Betrachtungen über den Begriff der Anzahl auch mit Schlömilch auseinandersetzte (vgl. §27), kann vermutet werden, dass er hier für sein Beispiel „Richtung" inspiriert wurde. Er erkennt jedoch bei dieser Auseinandersetzung, dass sich (1) in einen vermeintlichen Beweis die Anschauung als unzulässiges Argument eingeschlichen haben kann und (2) dass durch die Verwendung von Äquivalenzen die Beweisversuche zu Zirkelschlüssen geführt haben.

Wenn Stumpfs Bemühungen, Euklids Werk „Elemente der Geometrie" durch die Einführung von „Richtungen" und der Maßnahme, die „gewöhnlich nur in Bezug auf Größen aufgestellten Grundsätze auch in Bezug auf Richtungen aufzustellen", die „Unordnung und Umständlichkeit" zu nehmen, dann unterliegt er ebenfalls diesem Irrtum. In einem vollständigen Axiomensystem, wie Hilbert es 1899 für die euklidische

Geometrie in seinen „Grundlagen der Geometrie" aufgestellt hat, gelten folgende Aussagen als äquivalent (vgl. Aumann, 2006: S. 203):

(1) Stufenwinkel an geschnittenen Parallelen sind kongruent.
(2) Wechselwinkel an den geschnittenen Parallelen sind kongruent.
(3) Zu jeder Geraden g und jedem nicht auf g liegenden Punkt P gibt es höchstens eine Gerade, die P enthält und zu g parallel ist.
(4) Zu jeder Geraden g und jedem nicht auf g liegenden Punkt P gibt es genau eine Gerade, die P enthält und zu g parallel ist.
(5) In jedem Dreieck beträgt die Innenwinkelsumme π.
(6) Es gibt ein Dreieck, in dem die Innenwinkelsumme π beträgt.
(7) Abstandslinien (also Mengen von Punkten, die von einer Geraden denselben Abstand haben) sind Geraden.
(8) Es gibt zwei Dreiecke mit übereinstimmenden Innenwinkeln, die nicht kongruent sind.

Die meisten Beweisversuche des Parallelenaxioms entspringen diesen Äquivalenzen, so auch der Beweis von Adrien Marie Legendre, der, wie Stumpf schreibt (vgl. Stumpf, 1870: Nachtrag 1-2), den Nachweis erbrachte, dass die Winkelsumme eines Dreiecks zwar größer als 2R ist, der aber nicht beweisen konnte, dass ein Dreieck mit der Winkelsumme kleiner als π (2R) existiert. Legendres Fehler liegt darin, dass die Existenz einer zum Beweis herangezogenen Geraden in seinem hypothetischen Dreieck nur als gesichert angesehen werden kann, wenn hierfür das Parallelenaxiom gilt (vgl. Aumann, 2006: S. 206). Mit Hilberts Versuch „für die Geometrie ein vollständiges und möglichst einfaches System von Axiomen aufzustellen" (vgl. Hilbert, 1968: Einleitung) fanden diese erwähnten Untersuchungen des 19. Jahrhunderts zur euklidischen Geometrie, die fast alle wesentlichen Begriffe und Fragestellungen hervorgebracht hatten, einen Abschluss.

Zum Schluss könnte man fragen, warum der junge Carl Stumpf sich so intensiv mit dem Begriff der Richtung auseinandergesetzt hat. Vermutlich weil Stumpf noch in der Begrifflichkeit der euklidischen Geometrie dachte, und weil er vermutete, dass der Begriff der Richtung innerhalb der euklidischen Axiomatik zu einer Vereinfachung führen könnte (Parallelentheorie). Es dauerte indes nicht mehr lange, bis man sich innerhalb der Axiomensysteme von einer expliziten Definition der Begriffe trennte, womit Pasch 1882 den Anfang machte und was im Axiomensystem bei Hilbert 1899 einen Höhepunkt erreichte. Damit löste sich die Wissenschaft der Mathematik endgültig von einer irgendwie konkretisierbaren Ebene (Anschauung und Begriff) und wurde zu einem rein nominalistisch aufzufassenden System.

4.3 Die Bedeutung der Geometrie in Bezug auf die Erkenntnis

Stumpf schließt den kritischen Teil seiner Untersuchung mit dem Ergebnis ab, dass sowohl die mathematischen Axiome als auch die geometrischen Grundsätze apriorisch und notwendig sind. Die Kritik an der Millschen Theorie offenbarte, dass die Sätze der Mathematik nicht durch Induktion begründet werden könnten und auch nicht das Zusammenfassen, was die sinnliche Wahrnehmung uns lehre; denn wie sollte durch Wahrnehmung an den Untersuchungsobjekten der Geometrie dasjenige untersucht werden, was gar nicht sinnlich wahrgenommen werden kann, wie beispielsweise der „ausdehnungslose Punkt“ oder die „Linie ohne Breite“? Ebenso wenig könnten die geometrischen Grundsätze nach der Kantischen Theorie als „synthetische Sätze a priori“ ausgezeichnet werden, wenngleich der Gedanke apriorischer Formen als ein großer, wichtiger und unsterblicher Gedanken zu würdigen sei. Die aus der Erfahrung gewonnenen Sätze als apriorisch und notwendig zu behaupten, führte, wie die Untersuchung gezeigt habe, zu einem eklatanten Widerspruch. Allein aus dem Ergebnis der kritischen Betrachtung heraus könnte schlechterdings behauptet werden, dass die fraglichen Sätze analytisch seien. Damit wäre auch über die allgemeine Frage, ob es eine Wissenschaft ohne Induktion gäbe, entschieden: „Haben wir doch die ganze Mathematik in Wirklichkeit vor uns!“ (vgl. Stumpf, 1870: Bg. 18-3).

Das Resultat der positiven Untersuchung (Analyse) führt Stumpf in Bezug auf die mathematischen Axiome auf reine Tautologien („alle R sind gleich“), Definitionen (Angaben des Sinnes, den man einem Wort beilegen will) und zu einfachen analytischen Urteile, wie z. B. „die Summe (das Ganze) ist mehr (größer) als ein Teil derselben.“ Die Sätze dagegen, die den bereits erwähnten Grundaussagen als „Axiome“ vorangestellt würden, könnten zu guter Letzt als eigentliche *geometrische Lehrsätze* gelten. Es sind solche Sätze, die sich nach Stumpf auf geometrische Objekte beziehen und mit Hilfe der Axiome aus ihren Definitionen folgen. Daher gehörten sie nicht vorangestellt, sondern müssten unter die ersten Lehrsätze eingeordnet werden. Ein Beispiel hierfür wäre der Satz, der aus dem Begriff der Linie (Größe) und dem Axiom über die Subtraktion von Gleichheiten gebildet würde: „[Linien], welche aufeinander gelegt sich decken, sind gleich“. Die allgemeinen Axiome wären jedoch für die Mathematik keine eigenen Voraussetzungen, sondern bildeten in Verbindung mit den Definitionen die Prämissen, die für die Herleitung mathematischer Sätze, ihre Syllogismen erforderlich wären (vgl. Stumpf, 1870: Bg. 35-3). Diese nützlichen und überschaubaren Sätze erforderten unsere besondere Aufmerksamkeit. Auch wenn sie aus praktischen Gründen in der Mathematik vorangestellt würden und „mit dem besonderen Namen von Axiomen“ beehrt würden, dürfte man darunter keine Sätze verstehen, „die ihre Evidenz aus einer eigenthümlichen, unbegreiflichen, nicht nachweisbaren Quelle bezögen“ (vgl. Bg. 35-4). Diese Auffassung Stumpfs nimmt den Axiomen den unantastbaren Charakter, der ihnen bis zu diesem Zeitpunkt, insbesondere für die euklidische Geometrie, noch anhaftete. Indem auf diese Weise ihr Status entzaubert wird, trifft dies zugleich die Grundlagen, die im physikalischen Weltbild etwas Unerklärliches, etwas Mystisches oder Gottgegebenes annehmen wollte. Das nüchterne Ergebnis resultiert aber nicht aus irgendeiner Verkleinerungssucht, sondern aus den zunehmenden Anstrengungen, die wissenschaftlichen Grundlagen zu klären. Dieses methodische Ideal der Strenge durfte auch vor der euklidischen Geometrie nicht halt machten. Paschs „Vorlesungen über neuere Geometrie“ (1882) und Freges „Begriffsschrift“ (1879) können als Markstein auf diesem Weg bezeichnet werden, den Prozess des logischen Folgerns vom „Sinn“ der geometrischen Begriffe unabhängig zu machen.

Für Stumpf resultierte hieraus in Bezug auf die Natur der mathematischen Wissenschaften allein folgende Voraussetzungen: keine Wahrheiten, keine Urteile oder Tatsachen sind zu postulieren, sondern Vorstellungen, Objekte und Definitionen; Zahlvorstellungen für die Arithmetik und Vorstellungen des mathematischen Körpers oder des Raumes für die Geometrie. Nach Stumpf beschreiben wir mit den *Definitionen* dasjenige, was wir *unmittelbar* in der letzten Vorstellung unterscheiden; die *Sätze* der Geometrie hingegen drücken dasjenige aus, was wir in denselben *mittelbar* durch Nachdenken finden und mit dem Ausdruck „Axiom“ bezeichnen. Mit der Aussage, die ganze Geometrie sei „nur die fortgesetzte Definition dieser Einen Vorstellung“, zieht Stumpf eine scharfe Grenze zwischen dem, was man in der Geometrie ableiten (deduzieren) kann, und dem, was man hinnehmen muss (vgl. Stumpf, 1870: Bg. 36-2); d. h. die Raumvorstellung mit ihren 3 Dimensionen müssen wir hinnehmen und können hieraus für die Geometrie alles Erdenkliche nach allen Dimensionen ableiten.

Für die Begriffe mathematischer Gebilde (Körper, Ebene, Linie, etc.) ist es nach Stumpf unerlässlich, zwischen der Vorstellung eines *mathematischen Körpers* und der Vorstellung eines *physischen Körpers* zu unterscheiden. Für unser Denken noch aufschlussreicher wäre jedoch eine Untersuchung darüber, inwieweit die eine Vorstellung aus der anderen entwickelt werden könnte. Dabei gälte es zu beachten, dass eine solche Untersuchung nur auf *primäre Merkmale* der Vorstellungen führen könnte, aus welchen sich die geometrischen Sätze zusammenfügten und auf die sie sich bezögen, sie führten dagegen *nicht auf Sätze*. [57]

Stumpf verweist in diesem Kontext auf die Abhandlungen „Über die thatsächlichen Grundlagen der Geometrie“ von Hermann von Helmholtz (vgl. Helmholtz, 1868) und „Über die Hypothesen, welche der Geometrie zu Grunde liegen“ von Bernard Riemann (vgl. Riemann, 1867), mit denen er sich im Hinblick auf den Begriff „Vorstellung“ und Begriffsbildung schlechthin ausgiebig in der Fußnote auseinandersetzt.

[57] Stumpfs Auffassung „erinnert“ an eine „allgemeine Ontologie“ anknüpfende Auffassung, wie sie später von Nicolai Hartmann und von Günther Jacobi im 20. Jahrhundert vertreten wurde. Hier haben die mathematischen Gegenstände einen „fiktiven An-sich-Bestand“, der folgendes meint: Das Sein der mathematischen Gegenstände wird nicht als ein Wirklichsein gedacht, wohl aber in Analogie dazu. Durch Weglassen der Kennzeichen des Wirklichen, wie Raumzeitlichkeit und die Einbindung in die Naturgesetzlichkeit, bleibt nur noch die „Unabhängigkeit vom Gemeintwerden“. Und dies wiederum nur in einem eingeschränkten Sinne, mithin existieren die von uns gedachten „fiktiven“ mathematischen Gegenstände bloß als von uns gedachte, aber, sobald sie einmal gedacht sind und somit existieren, damit auch von unserem Denken unabhängige Eigenschaften haben. Insbesondere gäbe es keine Verifikation mathematischer Aussagen (oder Begriffe) in der empirischen Wirklichkeit; die Erfassung der mathematischen Gegenstände und Aussagen erfolgt allein in der Gesamtheit der logisch möglichen (d. h. widerspruchsfreien) Systeme von „impliziten Definitionen“, die voneinander unabhängig wären, schreibt Thiel (vgl. Thiel, 1995: S. 17ff).

Helmholtz richtet an die für als exakt geltende Wissenschaft der Geometrie die Frage: „Wieviel von den Sätzen der Geometrie hat objectiv giltigen Sinn; wieviel ist im Gegentheil nur Definition oder Folge aus Definitionen, oder von der Form der Darstellung abhängig? Auch wenn diese Frage nach Helmholtz nicht so leicht zu beantworten ist, so steht sie jedenfalls im Einklang mit Stumpfs Position. „[...] wir [haben] es in der Geometrie stets mit idealen Gebilden zu thun, deren körperliche Darstellung in der Wirklichkeit immer nur eine Annäherung an die Forderungen des Begriffes ist" (vgl. Bg. 36-3ff). Helmholtz findet, gestützt auf Riemanns Hypothesen, seine folgenden 4 Postulate (oder auch Merkmale) zu einer n-fach bestimmten, kontinuierlichen, kongruenten Mannigfaltigkeit bestätigt.

Der bei Helmholtz dargestellte Sachverhalt wird hier etwas ausführlicher dargestellt, als Stumpf dies in sehr viel kürzerer Form tut. Es handelt sich darum: 1) Das bestimmte Einzelne in einem Raum von n Dimensionen, der Punkt, ist durch Abmessung von n kontinuierlich und unabhängig voneinander veränderlichen Koordinaten bestimmbar. 2) Es existieren bewegliche, aber in sich feste Körper mit der Definition: zwischen den 2n Koordinaten jedes Punktpaares, welches einem festen Körper angehört, besteht eine von der Bewegung unabhängige Gleichung, welche für alle kongruenten Punktpaare gleich ist. 3) Es besteht eine vollkommen freie Beweglichkeit der Systeme, d.h. jedes Element derselben kann in jedes andere Element übergehen. 4) Unabhängigkeit der Form fester Körper von der Monodromie, d. h. wenn ein fester Körper sich um n-1 seiner Punkte dreht, und diese so gewählt sind, dass seine Stellung nur noch von einer Veränderlichen abhängt, so führt die Drehung ohne Umkehr in die Anfangslage zurück, von der sie ausgegangen ist (vgl. Helmholtz, 1868: §1).

Mit Ausnahme der 1. Hypothese sind dies nach Stumpf spezifische Merkmale, mit denen aus der Vorstellung eines physischen Körpers die Vorstellung eines mathematischen Körpers zu bilden ist. Es sind Raumverhältnisse, die nichts weiter enthalten als Forderungen für physische Körper in einer gewöhnlichen Geometrie mit völlig freier Beweglichkeit, absoluter Festigkeit und Unabhängigkeit von der Drehung in Bezug auf die Form dieser Körper. Es muss nicht die *Existenz* von Körpern mit derartigen Eigenschaften angenommen werden, sondern es reicht die *Vorstellung* derselben als eine Voraussetzung für die Geometrie, postuliert Stumpf. Auch wenn Helmholtz (richtig wäre an dieser Stelle gewesen, auf Riemann Bezug zu nehmen) sein System mit diesen Postulaten vollständig, ohne die speziellen Axiome über die Existenz gerader Linien und Ebenen und ohne das Axiom über die Parallellinien zunächst nur für die analytische Geometrie aufstellte, so folgte für Stumpf daraus, dass in der analytischen Geometrie keine Axiome, sondern bloß *Vorstellungen* erforderlich sind; wir haben also eine völlige Übereinstimmung bezüglich des Ergebnisses, wie die Untersuchung der elementaren Geometrie gezeigt habe.

Riemanns Plan zur Untersuchung „Über die Hypothesen, welche der Geometrie zu Grunde liegen", den er bereits im Jahr 1854 in seiner Habilitationsrede präsentierte, beginnt mit der Feststellung, dass die Geometrie sowohl den Begriff des Raumes als auch die ersten Grundbegriffe für die Konstruktionen im Raume als etwas Gegebenes voraussetzt; Nominaldefinitionen und Bestimmungen in Form von Axiomen bildeten die Voraussetzungen der Geometrie. Das Verhältnis dieser Voraussetzungen bliebe aber nach Legendre auch weiterhin im Dunkeln. Riemann sieht den Grund für diese Dunkelheit darin, „dass der allgemeine Begriff mehrfach ausgedehnter Grössen, unter welchem die Raumgrößen enthalten sind, ganz unbearbeitet blieb“. Riemann stellt sich zunächst die Aufgabe, „den Begriff einer mehrfach ausgedehnten Grösse aus allgemeinen Größenbegriffen zu construiren.“ Aus dieser Konstruktion würde hervorgehen, „dass eine mehrfach ausgedehnte Grösse verschiedener Massverhältnisse fähig ist, und dass der Raum nur ein besonderen Fall einer dreifach ausgedehnten Grösse bildet“. Die notwendige Folge hieraus sei, „dass die Sätze der Geometrie sich nicht aus allgemeinen Grössenbegriffen ableiten lassen“ (vgl. Riemann, 1867: S. 1). Helmholtz nachgewiesener Satz für n-fach bestimmte, kontinuierliche und kongruente Mannigfaltigkeiten, mit einer homogenen, konstanten Funktion zweiten Grades für je zwei benachbarte Elemente, stand für Riemann als Hypothese obenan. Riemann fand heraus, dass dieses nur möglich ist, wenn ein bestimmter algebraischer Ausdruck für den ganzen Bereich der betreffenden Mannigfaltigkeit konstant bleibt.

Für Stumpf war dieses Ergebnis voraussehbar. Der Begriff einer n-fach ausgedehnten Größe (oder Mannigfaltigkeit) ist für ihn „eine *leere algebraische Abstraktion* aus dem Begriff des Raumes, wie er uns vorliegt, und kann darum für die Geometrie von keinem Nutzen sein“ (vgl. Stumpf, 1870: Bg. 37-3). Wenn der Begriff des Raumes nicht zu unseren Axiomen führe, dann noch viel weniger Abstraktionen, die eigentlich nur Namen seien, unter denen sich nichts Konkretes mehr vorstellen lasse. Sollten Riemanns Untersuchungen zu der Folgerung führen, den Ursprung der geometrischen Axiome auf eine Erkenntnis aus der Erfahrung zu gründen, so ist dieser Weg für Stumpf nicht gangbar. Ungeachtet dessen, bittet Stumpf bei diesem großen Mathematiker für sein Urteil um Nachsicht, weil er hier nur die philosophischen Prinzipien der Untersuchung berücksichtigt habe, dem mathematischen Detail aber nicht einmal ganz habe folgen können.

Benno Erdmann hat sich zur gleichen Thematik 1877 in seinen philosophischen Untersuchungen zur Riemann-Helmholtzschen Raumtheorie „Die Axiome der Geometrie“ geäußert. Erdmann hebt zustimmend die lebhafte Teilnahme an psychologischen und erkenntnistheoretischen Untersuchungen hervor, die in die beiden mathematische Arbeiten eingegangen seien. Seine Stellungnahme soll, um die damalige Situation noch etwas zu verdeutlichen und begreiflicher zu machen, dem vollen Wortlaut nach zitiert werden (vgl. Erdmann, 1877: S. 8ff):

> Denn dass die mathematischen Disciplinen das Bedürfnis empfinden, sich über den Umfang und den Charakter ihrer allgemeinen Grundlagen zu orientiren, zeugt nicht nur von dem entwickelten Stand der mathematischen Wissenschaft, sondern zugleich auch von dem Interesse derselben an der philosophischen Begründung ihrer Erkenntnisart. Auch die Schnelligkeit und Allgemeinheit, in der diese abstracten Untersuchungen Gegenstand der wissenschaftlichen Aufmerksamkeit geworden sind, deutet auf diesen Ursprung hin.
> Jedoch nicht nur die Stärke, sondern auch die Schwäche der neuen Bewegung tritt an ihnen zu Tage: sie charakterisiren zugleich die unklare Stellung, welche die Einzelwissenschaften der Philosophie gegenüber einzunehmen suchen. […]
> Es ist hier nicht der Ort, darzulegen, dass diese Uebereilung dem für sich berechtigten Streben entspringt, die objectiven Grundbegriffe der Einzelwissenschaften,

> deren Bestimmung in der Tat Sache der besonderen Forschung ist, von den subjectiven Erkenntnisprincipien zu sondern, deren Eröterung immer in der Philosophie verbleiben muss; es genügt vielmehr, darauf hinzuweisen, dass ein Teil vermeintlicher Consequenzen der oben genannten Arbeiten von vielen in einem Sinne beurteilt wird, der jene extreme Tendenz der gegenwärtigen Bewegung wirklich kennzeichnet. Zum ersten Male wol ist in denselben versucht worden, bedeutsame psychologische und erkenntnistheoretische Ergebnisse durch rein mathematische und mechanische Erörterungen zu gewinnen [...] da hier wie überall die objectiven und die subjectiven Elemente des Wissens im engsten Zusammenhang stehen; es ist jedoch wol zu beachten, dass die ersteren nicht einen eigentlichen Beweisgrund, sondern nur einen Bestätigungsgrund für die Beschaffenheit der letzteren abzugeben vermögen. Denn leicht führt ein solcher Mangel an Unterscheidung zu einer falschen Schätzung der Tragweite der so gewonnenen Einsicht, die auch bei der Beurteilung dieser mehr erwähnten Arbeiten Platz gegriffen hat.
>
> Diese Vermischung naturwissenschaftlicher und philosophischer Erkenntnisgebiete, welche das Urteil über den eigentlichen Sinn der Ergebnisse jener Untersuchungen verwirrt, sowie auch die hastige Teilnahme, welche dieselben trotz ihrer mathematisch abstracten Natur überall gefunden haben, machen es begreiflich, dass dieselben bisher in entgegengesetztestem Sinne verstanden werden konnten. Denn so sehr die Begründer dieser Erörterungen, unter denen neben Riemann und Helmholtz vor allen noch Gauss zu nennen ist, über die Bedeutung ihrer Resultate einstimmen, so vorsichtig sie im allgemeinen ihre philosophische Tragweite abgrenzen, so weit geht doch das Urteil der vielen Interpretatoren derselben auseinander, so unbeschränkt ist die anerkennende oder abweisende Schätzung derselben. Das Gewirr der Meinungen ist um so verwickelter, als in ihnen überdies psychologische Theorien und erkenntnistheoretische Ueberzeugungen oft ohne erkennbaren Zusammenhang durcheinander laufen. Denn schon bei den genannten ersten Bearbeitern des ganzen Gebiets verbindet sich die psychologische Annahme, dass hier Stützpunkte für die empiristische Theorie zu finden seien, mit der erkenntnistheoretischen Doctrin, welche dem Raum als solchen objective Realität zuschreibt. Als eine sachlich nothwendige tritt diese Verbindung bei den zahlreichen Anhängern der neuen mathematischen Verbindung hervor [...]. Nur die Mathematiker der Schule Herbarts, als deren Wortführer hier Drobisch gelten darf, sind davon ausgenommen, da Herbarts Unterscheidung des intelligibeln und sinnlichen Raumes einem solchen Zusammenhange widerstrebt.

Der Versuch Helmholtz', dem Empirismus zu einer radikalen Begründung zu verhelfen, in dem er eine Perspektive entwickelte, die neben den mathematischen auch physiologische Betrachtungsweisen ins Spiel brachte (Helmholtz war „von Haus aus" sowohl Physiker, Physiologe und Mathematiker), verfehlte nach neuerer Beurteilung trotz oder gerade wegen dieser Verquickung der Ansätze ihr Ziel (vgl. Gosztonyi, 1976: S. 743ff). Carl Stumpf war aber von Anfang an und ersichtlich in seinen späteren Arbeiten gerade daran gelegen, in diesem Punkt durchaus in der Nachfolge Herbarts, die physikalischen, physiologischen, psychologischen und logischen „Teile" am Raumbegriff auseinander zu dividieren. Er praktizierte dies sogleich nach Beendigung des

Habilitationsverfahrens in seiner Untersuchung „Über den psychologischen Ursprung der Raumvorstellung", 1873 erschienen.

Für Stumpf kann die Frage nach dem psychologischen Ursprung der Raumvorstellung selbst noch keineswegs zu den tiefer liegenden logischen Voraussetzungen führen, sondern nur die psychologischen Bedingungen der Geometrie anvisieren. Stumpf zieht damit zugleich eine scharfe Grenze, von der aus überhaupt an eine Ableitung im Sinne einer logischen Deduktion zu denken ist, denn es gäbe ja nichts, woraus eine Vorstellung selbst wieder abgeleitet werden könnte. Mit Hinweise auf „strenge Disziplin" erinnert Stumpf auch an diesem Punkt nochmals an eine scharfe Trennung zwischen Logik und Psychologie.

In der erwähnten Monographie über die Raumvorstellung schreibt Stumpf im Vorwort zu dieser Arbeit, dass die Frage nach dem Ursprung einer Vorstellung uns allein auf die einzelnen Teile führte, aus denen sie zusammengesetzt sei, und sie uns darum lehre, ihren Inhalt genauer kennen zu lernen. Auf diese Untersuchung wäre er eben nach längeren Bemühungen [hier meint Stumpf wohl seine Habilitationsschrift] geführt worden. „Hier aber durfte ich, um ihr eine heilsame Beschränkung zu wahren, nicht über Andeutungen in dieser Richtung hinausgehen. Ist sie doch selbst in dieser Beschränkung über das herkömmliche Maass philosophischer Detailuntersuchungen hinausgewachsen" (vgl. Stumpf, 1873: Seite V). Über Vorstellung und Vorstellungstätigkeit führt Stumpf etwas weiter im Text aus:

> Alles, was unserer Vorstellungsthätigkeit vorausgeht, alle Bedingungen, die nur zur Erzeugung von Vorstellungen beitragen, werden eo ipso nicht vorgestellt. Das Werden einfacher Vorstellungen ist etwas gänzlich ausserhalb der Beobachtung Liegendes. Hier wenigstens schauen wir nicht die Ursache in der Wirkung mit an. Dies ist sehr deutlich bei den äusseren Bedingungen unserer Vorstellungen: indem wir Farbe sehen, sehen wir die Aetherschwingungen oder auch den Nervenprocess nicht mit. Nicht anders ist es bei den inneren Bedingungen (vgl. S. 26-27).

Mit dieser Replique ist erkennbar die Phänomenologie Stumpfs geboren: wir müssen in der Erforschung des geistigen Lebens und der Erkenntnis von unseren Vorstellungen ausgehen; diese sind in der Regel komplex und können auf ihre einfachen Bestandteile reduziert und analysiert werden. Hinter die Vorstellungen können wir jedoch nicht zurückgehen, insofern sind weder Physik noch Physiologie dabei hilfreich, uns die „Bedeutungen" unserer Vorstellungen zu erklären, ganz gleich ob es sich um mathematische oder sonstige Vorstellungen handelt.

Von dieser Position ausgehend konfrontiert die Monographie über die Raumvorstellung mit allen zu dieser Zeit verfügbaren Theorien über das Sehen. Unter anderen werden auch die berühmten Raumtheorien von Kant, Herbart, Bain, Weber, Mill und Lotze behandelt und kritisch auf Widersprüche analysiert. Zweifellos enthält die Habilitationsschrift den Anstoß zu psychologischen Fragestellungen; aber von ebenso großer Bedeutung ist Stumpfs „Entdeckung", dass grundlegende psychologische Fragen zunächst die Klarstellung der Sinneserlebnisse erfordern, der visuellen und der akustischen Erscheinungen, die Stumpf dann in seiner „Tonpsychologie" untersuchte. Von möglicherweise noch größerer Bedeutung ist die Handhabung eines methodischkritischen Instrumentariums, das er durch die akribische Auseinandersetzung mit dem neuen Methodenbewusstsein der Mathematik gelernt hatte. Denn wie näherte sich der junge Stumpf den zahlreichen bereits vorliegenden Theorien über das Sehen und deren Grundbaustein, dem Charakter der Vorstellung? Indem er die Theorien systematisch auf ihre Teilaussagen untersuchte, diese miteinander verglich und auf Widerspruchsfreiheit untersuchte, das heißt nach rein logischen Prinzipien. Theorien, die in sich widersprüchlich waren, mussten ausscheiden und übrig bleiben konnte nur eine in sich widerspruchsfreie Theorie. Stumpf hat diese Methode, zu der ihn seine frühe und intensive Beschäftigung mit der Begründbarkeit von mathematischen Axiomen geführt hatte, in allen seinen späteren Werken wieder angewandt. Doch zurück zur Habilitation.

Dort bemerkt Stumpf abschließend, dass die Raumvorstellung keinen logischen Grund, sondern nur eine psychische Ursache hätte, und man niemals die Ursache in der Wirkung durch begriffliche Analyse nachweisen könnte. „Die Vorstellung des Raumes ist daher keiner Ableitung im Sinne logischer Deduction, sondern nur einer Erklärung aus den Ursachen, einer Entstehungsgeschichte fähig; und wenn Psychologie und Metaphysik hierüber Sätze aufstellen, so bilden auch diese keine Prämissen der Geometrie“. Zusammenfassend kann daraus wiederum nur der Schluss gezogen werden, dass alle Sätze der Geometrie analytische Urteile sind. Der positive Teil der Untersuchung hat demnach dasselbe Resultat erbracht: „Es gibt zwei große Wissenschaften, deren Sätze sich in keiner Weise auf Erfahrung gründen; ihre Quelle ist: Deduction aus Begriffen(vgl. Stumpf, 1870: Bg.36-4ff).

In seinem letzten Nachtrag macht Stumpf dann nochmals den Versuch, die Betrachtungsweisen der nichteuklidischen Geometrien und der euklidischen mit seinen Mitteln „unter ein Dach“ zu bringen. Auf diese Ausführungen muss hier nicht mehr eingegangen werden. Denn es darf vermutet werden, dass die wissenschaftlichen Mittel der Phänomenologie und Psychologie hier nicht mehr ausreichen, Stumpf sich dessen bewusst war und sich daraufhin entschloss, seine Habilitationsarbeit vorerst liegen zu lassen. Möglicherweise ist er auch erst durch die Begegnung mit Felix Klein auf den Gedanken gekommen, das Thema „nichteuklidische Geometrie“ in seiner Arbeit mitzubehandeln, während im ersten Entwurf über die Rechtfertigung erfahrungsfreier Wissenschaft dieses Thema noch gar keine Rolle gespielt hatte. Stumpfs Auseinandersetzung mit diesem Thema hätte auch genug Substanz für eine Veröffentlichung ohne konkrete Bezugnahme auf die nichteuklidische Geometrie gehabt. Die folgenden Kapitel, die Auseinandersetzung mit Frege und die Bezugnahme auf Stumpfs spätere Beschäftigung mit der Philosophie der Mathematik, werden diese These noch zu untermauern versuchen. Dieses Kapitel hat sich hauptsächlich mit den Versuchen einer empiristischen Erhärtung des mathematischen Denkens beschäftigt. Die vielleicht wichtigere Auseinandersetzung mit dem großen Kontrahenten Gottlob Frege und dessen Versuch einer Logifizierung der Mathematik steht ja noch aus. Insbesondere Freges Versuch, dem Zahlbegriff ein rein logisches Fundament zu verschaffen, steht hier zur Diskussion. Die Beantwortung dieser scheinbar einfachen Frage wird sich als ein hochkomplexes Manöver logischer Analyse erweisen, bei dem die Psychologie anscheinend nicht mitzureden hat. Die Diskussion über Stumpfs Habilitation wird im folgenden Kapitel eine Weile ruhen müssen.

Es sei zum Schluss eine kurze Bemerkung bezüglich der Auswirkungen des Paradigmenwechsels in der Mathematik auf das neue Physikverständnis erlaubt. Einsteins berühmter Festvortrag über „Geometrie und Erfahrung“, gehalten an der Preussischen Akademie der Wissenschaften zu Berlin im Jahre 1921, wird in seiner Bedeutung bis heute, mit folgendem Zitat wiedergegeben (vgl. Einstein, 1921: S. 3ff):

> Insofern sich die Sätze der Mathematik auf die Wirklichkeit beziehen, sind sie nicht sicher, und insofern sie sicher sind, beziehen sie sich nicht auf die Wirklichkeit.

Einstein überschreibt den erzielten Fortschritt in diesen Fragen der „neuen Axiomatik“, wie sie Hilbert eingeführt habe, die keine Kenntnis oder Anschauung ihrer Gegenstände voraussetze, sondern ihre Axiome als freie Schöpfungen des menschlichen Geistes betrachte. Einsteins Schrift enthält jedoch Aussagen, die man schon fünfzig Jahre früher in etwas anderer Fassung hätte bei Stumpf nachlesen können, wenn dieser denn seine Habilitation veröffentlicht hätte. Dazu können folgende Aussagen gezählt werden: alle geometrischen Sätze können durch logische Folgerungen (Deduktion) aus den Axiomen gewonnen werden (dass es sich hierbei um nur nominalistisch aufzufassende Axiome handelt, ist nicht von Bedeutung); diese, von der modernen Axiomatik vertretene Auffassung [Hilbert] der Axiome, die die Mathematik von dem mystischen Dunkel „säubert“, ist aber nur, ohne Rückblick auf die Arbeiten von Stumpf, Frege, Pasch oder auch Helmholtz, die halbe Wahrheit; es ist das Ergebnis einer fast hundertjährigen Entwicklung, deren Anfänge aber noch weiter zurückliegen. Wenn Einstein die Aussagen der euklidischen Geometrie gewinnt, indem er den leeren Begriffsschemen der logisch-formalen axiomatischen Geometrie Gegenstände der Wirklichkeit zuordnet und diese Geometrie „praktische Geometrie“ nennt, dann ist das „offenbar“ Naturwissenschaft, nämlich ein Zweig der Physik, deren Aussagen im Wesentlichen auf Induktion aus der Erfahrung beruhen. Diese Auffassung entspricht m. E., durchaus den Schlussgedanken Stumpfs, wenn dieser schreibt (vgl. Stumpf, 1870: Bg. 38-3):

> Nun aber gebe es in Wirklichkeit keine völlig genauen Linien etc. Somit seien auch die darauf bezüglichen Sätze nicht genau und nothwendig wahr, sondern vielmehr genau genommen nothwendig falsch und nur ‚hypothetisch' wahr. [...] aber hypothetisch ist nicht einerlei mit ungenau, und ein hypothetischer Satz kann nothwendig wahr sein. Die geometrischen Sätze sprechen nicht Thatsachen der Wirklichkeit aus, sondern geben nur, wie wir oben schon erwähnten, die fortgesetzte Definition einer Vorstellung, heben successive die einzelnen darin enthaltenen Beziehungen hervor; [...] Sätze, die ganz und gar keine Beziehung auf die Wirklichkeit haben, die von nichts Existirendem handeln, wird Niemand mit sonderlicher Emphase als wissenschaftliche Wahrheiten ausgeben wollen.
>
> Allein Eine Existenz schließen doch in der That alle geometrischen Definitionen und Sätze ein: die des Raumes selbst (sei es nun die sg. empirische oder die transscendentale). Und hierdurch erlangen sie Beziehung und Anwendung auf die Wirklichkeit, wie uns dieselbe durch unsere Vorstellungen gegeben wird.

FÜNFTES KAPITEL

5.1 Freges „Grundlagen der Arithmetik"

Im Mittelpunkt der philosophischen Forschungen Freges steht die Beantwortung einer auf den ersten Blick scheinbar einfachen Frage: Was sind Zahlen? Die Antwort, dass sie etwas rein Logisches seien und erst in diesem Sinne auch alle arithmetischen Sätze mit allgemeinen logischen Prinzipien beweisbar wären, wurde für ihn zur Lebensaufgabe, zum „logizistischen" Programm, das die Arithmetik als Zweig der Logik begründen sollte. Selbst wenn die Durchführung dieses Programms Frege vorbehalten war, so findet sich dieser Gedanke im Ansatz schon bei Freges und Stumpfs Philosophielehrer Hermann Lotze in dessen „Ersten Buch" der Logik wieder, wo Lotze schreibt:

> [...], daß alles Rechnen eine Art des Denkens ist, daß die Grundbegriffe und Grundsätze der Mathematik ihren systematischen Ort in der Logik haben", so dass die Mathematik, genauer die Arithmetik, „als ein sich für sich selbst fortentwickelter Zweig der allgemeinen Logik" zu gelten hat (vgl. Lotze, 1874: XXI, §18).

Frege folgt mit der Veröffentlichung seines zweiten Buches, den „Grundlagen der Arithmetik – Eine logisch-mathematische Untersuchung über den Begriff der Zahl" (vgl. Frege, 1884), der Anregung Stumpfs, keine begriffsschriftliche Darstellung (Symbolik) zu wählen und entwickelt hier nach zahlreichen Auseinandersetzungen mit anderen „Schriftstellern", Begriffsanalysen und Widerlegungen am Ende eine logische Definition des Anzahlbegriffs. Durch den Verzicht auf Formeln einerseits – ganz im Gegensatz zu seinem später folgenden zweibändigen Werk „Grundgesetze der Arithmetik" – und der direkten Anwendung von Philosophie andererseits, die Frege bis zu dieser Veröffentlichung in seinen Werken – Dissertation, Habilitation und Begriffsschrift – nie praktiziert hatte, entstand auf Anraten von Stumpf und der Erfahrung vom Unverständnis seiner Begriffsschrift sein philosophisches Meisterwerk, das nach Frege „philosophischer geworden [ist], als vielen Mathematikern angemessen scheinen mag" (vgl. Frege, 1884: V). Auf der einen Seite war dies für Frege ein schmerzlicher Vorschlag, „überzeugen zu wollen, ohne jenes Mittel anzugeben, auf dessen Anwendung [der Begriffsschrift] die Gewissheit ruht" (vgl. Kreiser, 2001: S. 368), auf der anderen Seite aber „erleichtert sie doch bis heute die Vermittlung der Grundgedanken Freges zur Philosophie der Mathematik ganz außerordentlich und ist vielleicht entscheidend dafür geworden, dass den *Grundlagen* bei den philosophisch interessierten Lesern die Aura des Esoterischen erspart blieb, die der Begriffsschrift und den Grundgesetzen wohl für immer anhaften wird" (vgl. Thiel in Frege, 1884: XXV).

Seine eigentliche Aufgabe sieht Frege zum einen darin „die Grundsätze der Arithmetik, wenn irgend möglich, mit größerer Strenge zu beweisen", als dies bisher geschehen war; dies soll unter Zuhilfenahme einer genaueren Analyse der darin vorkommenden Begriffe geleistet werden, um sie, wenn nötig in einfachere aufzulösen oder auf „Allgemeineres" zurückzuführen, und zum anderen will Frege einen philosophischen Beitrag leisten zur Klärung der Frage nach der apriorischen oder aposteriorischen, der synthetischen oder analytischen Natur der arithmetischen Wahrheiten (vgl. Frege, 1884: §§1-4). Eine über die Logik hinausgehende philosophische Diskussion beschäftigte sich mit Begriffen, wie sie schon von Descartes und Leibniz geführt wurde und die mit der Kantischen These vom synthetisch-apriorischen Charakter mathematischer Urteile erneut zu einer anhaltenden Auseinandersetzung herausforderte. Während die Apriorität allgemeiner Grundbegriffe weitgehend als unproblematisch galt, wurde die Synthetizitäts-Behauptung schon von Bolzano und Brentano, aber auch schon von Stumpf abgelehnt.

Die Ungeklärtheit der Grundbegriffe einer auf Präzision pochenden Wissenschaft gab Frege Anlass für eine gründliche Untersuchung des Zahlbegriffs, die nach ihm „immer etwas philosophisch" (vgl. Frege, 1884: V) ausfallen wird, zumal man dem Zahlbegriff, wenn man nämlich nach dem Wesen der Zahl und besonders nach dem Sinn der Zahlwörter „Null" oder „Eins" fragt „einen feineren Bau zuerkennen müsste als den meisten Begriffen anderer Wissenschaften, obwohl er noch einer der einfachsten arithmetischen ist" (vgl. Frege, 1884: IV). Dass die gemeinsam von Mathematik und Philosophie zu leistende Aufgabe bisher scheiterte, liegt seines Erachtens an dem „Überwiegen psychologischer Betrachtungsweisen in der Philosophie, die selbst in die Logik eindringen" und dadurch zu einer Abneigung vieler Mathematiker gegenüber philosophischen Betrachtungen führte. Frege will der engen Verbindung von Logik und Erkenntnistheorie, wie sie im 19. Jh. durch die Vermischung aristotelischer Schlusslehre und psychologischer Betrachtungsweisen entstand, nicht zustimmen, zumal dann nicht, wenn sie in eine so unannehmbare Form, wie in den Studien von B. Stricker (Studien über die Assoziationen der Vorstellungen, Wien 1883) ausufert. Stricker wollte die Vorstellung der Zahlen nach einer damals in Mode gekommenen und das Motorische überbewertenden Auffassung von Muskelgefühlen abhängig machen; dem konnte in keiner Weise zugestimmt werden, denn damit hat die Mathematik schlechterdings nichts gemein. Zwar könnte es von Nutzen sein, die Vorstellungen und deren Wechsel zu betrachten, die beim mathematischen Denken vorkommen, doch zur *Begründung* der Arithmetik könnte die Psychologie auf diese Weise keinen Beitrag leisten. „Wäre die Zahl eine Vorstellung, so wäre die Arithmetik Psychologie" (vgl. §27). Es ist für Frege „kein Wunder", dass die Mathematiker von derartigen Darstellungen und Betrachtungen nichts wissen wollen, da sie anstelle der Reinheit von Begriffen hier alles nur verschwommen und ungesondert wie durch einen Nebel sähen. Nach Frege sind Zahlbegriff und logische Gesetzmäßigkeit als gänzlich unabhängig vom denkenden Subjekt anzunehmen. Frege war im Übrigen nicht der einzige der damaligen Zeit, der Logisches und Psychologisches getrennt haben wollte; schon Herbart und nach Herbart insistierte wiederum Freges Lehrer Lotze auf eine Trennung zwischen logischen und psychologischen Denkweisen:

> Zweierlei schließe ich hier von den Gegenständen unserer Betrachtung absichtlich aus. Zuerst jede weitere Untersuchung über den Gang, den psychologisch die Entstehung und Entwicklung dieser Größenvorstellungen [des Einen und Vielen, des Größeren und Kleineren, des Mehr oder Minder] in unserem Bewusstsein nimmt, über die Reihenfolge, in welcher die eine die

Bedingung für den Ursprung der andern sein mag, über den verschiedenen Werth endlich, den für ihre Bildung die zeitlichen und räumlichen Anschauungen haben. So anziehend diese Fragen sind, so würde doch ihre Beantwortung unseren Weg unnöthig verlängern; nicht darauf kommt es in der Logik an, auf welche Weise die Elemente entstehen, die das Denken benutzt, sondern darauf, welchen Werth sie, nachdem sie auf irgend eine Weise entstanden sind, für die Ausführung seiner Leistungen besitzen (vgl. Lotze, 1874: §18).

Während Frege in seiner „Begriffsschrift" noch nicht klar zwischen logischer und psychologischer Terminologie differenziert hatte oder genauer, im außerlogischen Bereich nicht zwischen Erkenntnistheorie und psychologischer Erkenntnis unterschieden hatte (vgl. Frege, 1879: IXff), verschärfte er in seinen *Grundlagen der Arithmetik* seinen Standpunkt, der für sein logizistisches Programm absolut notwendig war. Wann immer sich der Verdacht einer subjektivistisch-erkenntnispsychologischen Formulierung durch den allgemeinen Sprachgebrauch begünstigt, eingeschlichen haben könnte, fordert er unmissverständlich die Loslösung vom Subjekt: Wären die Zahlen tatsächlich Vorstellungen, dann hätte jede Zahl je nach vorstellendem Subjekt auch verschiedene Eigenschaften, Zahlen würden verloren gehen, sobald das Subjekt aufhörte an sie zu denken. Analog gelte dies auch für einen Satz, der aufhörte wahr zu sein, wenn das Subjekt nicht mehr an ihn dächte. Das wäre aber Unsinn, denn so wenig würde die Sonne vernichtet, wenn der wahrnehmende Mensch die Augen schließe. Ein ähnliches Beispiel gibt schon Descartes in seinen „Meditationen", wenn er schreibt:

> [...], daß dagegen die Arithmetik, die Geometrie und andere Wissenschaften dieser Art, die nur von den allereinfachsten und allgemeinsten Gegenständen handeln und sich wenig darum kümmern, ob diese in der Wirklichkeit vorhanden sind oder nicht, etwas von zweifelloser Gewißheit enthalten. Denn ich mag wachen oder schlafen, so sind doch stets 2 + 3 = 5, das Quadrat hat nie mehr als vier Seiten, und es scheint unmöglich, daß so augenscheinliche Wahrheiten in den Verdacht der Falschheit geraten können (vgl. Descartes, 1641: S. 18).

Frege verdeutlicht an einem anschaulichen Beispiel, warum Zahl und arithmetische Sätze nicht Gegenstand psychologischer Untersuchungen sein können:

> Denn die Zahl ist so wenig Gegenstand der Psychologie oder ein Ergebnis psychischer Vorgänge, wie es etwa die Nordsee ist. Der Objectivität der Nordsee thut es keinen Eintrag, dass es von unserer Willkür abhangt, welchen Theil der allgemeinen Wasserbedeckung der Erde wir abgrenzen und mit dem Namen „Nordsee" belegen wollen. Das ist kein Grund, dies Meer auf psychologischem Wege erforschen zu wollen. So ist auch die Zahl etwas Objectives. Wenn man sagt „die Nordsee ist 10 000 Quadratmeilen gross", so deutet man weder durch „Nordsee" noch durch „10 000" auf einen Zustand oder Vorgang in seinem Innern hin, sondern man behauptet etwas ganz Objektives, was von unsern Vorstellungen und dgl. unabhängig ist. Wenn wir etwa ein ander Mal die Grenzen der Nordsee etwas anders ziehen oder unter „10 000" etwas Anderes verstehen wollten, so würde nicht derselbe Inhalt falsch, der vorher richtig was; sondern an die Stelle eines wahren Inhalts wäre vielleicht ein falscher geschoben, wodurch die Wahrheit jenes ersteren in keiner Weise aufgehoben würde (vgl. Frege, 1884: §26).

Als „objektiv" bezeichnet Frege das Gesetzmäßige, Begriffliche, Beurteilbare, das, was sich in Worten ausdrücken lässt, das seine Unabhängigkeit von unserem Empfinden, Anschauen und Vorstellen beweist – nicht aber eine Unabhängigkeit von der Vernunft. „Der Grund der Objectivität kann ja nicht in dem Sinneseindrucke liegen, der als Affection unserer Seele ganz subjectiv ist, sondern, soweit ich sehe, nur in der Vernunft" (vgl. §27). Wenn die Sätze der Mathematik also objektiv und zeitlos gelten sollen, dann muss dies schon von Grund auf für die mathematischen Begriffe und insbesondere für den Zahlbegriff zutreffen. Wären dagegen die Begriffe mit Vorstellungen identisch, dann wären sie nicht nur selbst ungewiss, vergänglich und veränderbar, sondern dann träfe das ebenfalls auf die aus ihnen gebildeten Urteile und Sätze zu.

Die Forderung der strengen logischen Ableitung des Zahlbegriffs war mit Aufkommen eines kritischen Denkens in der Mathematik im 19. Jahrhundert von Weierstrass gestellt und geschärft worden. Sie richtete sich vornehmlich gegen die Theorie einer „Pfefferkuchen- oder Kieselsteinarithmetik" (vgl. §27) wie sie von Mill vertreten wurde, aber auch gegen die Theorie von Helmholtz, der glaubte, die Aufklärung über die Natur und das Wesen der Zahl nicht so sehr der Logik als vielmehr der Psychologie des Zählakts entnehmen zu können.

Die von Frege verlangte Schärfe ging weit über das zu seiner Zeit Übliche hinaus. Es lag Frege vornehmlich am Herzen, in der Kette der Beweisführung keinen Schein zurückzulassen, auch wenn die Schlusskette mit erfahrungsmäßiger Sicherheit lückenlos erscheine; damit in jedem Fall verhindert werde, nicht zuletzt „doch noch einen Widerspruch anzutreffen, der das ganze Gebäude zum Einsturze bringt", formuliert Frege für seine Untersuchung folgende drei Grundsätze (vgl. Frege, 1884: X):

> [1] Es ist das Psychologische von dem Logischen, das Subjektive von dem Objektiven scharf zu trennen;
>
> [2] Nach der Bedeutung der Wörter muß im Satzzusammenhange, nicht in ihrer Vereinzelung gefragt werden;
>
> [3] Der Unterschied zwischen Begriff und Gegenstand ist im Auge zu behalten.

Der erste Grundsatz resultiert für Frege aus der bereits geschilderten Überzeugung, dass der Begriff der Zahl, wie auch die Wahrheit arithmetischer Sätze, unabhängig von den subjektiven Vorstellungen einer Person Gültigkeit haben. Um diesen Grundsatz zu erhärten, hat Frege „das Wort „Vorstellung" immer nur im psychologischen Sinne gebraucht (das heißt, als besonderer psychischer Zustand oder Akt in einem individuellen Bewusstsein) und die Vorstellungen von den Begriffen und Gegenständen unterschieden. Die Zahlen seien gemeinsame Gegenstände für viele und für alle genau dieselben, nicht nur mehr oder minder ähnliche innere Zustände von Verschiedenem. „Der Begriff ist nicht nur ein Akt der geistigen Anschauung sondern wird, um ihn in seiner Reinheit zu erkennen, durch große geistige Arbeit über Jahrhunderte hinweg aus den fremden Umhüllungen herausgeschält, die ihn dem geistigen Auge verbargen" (vgl. Frege, 1884: VII). Auch wenn Frege beharrlich den Unterschied zwischen den subjektiven Vorstellungen und den vorgestellten objektiven Gegenständen und Begriffen hervorhebt und betont, dass sich „die Mathematik jede Beihilfe von seiten der Psychologie verbitten muß", gesteht er der Psychologie dann doch noch einen engen

Zusammenhang mit der Logik zu, wenn es um die Stringenz der Beweisführung geht – schwächt aber ein paar Zeilen später dieses Zugeständnis wieder ab. Die Psychologie soll auch mitreden können, wenn es nicht um die Begründung einer Definition, sondern lediglich um die Art und Weise der Vermittlung für „Lehrzwecke" geht. In der Haltung einer scharfen Trennung zwischen den psychologischen Erkenntnisprozessen und deren logischen Inhalt trifft Frege sich mit der Position Bolzanos (vgl. Bolzano, 1837). Einen direkten Einfluss Bolzanos auf Frege kann spätestens mit Erscheinen der Begriffsschrift vermutet werden. Kreiser schreibt in der Biographie Freges hierzu Folgendes:

> Aus der Perspektive der Geschichte der Logik markiert die Begriffsschrift den Beginn einer neuen Epoche in der Erkenntnis des Logischen. Der wesentliche Grund für diese Auszeichnung ist, dass sich vorausgehende Bestrebungen, wie z. B. Bolzanos große *Wissenschaftslehre*, oder zeitgenössische Untersuchungen, wie vor allem die Algebra und Logik, in dem, was sie aus heutiger Sicht für die Entwicklung der logischen Erkenntnis beigetragen haben, sich erst vollständig aus Sicht der Begriffsschrift, der Prädikatenlogik beurteilen und einordnen lassen [...]. Die Idee eines objektiven Reiches von Entitäten, nur dem Denken zugänglich, ist nicht neu. B. Bolzano hat sie mit seiner Lehre von den Sätzen an sich in gleicher Richtung gedacht. Frege hat sie im Bestreben, den mathematischen Wahrheiten eine bewusstseinsunabhängige Existenz zu geben, wieder neu entdeckt und eine neue Darstellung gegeben (vgl. Kreiser, 2001: S. 152/246).

Eine gewisse Abhängigkeit der Logik von der Psychologie konzedierte aber auch Bolzano in seiner „Wissenschaftslehre". Dort ist Folgendes zum anstehenden Thema „ob die Logik eine unabhängige Wissenschaft sei" zu erfahren:

> [...] es läßt sich daher schon im Voraus vermuthen, daß auch die Logik keine ganz unabhängige Wissenschaft seyn werde. Denn um die Richtigkeit der Regeln, die ihren wesentlichen Inhalt ausmachen, gehörig erweisen zu können, sind gewiß eine Menge von Vordersätzen nöthig, die, weil sie selbst noch keine Regeln sind, nicht mehr zu ihrem wesentlichen Inhalt gezählt werden können. Vorausgesetzt also, daß es gewisse, schon für sich selbst behandelte Wissenschaften gibt, in welchen einige der Hülfssätze als daselbst wesentlich erscheinen, so werden wir sagen müssen, daß die Logik von diesen Wissenschaften abhängig sey. [...] Die Logik soll uns lehren, auf welche Art wir unsere Erkenntnisse in ein echt wissenschaftliches Ganzes vereinigen können; sie soll eben deßhalb auch lehren, wie Wahrheit gefunden und Irrthum aufgedeckt werde u.s.w. Dieß Alles vermag sie nicht, ohne genaue Rücksicht zu nehmen auch auf die Art, wie gerade der menschliche Geist zu seinen Vorstellungen und Erkenntnissen gelange. Sie muß also nothwendig Sätze, welche z. B. von unserer Vorstellungskraft, von dem Gedächtnisse, von dem Vermögen der Association der Ideen, von der Einbildungskraft usw. handeln, zum Beweise der Lehren und Regeln, welche sie gibt, aufnehmen. Nun haben wir bereits eine eigene für sich allein bestehende Wissenschaft, die empirische Psychologie, in welcher der Gegenstand, den diese Sätze betreffen, nämlich die menschliche Seele mit ihren Kräften, betrachtet wird. Daraus ergibt sich denn, daß die Logik, wenn sonst von keiner anderen Wissenschaft, wenigstens von der Psychologie abhängig sey; und somit auf den

Ruhm einer ganz unabhängigen Wissenschaft einmal für allemal Verzicht leisten müsse (vgl. Bolzano, 1837: §13).

In einer Fußnote beschäftigt sich Frege mit dem Unterschied subjektiver und objektiver Vorstellungen. Die Vorstellung im subjektiven Sinne ist das, worauf sich die psychologischen Assoziationsgesetze beziehen; sie wäre von sinnlicher, bildhafter Beschaffenheit. Dagegen sei die Vorstellung im objektiven Sinne der Logik zuzuordnen und im Wesentlichen unsinnlich, obwohl das Wort, welches eine objektive Vorstellung bedeute, oft auch eine subjektive mit sich führe, die jedoch nicht seine Bedeutung ausmachte. Die subjektive Vorstellung wäre nachweisbar verschieden bei verschiedenen Menschen, die objektive bedeute dagegen für alle dieselbe. Die objektiven Vorstellungen können nach Frege in Gegenstände und Begriffe eingeteilt werden. Kant, der wie Frege schreibt, mit dem Wort „Vorstellung“ beide Bedeutungen verband, habe infolgedessen seiner Lehre eine sehr „subjektive, idealistische Färbung“ gegeben und somit das Verständnis zu seiner „wahren Meinung“ erheblich erschwert (vgl. Frege, 1884: §27). Der ungehemmte und verschwommene Gebrauch des Wortes „Vorstellung“ habe letztlich verhindert, zwischen psychischen Vorgängen, Gegenständen oder Begriffen zu unterscheiden, „die womöglich Objekte psychischer Vorgänge oder Einstellungen sind.“ Eine ähnlich lautende Überlegung findet sich schon in der Habilitationsschrift des jungen Carl Stumpf, wenn er nach der kritischen Untersuchung der aufgestellten Theorien zu den Ursachen der Denkirrtümer bemerkt: „Wir können zu diesem Zwecke auf die Neigung hinweisen, Begriffe, die ursprünglich psychische Functionen bezeichnen, weil sie auf wirkliche Objecte gehen und auch selbst Objecte der Betrachtung werden können, zu Gegenständen der Außenwelt werden zu lassen“ (vgl. Stumpf, 1870: Bg. 26-3/4).

Der zweite Grundsatz wird in der Sekundärliteratur auch unter dem Namen „Kontextprinzip“ diskutiert, ist aber in seiner Auslegung und Bedeutung für Freges Philosophie heftig umstritten.[58] Außer Frage steht doch wohl, dass Frege mit diesem Prinzip in der anschließenden Erklärung „Wenn man den zweiten Grundsatz unbeachtet lässt, ist man fast genöthigt, als Bedeutung der Wörter innere Bilder oder Thaten der einzelnen Seele zu nehmen und damit gegen den ersten zu verstossen“ (vgl. Frege, 1884: X) seinen ersten Grundsatz untermauern wollte. Frege benötigt dieses zweite Prinzip für seine logische Analyse von Sätzen, in denen Zahlen vorkommen.

> Es ist also die Unvorstellbarkeit des Inhaltes eines Wortes kein Grund, ihm jede Bedeutung abzusprechen oder es vom Gebrauche auszuschliessen. Der Schein des Gegentheils entsteht wohl dadurch, dass wir Wörter vereinzelt betrachten und nach ihrer Bedeutung fragen, für welche wir dann eine Vorstellung nehmen.

---

58 (vgl. Mayer, 1996: S. 74) Mayer schreibt: „Obwohl Frege diesen Grundsatz, der in den Grundlagen noch an anderen Stellen auftritt, später nicht in derselben Formulierung wiederholt hat, ist das Kontextprinzip zu einem der meistdiskutierten Themen in der Fregeforschung geworden. Freges Interpret Dummett hat es als die wahrscheinlich wichtigste philosophische Aussage Freges überhaupt bezeichnet und als eine Art erster holistischer Wende in der Sprachphilosophie interpretiert.“

> So scheint ein Wort keinen Inhalt zu haben, für welches ein inneres Bild fehlt. Man muss aber immer einen vollständigen Satz ins Auge fassen. Nur in ihm haben die Wörter eigentlich eine Bedeutung. Die innern Bilder, die uns dabei etwa vorschweben, brauchen nicht den logischen Bestandtheilen des Urtheils zu entsprechen. Es genügt, wenn der Satz als Ganzes einen Sinn hat; dadurch erhalten auch seine Theile ihren Inhalt. [...] Die Selbständigkeit, die ich für die Zahl in Anspruch nehme, soll nicht bedeuten, dass ein Zahlwort ausser dem Zusammenhange eines Satzes etwas bezeichne, sondern ich will damit nur dessen Gebrauch als Praedicat oder Attribut ausschliessen, wodurch seine Bedeutung etwas verändert wird (vgl. Fege, 1884: §60).

Frege hatte sich bereits in seiner „Begriffsschrift", ausgehend von seiner Auffassung des Urteils, von dem aristotelischen Begriffspaar Subjekt und Prädikat verabschiedet, da sie für ihn keine logischen, sondern rein grammatische Kategorien sind und durch „Argument" und „Funktion" zu ersetzen seien (vgl. Frege, 1884: VII und §3). So verdeutliche die Gegenüberstellung der Beispielsätze „bei Plataeae siegten die Griechen über die Perser" und „bei Plataeae wurden die Perser von den Griechen besiegt", dass beide Sätze infolge der ausgetauschten Wortstellungen zwar unterschiedliche Subjekte und Prädikate besäßen, aber in logischer Hinsicht äquivalent seien. Dabei bliebe der für die Logik wesentliche „begriffliche Inhalt" durch eine Aktiv-Passiv-Umformung von Subjekt und Prädikat identisch. Was aus dem einen folgt, folgt auch aus dem anderen, und umgekehrt.

Allein die Befolgung seines zweiten Grundsatzes verhindere „die physikalische Auffassung der Zahl", die die Zahl als ein Ding, als einen Gegenstand auffasse, ohne in „die psychologische zu verfallen" (die Zahl als Vorstellung). Wenn wir von der Zahl weder eine Anschauung noch eine Vorstellung hätten, fragt Frege weiter, wie müsste die Zahl uns dann gegeben sein?

> Nur im Zusammenhange eines Satzes bedeuten die Wörter etwas. Es wird also darauf ankommen, den Sinn eines Satzes zu erklären, in dem ein Zahlwort vorkommt. Das giebt zunächst noch viel der Willkür anheim. Aber wir haben schon festgestellt, dass unter den Zahlwörtern selbständige Gegenstände zu verstehen sind. Damit ist uns eine Gattung von Sätzen gegeben, die einen Sinn haben müssen, der Sätze, welche ein Wiedererkennen ausdrücken. [...] In unserem Falle müssen wir den Sinn des Satzes
>
> „die Zahl, welche dem Begriffe F zukommt, ist dieselbe, welche dem Begriffe G zukommt"
>
> erklären; d. h. wir müssen den Inhalt dieses Satzes in andere Weise wiedergeben, ohne den Ausdruck
>
> „die Anzahl, welche dem Begriffe F zukommt"
>
> zu gebrauchen. Damit geben wir ein allgemeines Kennzeichen für die Gleichheit von Zahlen an. Nachdem wir so ein Mittel erlangt haben, eine bestimmte Zahl zu fassen und als dieselbe wiederzuerkennen, können wir ein Zahlwort zum Eigennamen geben (vgl. Frege, 1884: §62).

Für Frege ist die Leistung des „Wiedererkennens" nicht etwa ein psychologischer Akt, sondern eine grundlegende logische Tat, nämlich Einsicht in die Identität eines Sachverhaltes, d. h. die Gedanken (Urteile) werden uns als logische Gehalte in objektiver Stetigkeit gegeben (im Sinne von gefunden) und nicht produziert. In seinem späteren Entwurf (Fragment) zur „Logik" (vgl. Frege, 1983: S. 137) ergänzt er hierzu, dass es die erste und wichtigste Aufgabe der Logik sei, die Gegenstände der Untersuchung „rein darzustellen". Allein dadurch sei man fähig, die „Wiedererkennungen" zu vollziehen, die auch in der Logik wahrscheinlich die grundlegenden Entdeckungen seien. Wenn zwei verschiedene Sätze *denselben* Gedanken ausdrücken können, interessiert ja nur dasjenige, was vom Inhalt des Satzes wahr oder falsch sein kann. Diese sprachlichen Schwierigkeiten können umgangen werden, indem die bei Logikern beliebten Ausdrücke „Subjekt" und „Prädikat", die die zu postulierende „Wiedererkennung" erschweren und tatsächlich vorhandene Unterschiede verdecken, ganz vermieden werden, „denn sehr viele Denkfehler haben ihren Grund in den logischen Unvollkommenheiten der Sprache."

Im Gegensatz zur „Wiedererkennung" wird die Leistung des „Fassens" der Gedanken, die mit dem Subjekt verbunden ist, von Frege in seiner „klassischen Periode"[59] allgemein der Psychologie zugewiesen. Dieses Zugeständnis an die Psychologie erfährt selbst in der Zeit seines unbegrenzten Glaubens an das System der Logik noch eine Art „Intervention", insofern das Erfassen eines Gesetzes in der Tat doch wohl ein seelischer Vorgang sei. Frege bemerkt in seinem Entwurf zur Logik hierzu:

> Aber das Erfassen dieses Gesetzes [bezugnehmend auf das vorher erwähnte Gravitationsgesetz] ist doch ein seelischer Vorgang! Ja! Aber ein Vorgang, der schon an der Grenze des Seelischen liegt und der deshalb vom rein psychologischen Standpunkte aus nicht vollkommen wird verstanden werden können, weil etwas wesentlich dabei in Betracht kommt, was nicht mehr im eigentlichen Sinne seelisch ist: der Gedanke; und vielleicht ist dieser Vorgang der geheimnisvollste von allen. Aber eben weil er seelischer Art ist, brauchen wir uns in der Logik nicht darum zu kümmern. Uns genügt, dass wir Gedanken fassen und als wahr erkennen können; wie das zugeht, ist eine Frage für sich (vgl. Frege, 1983: S. 157).

Diese „Wiedererkennungssätze", die nach Frege für jeden Gegenstand (Zahlwörter) einen Sinn ergeben müssen, werden bezüglich Zahlen Gleichungen genannt, das heißt, Zahlengleichungen, deren Sinn ohne den Gebrauch von Zahlwörtern oder dem Wort „Zahl" ausgedrückt wird – ein notwendiger Schritt für die Freg'sche Definition der Zahl, wie man später sehen wird (vgl. §106).

Frege hat in seinen „Grundlagen" noch nicht über die „Bedeutung" von Wörtern gesprochen, auch noch nicht zwischen „Bedeutung" und „Sinn" unterschieden, wie er das später tun wird. Es kann daher angenommen werden, dass Frege mit „Bedeu-

---

[59] (vgl. Frege, 1983: XXVII) Kaulbach bezeichnet die „klassische Periode" Freges als die Zeit seines unbekümmerten Vertrauens auf die Logik, die Konzeption des logischen „Systems". Die Nachlass-Schriften zeigen eine Entwicklung Freges auf, der eine klassische Konzeption des logischen bzw. des mathematischen Systems aufgibt und eine Art „Kritik der logischen Vernunft" beginnt.

tung",[60] auch im Rückblick auf seine Begriffsschrift und im Zusammenhang mit seinen logischen Neuerungen, die logischen Kategorien „Begriff" und „Gegenstand" bezeichnet, die er im 3. Grundsatz verwendet. Mit der Befürwortung der Loslösung logischer Gedanken von der natürlichen Sprache und Grammatik (vgl. Frege, 1879: §3) wiederholt das zweite Prinzip die zentrale These seiner Begriffsschrift, dass der Analyse von Urteilen logische Priorität vor der Synthese von Begriffen und Gegenständen zukommt. Diese logische Priorität der Urteile vor seinen Bestandteilen ist für Freges methodologisches Vorgehen in seiner gesamten Logik bestimmend (vgl. Mayer, 1996: S. 74ff). Frege wendet es direkt in seiner Einleitung der „Grundlagen" an, wenn er den Satz „Die Zahl Eins ist ein Ding" analysiert. Diese Behauptung ist nach Frege falsch. Zerlegt man diesen Satz nach der Logik der Begriffsschrift, steht mit dem Identitätszeichen auf der einen Seite ein Ausdruck mit einem bestimmten Artikel („die Zahl eins") und auf der anderen Seite ein Ausdruck mit einem unbestimmten Artikel („ein Ding"). Logisch gesehen ergibt dies für Frege keinen Sinn, da hier nur ausgesagt wird, dass die Zahl Eins zu den Dingen gehört, aber nicht zu welchen. Die Zahl Eins (Gegenstand) würde man so mit dem Begriff eines Dinges identifizieren. Das zweite Argument Freges kommt der Aussage gleich, dass Zahlen Vorstellungen und damit subjektiv sind. Es könnte sich jeder ein beliebiges Ding wählen, das man Eins nennt und somit „derselbe Satz für Verschiedene Verschiedenes bedeuten" würde. Es gäbe demnach keinen gemeinsamen Inhalt solcher Sätze. Offenbar wendet Frege das Kontextprinzip an, um innerhalb der natürlichen Sprache die logische Struktur des Anzahlbegriffs ausfindig zu machen. Auch in einem später erscheinenden Aufsatz „Der Gedanke" (vgl. Frege, 1918: S. 342ff) setzt er sein Prinzip „logische Priorität vor ihren Bestandteilen" ein, wenn er dem Wahrheitsbegriff eine logische Untermauerung verschaffen will; der aristotelischen Wahrheitstheorie, die Wahrheit als Übereinstimmung zwischen Vorstellung und Gegenstand definiert, kann Frege natürlich nicht zustimmen.

Frege liefert in den „Grundlagen der Arithmetik" mit seinem dritten Grundsatz hinsichtlich des Unterschieds zwischen Begriff und Gegenstand keine Definitionen, wohl aber einige Merkmale. Nach Frege ist „es nur Schein, wenn man meint, einen Begriff zum Gegenstande machen zu können, ohne ihn zu verändern", worauf im nächsten Kapitel eingegangen wird. Die Schwierigkeit zeigt sich schon darin, dass wir im alltäglichen Sprachgebrauch Zahlen als Eigennamen („die Zahl Eins") oder auch als Begriffe („ist eine natürliche Zahl") verwenden. *Merkmale*, die den Gegenstand oder den Begriff zusammensetzen, unterscheiden sich für Frege von *Eigenschaften*, die von einem Begriff ausgesagt werden können. „Rechtwinkliges Dreieck" ist eine Eigenschaft (der Gegenstände) aller rechtwinkligen Dreiecke, die unter diesen Begriff fallen, wobei „rechtwinklig" ein Merkmal des Begriffes „rechtwinkliges Dreieck" sei (vgl. Frege, 1884: §53). Diese Subsumtion zeigt die logische Grundbeziehung, wenn ein Gegen-

[60] (vgl. Frege, 1983: S. 94 – 98). In einem Brief an Kerry zählt Frege die Paragraphen auf, wo er „statt „sinnvoll" lieber „bedeutungsvoll" (§97) sagen… und vielfach „Sinn" durch „Bedeutung" (§§100, 101, 102) ersetzen" würde, im Gegensatz aber dazu keine mögliche Ersetzung von „Bedeutung" durch „Sinn" erwähnt („Bedeutung" in §60 und §62 sind im Sinne von „Bezug" zu nehmen).

stand unter einen Begriff fällt, d. h. es kann hier gefragt werden, welche oder wie viele Gegenstände unter einen Begriff fallen; in Bezug auf den Gegenstand selbst gibt diese Frage keinen Sinn. Damit soll verständlich gemacht werden, dass Begriffe und Gegenstände grundsätzlich nicht in denselben Beziehungen zu einander stehen können, dass ein Begriff nicht zum Gegenstand werden kann, auch dann nicht, wenn nur ein einziger Gegenstand unter ihn fällt und umgekehrt.

Die Nichtbeachtung mindestens einer dieser Prinzipien, die Frege in den verschiedenen Paragraphen der Kapitel I – III aufzeigt, führt dann zu Fehlern der in seinem Werk kritisierten Auffassungen des Zahlbegriffs anderer Verfasser.

5.2 Freges Untersuchungen zur Semantik

Ergänzend zu den Betrachtungen über die „Grundlagen der Arithmetik" sei anschließend noch ein kurzer Blick (soweit es für diese Ausarbeitung notwendig erscheint) auf die drei wichtigsten Aufsätze Freges „Funktion und Begriff" (vgl. Frege, 1891), „Begriff und Gegenstand" (vgl. Frege, 1892a) sowie „Sinn und Bedeutung" geworfen (vgl. Frege, 1892b). Frege verfasste sie auf dem Höhepunkt seiner wissenschaftlichen Produktivität in den Jahren 1891 und 1892 kurz nach der Publikation der „Grundlagen". Er wollte mit diesen Aufsätzen dasjenige explizit herausstellen und deutlicher machen, was in seiner „Begriffsschrift" und in den „Grundlagen der Arithmetik" noch unklar oder missverständlich geblieben war, oder was ihn aufgrund von Rezensionen und Kritiken zur Richtigstellung und zu Neuerungen veranlasste. Insbesondere *semantische* Probleme, die bei der Umsetzung der natürlichen Sprache in eine künstliche Sprache – sein Zeichensystem in der Begriffsschrift – entstanden waren, machten sich ebenso bemerkbar wie Unklarheiten bei der Verwendung von Begriffen wie z.B. „Urteil", „Funktion", „Argument", „Gegenstand", „Bedeutung" oder „Vorstellung".

Ausgehend vom mathematischen Funktionsbegriff, der nach Freges Auffassung mit der Formulierung „ein Rechnungsausdruck, der x enthält, eine Formel, die den Buchstaben x einschließt" sehr unbefriedigend ist, „weil dabei Form und Inhalt, Zeichen und Bezeichnetes nicht unterschieden werden", erweitert er in seiner ersten Schrift sukzessive den Begriff der Funktion. Das Argument, gebildet durch die Variable x, ist eine Zahl, ein in sich abgeschlossenes Ganzes und gehört nicht zur Funktion, sondern bildet mit der Funktion wieder ein Ganzes. Die Funktion selbst ist unabgeschlossen und ergänzungsbedürftig. Hierdurch unterscheiden sich Zahlen von Funktionen. So begreift man an den Ausdrücken „$2 \cdot 1^3 + 1$" und „$2 \cdot 2^3 + 2$", dass sich es hier um dieselbe Funktion handelt, obwohl diese Ausdrücke verschiedene Zahlen bedeuten, während man in „$2 \cdot 1^3 + 1$" und „$4 - 1$" trotz des gleichen Zahlenwertes nicht dieselbe Funktion wiederfindet (vgl. Frege, 1891: S. 128). Eine andere Darstellung wäre „$2 \cdot (\ )^3 + (\ )$", wobei die Klammern die Stellen angeben, in denen das Argument einzusetzen ist. Durch eine Zerlegung des Ausdrucks wird die Funktion erkannt, die entweder eine oder mehrere Argumentstellen[61] hat und durch entsprechend viele Argumente zu ihrem Wert ergänzt, „gesättigt" werden kann.[62] Der Wert ist ein abgeschlossener Ausdruck und ist damit grundsätzlich ein Gegenstand. Während die Funktionen „ungesättigt" und ergänzungsbedürftig sind, sind die Gegenstände „gesättigt" und abgeschlossen (die Ausdrücke „gesättigt" und „ungesättigt" hat Frege von der Chemie übernommen). In Abhängigkeit der Anzahl von Argumenten und welche Art von Gegenständen oder Funktionen für die einzelnen Argumente zugelassen sind, bestimmt Frege den Typus der Funktion. Er klassifiziert z. B. folgende Typen:

	Funktion		
	erster Stufe	zweiter Stufe	zweistellige Funktion
Argumentenstelle	eine – erster Art	eine – zweiter Art	zwei
Ergänzung 1. Argumentenstelle	nur durch Gegenstände	durch eine Funktion erster Stufe	nur durch Gegenstände
Ergänzung 2. Argumentenstelle	——	——	durch eine Funktion erster Stufe

Zusätzlich erweitert Frege den Bereich der Zeichen zur Bildung eines Funktionsausdrucks um „=", „>", „<" (er erhält damit z. B. eine Funktion $x^2 = 1$) und betrachtet die entsprechenden Wahrheitswerte (dieser Begriff wird von Frege eingeführt) einer Funktion, die er „das Wahre" und „das Falsche" nennt – das Beispiel $x^2 = 1$ ergibt „wahr" für die Argumente 1 und -1, „falsch" für alle anderen Argumente – und spezielle Gegenstände sind. Hat eine Funktion als Werte nur Wahrheitswerte, so heißt eine einstellige Funktion ein „Begriff" und ihr Wertverlauf „der Umfang dieses Begriffs", eine mehrstellige Funktion heißt analog eine „Beziehung" und ihr Wertverlauf „Umfang dieser Beziehung".[63] Begriffe sind also für Frege eine spezielle Klasse (Art) von Funktionen.

---

61 z. B. ist $2x^3 + x$ mit zwei Argumentstellen oder x^2+1 mit einer Argumentstelle eine einstellige Funktion, $x^2 + y$ ist eine mehrstellige (zweistellige) Funktion

62 Mit dem Argument 1 ergibt sich für $2x^3+x$ ein Wert von 3, mit 2 einen Wert von 18, usw. Frege erweitert damit den Funktionsbegriff um den Begriff des Wertes einer Funktion.

63 Das heißt für das oben gewählte Beispiel $x^2 = 1$:

1) 1 und -1 fallen unter den Begriff $x^2 = 1$; alle anderen Argumente fallen nicht unter diesen Begriff.
2) $x^2 = 1$ und $(x + 1)^2 = 2 (x +1)$ haben denselben Wertverlauf d. h. Begriffsumfang

Die Übertragung dieser Terminologie sowie die Übertragung der analytischen Struktur auf die Sätze der natürlichen Sprache beinhalten für Frege nur noch einen kleinen Schritt. „Behauptungssätze im allgemeinen kann man ebenso wie Gleichungen (z. B. $2^2 = 4$) oder Ungleichungen oder analytische Ausdrücke in zwei Teile zerlegt denken, von denen der eine in sich abgeschlossen, der andere ergänzungsbedürftig, ungesättigt ist“ (vgl. Frege, 1891: S. 134). Der Satz „Caesar eroberte Gallien“ (ist ein mehrstelliger sprachlicher Funktionsausdruck) kann in „Caesar“ und „eroberte Gallien“ aufgeteilt werden. Der zweite ungesättigte Teil führt eine leere Stelle mit sich, die von einem Eigennamen oder von einem Ausdruck, der einen Eigennamen vertritt, ausgefüllt werden kann und dadurch „ein abgeschlossener Sinn zum Vorschein“ kommt. Frege nennt ebenfalls die Bedeutung dieses ungesättigten Teils Funktion; Caesar ist das Argument, ein abgeschlossener Ausdruck. Über die Zahlen hinausgehend werden mit „Gegenständen“ (nicht im üblichen physikalischen Sinn) auch Personen zugelassen, die alles das umfassen, was durch gesättigte, abgeschlossene Ausdrücke (Eigennamen) bezeichnet wird. Der Ausdruck „die Hauptstadt von Frankreich“ kann in die Teile „die Hauptstadt von“ und „Frankreich“ zerlegt werden. Der erste ungesättigte Teil „die Hauptstadt von x“, Ausdruck einer Funktion, liefert mit dem Argument „Frankreich“ den Funktionswert „Paris“ und gleichzeitig „das Wahre“ oder den Wahrheitswert. Der Wertverlauf einer Funktion, deren Wert für jedes Argument ein Wahrheitswert ist, entspricht dem Wertverlauf eines Begriffs und definiert den Begriffsumfang (alle Gegenstände, die unter den Begriff fallen). „Begriffsumfänge sind Gegenstände [...]“ und „Gegenstand ist alles, was nicht Funktion ist, dessen Ausdruck also keine leere Stelle mit sich trägt“ (vgl. Frege, 1891: S. 134).

Freges Aufsatz „Über Sinn und Bedeutung“ ist eine weiterführende Auseinandersetzung mit dem logischen und dem sprachlichen Gehalt von Sätzen anhand einer Sinn- und Bedeutungsanalyse. Ausgangspunkt für Frege bilden die Sätze der Form $a = a$ und $a = b$, die offenbar einen *verschiedenen* Erkenntniswert haben. Während die Sätze der Form $a = a$ apriorisch und nach Kant analytisch sind, enthalten die Sätze der Form $a = b$ oft wertvolle Erweiterungen unserer Erkenntnis und sind a priori nicht immer zu begründen. Sieht man in der Gleichheit eine Beziehung zwischen dem, was die Namen „*a*“ und „*b*“ bedeuten, so wäre $a = b$ von $a = a$ nicht verschieden falls $a = b$ wahr ist und hiermit eine Beziehung zu sich selbst ausgedrückt“. Es liegt daher näher, dass die Zeichen oder Namen „*a*“ und „*b*“ in $a = b$ dasselbe bedeuten. Frege beginnt mit einem geometrischen Beispiel (Abb. 02) seine Sinn- und Bedeutungsanalyse. In einem Dreieck (nebenstehende Skizze) mit den Seitenhalbierenden *a, b, c* ist der Schnittpunkt (*S*) von *a* und *b* derselbe wie der Schnittpunkt von *b* und *c*, hat verschiedene Bezeichnungen (Namen) für denselben Punkt, die zugleich auf die „Art des Gegebenseins“ (Sinn) hinweisen und eine wirkliche Erkenntnis enthalten. Das heißt für Frege, dass die Bedeutung der Ausdrücke „der Schnittpunkt von *b* und *c*“ und „der Schnittpunkt von *a* und *b*“ dieselbe sind, aber nicht ihr Sinn, ebenso wäre die Bedeutung von „Abendstern“ und „Morgenstern“ dieselbe, aber nicht ihr Sinn. Die Bezeich-

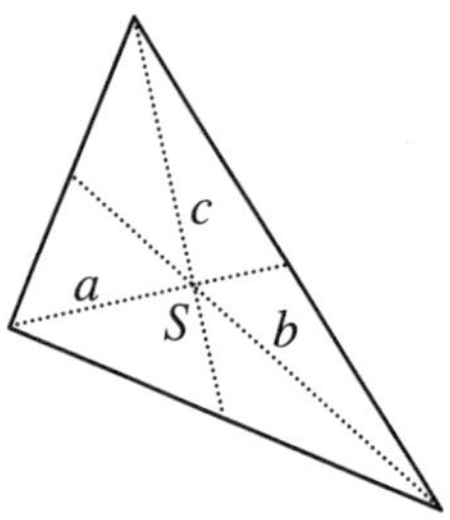

Abb. 02

nungen vertreten hierbei Eigennamen, deren Bedeutung ein bestimmter Gegenstand ist, aber kein Begriff und keine Beziehung. Die Verknüpfung zwischen dem Sinn und seiner Bedeutung ist derart, dass dem Sinn eines Eigennamens, der von jedem erfasst werden kann, der die Sprache oder das Ganze von Bezeichnungen hinreichend kennt, wieder eine bestimmte Bedeutung entspricht, während zu einer Bedeutung (einem Gegenstand) nicht nur ein Zeichen (Namen, Wortverbindung, Schriftzeichen) gehört (vgl. Frege, 1892a: S. 144). Frege trifft zu den Unterscheidungen zwischen Sinn und Bedeutung weitere Aussagen, indem er beide von „Vorstellung" unterscheidet:

> Von der Bedeutung und dem Sinne eines Zeichens ist die mit ihm verknüpfte Vorstellung zu unterscheiden. Wenn die Bedeutung eines Zeichens ein sinnlich wahrnehmbarer Gegenstand ist, so ist meine Vorstellung davon ein aus Erinnerungen von Sinneseindrücken, die ich gehabt habe, und von Tätigkeiten, innern sowohl wie äußern, die ich ausgeübt habe, entstandenes inneres Bild. Diese ist oft mit Gefühlen getränkt; die Deutlichkeit seiner einzelnen Teile ist verschieden und schwankend.[64]

> Die Vorstellung ist subjektiv ... [und] unterscheidet sich dadurch wesentlich vom Sinne eines Zeichens, welcher gemeinsames Eigentum von vielen sein kann und also nicht Teil oder Modus der Einzelseele ist; denn man wird wohl nicht leugnen können, daß die Menschheit einen gemeinsamen Schatz von Gedanken hat, den sie von einem Geschlechte auf das andere überträgt.

> Die Bedeutung eines Eigennamens ist der Gegenstand selbst, den wir damit bezeichnen; die Vorstellung, welche wir dabei haben ist ganz subjekiv; dazwischen liegt der Sinn, der zwar nicht mehr subjektiv wie die Vorstellung, aber doch auch nicht der Gegenstand selbst ist (vgl. Frege, 1892a: S. 146).

Mit einem Gleichnis, einer Betrachtung des Mondes mittels Fernrohr, verdeutlicht Frege die Verhältnisse des zuletzt genannten Punktes. Der Mond selbst, Gegenstand der Betrachtung, ist hierbei die Bedeutung; das durch das Objektiv entstehende reelle Bild im Fernrohr entspricht dem Sinn und das projizierte Bild auf die Netzhaut des Betrachters der Vorstellung oder Anschauung. Das Bild im Fernrohr ist objektiv und kann vielen Beobachtern dienen, während jeder Beobachter ein eigenes Netzhautbild hat, das aufgrund der unterschiedlichen Bildung der Augen von anderen Beobachtern differiert und daher auch keine geometrische Kongruenz aufweisen kann. Für die Sätze bedeutet dieses Beispiel, dass der Mond dem Wahrheitswert entspricht, das reelle Bild im Fernrohr dem Sinn oder Gedanken und dem Bild auf der Netzhaut die Vorstellung. So lassen sich nach Frege drei Stufen der Verschiedenheit von Wörtern, Ausdrücken und ganzen Sätzen erkennen. Der Unterschied betrifft „höchstens die Vorstellungen, oder

---

64 (vgl. Frege, 1892a: S. 145) Freges Bemerkung hierzu in der Fußnote: „Wir können mit den Vorstellungen gleich die Anschauungen zusammennehmen, bei denen die Sinneseindrücke und die Tätigkeiten selbst an die Stelle der Spuren treten, die sie in der Seele zurückgelassen haben. Der Unterschied ist für unseren Zweck unerheblich, zumal wohl immer neben den Empfindungen und Tätigkeiten Erinnerungen von solchen das Anschauungsbild vollenden helfen. Man kann unter Anschauung aber auch einen Gegenstand verstehen, sofern er sinnlich wahrnehmbar oder räumlich ist."

den Sinn aber nicht die Bedeutung [weil viele Sinne einer Bedeutung entsprechen können], oder endlich auch die Bedeutung"; daraus folgt m. a. W., wer den „Abendstern" und den „Morgenstern" jeweils mit einem unterschiedlichen Sinn erfasst (durch zwei Beobachtungen), muss keinen Zusammenhang erkennen, nichts darüber wissen, dass sie dieselbe Bedeutung haben. Weil die „Art des Gegebenseins" jeweils eine andere ist, ist auch der korrespondierende Eigenname eine anderer, während die Identität der Bedeutungen nicht evident ist. Übertragen auf Sätze heißt das, wenn auch hier der Sinn eine identifizierende Bedingung ihrer Bedeutung ist, der durch den Wahrheitswert bestimmt wird, muss mit dem Erfassen unterschiedlicher Gedanken nichts darüber gewusst werden oder bekannt sein, dass sie denselben Wahrheitswert haben. Des Weiteren gilt, da jeder Sinn nur eine Bedeutung bestimmt, dass aus der Verschiedenheit von Bedeutungen zweier Ausdrücke auch die Verschiedenheit ihres Sinns folgt (vgl. Frege, 1892a: S. 151).

Über Eigennamen hinausgehend fragt Frege weiter nach dem Sinn und der Bedeutung eines Behauptungs*satzes*, der einen *Gedanken* (objektiver Inhalt, gemeinsames Eigentum von vielen) enthält und wählt hierfür wieder sein Beispiel von „Morgenstern" und „Abendstern". An der Gegenüberstellung des Gedankens in den Sätzen „der Morgenstern ist ein von der Sonne beleuchteter Körper" und „der Abendstern ist ein von der Sonne beleuchteter Körper" werde unmittelbar erkannt, dass dieser (der Gedanke) verschieden sein muss, denn „jemand, der nicht wüsste, dass der Abendstern der Morgenstern ist, könnte den einen Gedanken für wahr, den anderen für falsch halten." So hat man den Gedanken dieses Satzes als seinen Sinn, nicht als seine Bedeutung aufzufassen, zu der man erst vordringt, wenn nach dem Wahrheitswert gefragt wird. Der Gedanke kann also nicht die Bedeutung von Sätzen sein. Ist als Wahrheitswert eines Satzes seine Bedeutung anzusehen, so muss dieser Wahrheitswert auch unverändert bleiben, wenn ein Satzteil durch einen Ausdruck von derselben Bedeutung, aber anderem Sinn ersetzt wird. Logisch gesehen, wie schon in „Funktion und Begriff" gezeigt, meint dies einen gesättigten Ausdruck. Frege führt weiter aus:

> Wenn nun der Wahrheitswert eines Satzes dessen Bedeutung ist, so haben einerseits alle wahren Sätze dieselbe Bedeutung, andererseits alle falschen. Wir sehen daraus, dass in der Bedeutung des Satzes alles einzelne verwischt ist. Es kann uns also niemals auf die Bedeutung eines Satzes allein ankommen; aber auch der bloße Gedanke gibt keine Erkenntnis, sondern erst der Gedanke zusammen mit seiner Bedeutung, d. h. seinem Wahrheitswerte. Urteilen kann als Fortschreiten von einem Gedanken zu seinem Wahrheitswerte gefaßt werden (vgl. Frege, 1892a: S. 149ff).

Frege dehnt seine Untersuchung der Vollständigkeit halber noch weiter auf Nebensätze, auf Fälle der „geraden" und „ungeraden" Rede (heute: „direkte" und „indirekte" Rede) aus und stellt fest, dass diese meistens nur den Teil eines Gedanken ausdrücken und deshalb auch keinen Wahrheitswert haben können. Um dies zu erhärten, wendet er das so genannte Substitutionsprinzip an, das auf Leibniz zurückgeht und dasjenige für identisch erklärt, dass unter Erhalt der Wahrheit „salva veritate" ist.

Über das Verhältnis von Sinn und Bedeutung kann zusammenfassend folgendes ausgesagt werden: Für die von Frege eingeführten termini technici kommt jedem Sinn genau eine Bedeutung zu, während derselben Bedeutung beliebig viele Sinne entsprechen können. In einem Brief an Husserl (vgl. Frege, 1976: S. 94-98) verdeutlichte Frege die semantischen Beziehungen nochmals in einem Schema und ergänzte hierzu, dass beim Begriffswort ein Schritt mehr bis zum Gegenstand erforderlich sei, wobei der letzte fehlen kann, d. h. der Begriff kann leer sein, „ohne dass dadurch das Begriffswort aufhört, wissenschaftlich verwendbar zu sein." Frege begründet den nach rechts gezeichneten letzten Schritt vom Begriff zum Gegenstand, dass Gegenstände und Begriffe dieselbe Objektivität haben, er auf derselben Stufe stattfindet (vgl. Frege, 1884: §47). Die Pfeile im nachfolgenden Schema Freges, die auf den Sinn zeigen, können als „drückt aus" gelesen werden; die Pfeile, die auf die Bedeutung zeigen als „bestimmt" (vgl. Stepanians, 2001: S. 151)

Satz	Eigenname	Begriffswort		
↓	↓	↓		
Sinn des Satzes (Gedanke)	Sinn des Eigennamens	Sinn des Begriffswortes		
↓	↓	↓		
Bedeutung des Satzes (Wahrheitswert)	Bedeutung des Eigennamens (Gegenstand)	Bedeutung des Begriffswortes (Begriff)	→	Gegenstand der unter den Begriff fällt

Freges dritter Aufsatz „Über Begriff und Gegenstand" ist vornehmlich eine kritische Auseinandersetzung mit den Bemerkungen von Bruno Kerry (vgl. Frege, 1983: S. 96ff) über den Begriff der Zahl, der nach Frege „unwillkürlich seine Gebrauchsweise des Wortes „Begriffs" mit meiner [Frege] vermengt", teils in einem psychologischen Sinn, teils in einem logischen Sinn oder auch in einer unklaren Mischung von beiden. Hinzu komme, dass Kerry den Unterschied zwischen Begriff und Gegenstand nicht als einen absoluten gelten lassen wolle. Dass der Begriff prädikativ (d. h. für Frege: „Er ist nämlich Bedeutung eines grammatischen Prädikats") sei, ein Gegenstandsname (Eigenname) dagegen als grammatisches Prädikat gebraucht werden könnte, erläutert er am folgenden Beispiel: Der Satz „der Morgenstern ist die Venus" [1] enthalte zwei Eigennamen für denselben Gegenstand, „Morgenstern" und „Venus". Der Satz „der Morgenstern ist ein Planet" enthält einen Eigennamen „der Morgenstern" und ein Begriffswort „ein Planet". Wenn auch hier sprachlich nur „Venus" durch „ein Planet" ersetzt worden sei, so sei doch die Beziehung sachlich eine andere, d. h. „eine Gleichung ist umkehrbar; das Fallen eines Gegenstandes unter einen Begriff ist eine nicht umkehrbare Beziehung." Würde im ersten Satz [1] das „ist", das neben der Kopula auch inhaltlich ein wesentlicher Teil des Prädikats ist, durch die vier Worte „ist nichts anderes als" ersetzt, enthielte die Aussage „ist nichts anderes als die Venus" nur noch die Kopula

„ist" und damit einen Begriff, unter den ein einziger Gegenstand falle. Ein solcher Begriff müsse immer von dem Gegenstand unterschieden werden. Hier referiert Frege auf den §51 seiner Grundlagen, der im Wesentlichen Folgendes besagt:

> Zunächst ist es unpassend, ein allgemeines Begriffswort Namen eines Dinges zu nennen. Dadurch entsteht der Schein, als ob die Zahl Eigenschaft eines Dinges wäre. Ein allgemeines Begriffswort bezeichnet eben einen Begriff. Nur mit dem bestimmten Artikel oder einem Demonstrativpronomen gilt es als Eigenname eines Dinges, hört aber damit auf, als Begriffswort zu gelten. Der Name eines Dinges ist ein Eigenname. Ein Gegenstand kommt nicht wiederholt vor, sondern mehrere Gegenstände fallen unter einen Begriff, [...] [der] dadurch nicht aufhört Begriff zu sein, dass nur ein einziges Ding unter ihn fällt, welches demnach völlig durch ihn bestimmt ist. [...] Sobald ein Wort mit dem unbestimmten Artikel oder Plural ohne Artikel gebraucht wird, ist es Begriffswort.

In der sprachlichen Verwendung von „Subjekt" und „Prädikat" könnte kurz gesagt werden: „Begriff ist Bedeutung des Prädikates, Gegenstand ist, was nie die ganze Bedeutung eines Prädikates, wohl aber Bedeutung eines Subjekts sein kann." Dabei wäre zu bemerken, daß die Wörter „alle", „jeder", „kein", „einige" vor Begriffswörtern stehen und in den allgemein und partikulär bejahenden und verneinenden Sätzen Beziehungen zwischen Begriffen aussprechen und die besondere Art dieser Beziehung durch jene Wörter andeuten, die logisch nicht enger mit den darauf folgenden Begriffsworte zu verbinden, sondern auf den ganzen Satz zu beziehen sind (vgl. Frege, 1892b: S. 172).

Es gibt nach Frege aber auch Begriffe, die unter einen höheren fallen können, was nicht heißen soll, das ein solcher Begriff einem anderen Begriff untergeordnet wäre. In diesem Kontext greift Frege das Beispiel von Kerry auf, der meint „der Begriff *Pferd* sei ein leicht gewinnbarer Begriff" und der Begriff *Pferd* sei ein Gegenstand, der unter den Begriff „leicht gewinnbarer Begriff" falle. Frege stimmt dem zu, in soweit beim Singular der bestimmte Artikel immer auf einen Gegenstand hinweist, während einem Begriffswort der unbestimmte Artikel zukommt und damit „der Begriff *Pferd*" einen Gegenstand bezeichne, aber keinen Begriff. Diese logische Unvollkommenheit der natürlichen Sprache beschreibt Frege als „unvermeidbare sprachliche Härte". Wieso ist der Begriff *Pferd* kein Begriff [1], während doch die Stadt Berlin eine Stadt [2] und der Vulkan Vesuv ein Vulkan [3] ist? Wird nach Frege die Aussage „der Begriff *Pferd* ist ein Begriff" in ähnlicher Weise wie die Subjekte „Berlin" und „Vesuv" in den beiden anderen Ausdrücken ([2] und [3]) interpretiert, dann liegt eine Gegenstandsbezeichnung (ein Eigenname) und kein Begriffswort vor. Die logische Form der Vergleichssätze [2] und [3] entspricht nicht der logischen Form des ersten Satzes. Während in [2] und [3] die durch Eigennamen bezeichneten Gegenstände unter den jeweiligen Begriff „F" fallen, würde analog hierzu für „der Begriff *Pferd*" die logische Konsequenz zu einer Gegenstandsbezeichung führen, die unmöglich wahr sein könnte; denn in Freges Redeweise bezeichnen Ausdrücke wie „der Begriff F" nicht Begriffe sondern Gegenstände.

In Bezug auf die Zahlangabe, die eine Aussage von einem Begriff enthalte (vgl. Frege, 1884: §46 und §53), unterstreicht Frege nochmals, dass er hier von Eigenschaften spricht, die von einem Begriff ausgesagt werden können, indem er einen Begriff unter einen höheren fallen lässt. Im Satz „es gibt mindestens eine Quadratwurzel aus 4" wird nichts von der Zahl 2 oder auch -2 ausgesagt, sondern von einem Begriff *Quadratwurzel aus 4*. In der Art, wie dieser Gedanke auf mannigfaltige Weise ausgedrückt werden kann und dadurch „bald dies, bald jenes als Subjekt und als Prädikat" erscheinen kann, wird durch den Gedanken noch nicht bestimmt, was als Subjekt aufzufassen ist. So könne man in dem Gedanken auch eine Aussage von der Zahl 4 in folgender Form finden: „die Zahl 4 hat die Eigenschaft, daß es etwas gibt, dessen Quadrat sie ist". Wenn der Gedanke bei einer Zerlegung als singulär, dann als partikulär oder auch als allgemein erscheint, darf es nicht verwundern, dass derselbe Satz einmal als eine Aussage von einem Begriff, das andere Mal als Gegenstand aufgefasst werden kann. Die Worte „eine Quadratwurzel aus 4" im Satz „es gibt mindestens eine Quadratwurzel aus 4" könnten nicht ersetzt werden durch „den Begriff *Quadratwurzel aus 4*"; d. h. was auf den Begriff zutrifft, trifft nicht auf den Gegenstand zu. Auch wenn der Satz den Begriff nicht als Subjekt ausweist, sagt er gleichwohl etwas von ihm aus; es wird das Fallen eines Begriffs unter einer höheren ausgedrückt, das niemals die Unterschiede zwischen Gegenstand und Begriff verdunkelt. (Frege nennt in den „Grundlagen" wie auch hier diesen Begriff einen Begriff zweiter Ordnung; zweiter Stufe in der Schrift „Funktion und Begriff). Über die angeführten Beispiele hinausgehend gelte für Begriff und Gegenstand allgemein:

> Der Begriff verhält sich wesentlich prädikativ auch da, wo etwas von ihm ausgesagt wird; folglich kann er dort nur wieder durch einen Begriff, niemals durch einen Gegenstand ersetzt werden. Die Aussage also, welche von einem Begriffe gemacht wird, paßt gar nicht auf einen Gegenstand. Die Begriffe zweiter Stufe, unter welche Begriffe fallen, sind wesentlich verschieden von den Begriffen erster Stufe, unter welche die Gegenstände fallen. Die Beziehung eines Gegenstandes zu einem Begriffe erster Stufe, unter den er fällt, ist verschieden von der allerdings ähnlichen eines Begriffes erster Stufe zu einem Begriffe zweiter Stufe. Man könnte vielleicht, um dem Unterschiede zugleich mit der Ähnlichkeit gerecht werden, sagen, ein Gegenstand falle *unter* einen Begriff erster Stufe, und ein Begriff falle *in* einen Begriff zweiter Stufe [Frege nennt hier, wie auch in den Grundlagen einen Begriff zweiter Ordnung; zweiter Stufe]. Der Unterschied von Begriff und Gegenstand bleibt also in ganzer Schroffheit bestehen (vgl. Frege, 1892b: S. 174).

Frege weist in diesem Zusammenhang noch einmal auf die Anwendung der Wörter „Eigenschaft" und „Merkmal" im §53 (vgl. auch Kapitel 3.2.1) seiner Grundlagen hin.

Den Grund für die Einführung von höherstufigen Begriffen findet man in den „Grundlagen" in §46 bei der Ersetzung eines Begriffs durch einen anderen, „dass [nämlich] die Zahlangabe eine Aussage von einem Begriffe enthält" (mehr darüber im Kapitel 5.6) der Definition der Null in §74 oder auch den bedeutungslosen Ausdrücken, diejenigen, die keinen Gegenstand bezeichnen. Dass für Frege selbstwidersprüchliche Begriffswörter (z. B. viereckiger Kreis) einen Sinn und auch eine Bedeutung haben, hängt allein mit der Definition der Zahlen zusammen, die ja über die Definition der 0 mit Hilfe des Begriffs „sich selbst ungleich" erfolgt. Würde dem Zeichen 0 keine Bedeutung (kein Gegenstand) zugewiesen werden können, so wären auch alle anderen Zahlaussagen ohne Bedeutung, hätten sie keinen Wahrheitswert. So entsprechen die

Begriffswörter der ersten Stufe in seinem kategorialen System annährend den Eigenschaften eines Gegenstandes, die der zweiten Stufe den Eigenschaften von Begriffen.

Freges philosophische „Semantik" oder Bedeutungslehre steht auch in seinen späten Werken im Mittelpunkt seiner Betrachtungen, wenn es um die Begründung der Arithmetik aus der Logik oder auch um „logische Begriffe" geht, wie zum Beispiel den Terminus „Begriffsumfang" (vgl. Frege, 1983: XXII und S. 142). Dass die „logische" Erklärung gerade dieses Begriffes offen bleibt, macht Frege später in seiner Schrift „Erkenntnisquellen der Mathematik und der mathematischen Naturwissenschaften" (1924/25) deutlich und gibt damit zu verstehen, dass der Überführung der natürlichen Sprache in eine logisch korrekte Grenzen gesetzt sind:

> Es ist gar schwer, vielleicht unmöglich, jeden Ausdruck, den die Sprache darbietet, auf seine logische Unverfänglichkeit zu prüfen. So besteht denn ein grosser Teil der Arbeit des Philosophen – oder sollte wenigstens bestehen – in einem Kampfe mit der Sprache. Aber vielleicht sind nur wenige sich dieser Notwendigkeit bewusst. Derselbe Ausdruck
>
> „der Umfang des Begriffes Fixstern"
>
> ist gleich noch in anderer Weise ein Beispiel für die verhängnisvolle Neigung der Sprache, scheinbare Eigennamen zu bilden. Ein solches ist schon
>
> „der Begriff Fixstern".
>
> Durch den bestimmten Artikel entsteht der Schein, es solle hiermit ein Gegenstand bezeichnet werden, oder, was dasselbe ist, „der Begriff Fixstern" sei ein Eigenname, während doch Begriff „Begriff Fixstern" eine Begriffsbezeichnung ist und damit im schärfsten Gegensatze zu jedem Eigennamen steht. Es sind unabsehbare Schwierigkeiten, in die wir durch diese Eigenheit der Sprache verstrickt werden (vgl. Frege, 1983: S. 289).

Dieses Muster „der Umfang des Begriffes Fixstern" zur Bildung eines Eigennamens scheint für Frege wegen des bestimmten Artikels einen Gegenstand zu bezeichnen, obwohl es nach ihm keinen Gegenstand gäbe, der (sprachgemäß) so bezeichnet werden könnte. „Hieraus sind die Paradoxien der Mengenlehre entstanden, die diese Mengenlehre vernichtet haben. Ich selbst bin bei dem Versuche, die Zahlen logisch zu begründen, dieser Täuschung unterlegen, indem ich die Zahlen als Mengen auffassen wollte (vgl. Frege, 1983: S. 288)."

Aus der Distanz betrachtet mutet es fast heroisch an, welche Mühe Frege auf die Analyse des Zahlbegriffs, mit der besonderen Problematik der Null und der Eins verwandte. Zur Lösung dieser Problematik unterscheidet Frege zwischen Eigenschaften von Gegenständen, den Funktionen *erster Stufe* und den Eigenschaften von Begriffen, den Funktionen *zweiter Stufe*. Es besteht logisch ein erheblicher Unterschied zwischen den Sätzen „schwarze Pferde zogen den Wagen" und „vier Pferde zogen den Wagen". „Schwarz" und „Vier" erscheinen beide wie Eigenschaften von Pferden, aber Zahlen können nicht Eigenschaften von Dingen sein, sie müssen vielmehr Eigenschaften von Begriffen sein. Nur unter dieser Bedingung lassen sich nach Frege die Probleme mit der Null klären, der kein Gegenstand entspricht, die aber darum nicht „nichts" ist.

Dass Frege sich mit dieser Intensität auf die Problematik stürzte, erklärt sich nicht zuletzt aus dem um die Jahrhundertwende machtvoll werdenden Plädoyer für die generelle empirische Prüfung und Untermauerung unseres Wissens, gewissermaßen in Kontrast zu den Tendenzen in der Mathematik, die Anschauungs- und Erfahrungsbasis weit hinter sich zu lassen. Zu den profiliertesten Vertretern des Empirismus gehörte in dieser Zeit John Stuart Mill. Die Auseinandersetzung mit Mill hatte ja sowohl den jungen Stumpf als auch Frege zum Überdenken der empiristischen Position herausgefordert. Stumpf lediglich vierzehn Jahre vor Frege im Hinblick auf die mathematische Erkenntnis. Im folgenden Abschnitt steht eine genauere Untersuchung der empiristischen Position Mills an, diesmal nicht aus dem Blickwinkel des jungen Stumpf, die ja schon im 2. Kapitel vorgestellt worden war, sondern hier kommt Mill selbst zu Worte.

5.3 Der empiristische Ansatz von John Stuart Mill

John Stuart Mill (1806 – 1873), der die arithmetischen Wahrheiten mit seiner „induktiven Logik" zu begründen versucht, findet mit dieser Theorie eine hohe Resonanz während der bereits erwähnten Grundlagenkrise der Mathematik in der ersten Hälfte des neunzehnten Jahrhunderts, deren Glauben an die Grundfeste und notwendigen Wahrheiten, an den absoluten Charakter des Raumbegriffs und der auf ihm beruhenden apriorischen Natur der Geometrie, mit der Entdeckung der nichteuklidischen Geometrie erschüttert war. Während Gauß der Geometrie wohl eine empirische Seite einräumte, insofern „der Raum auch ausser unserm Geiste eine Realität hat, der wir a priori ihre Gesetze nicht vollständig vorschreiben können", hielt er am rationalen Charakter der Analysis fest, dass die Zahl „bloss unsers Geistes Product ist" (vgl. Kapitel „Die Entstehung der nichteuklidischen Geometrien"). Auch Bernhard Riemann und Hermann von Helmholtz hatten gegen Kant den apriorischen Charakter der Geometrie in Frage gestellt. Die Diskrepanz zwischen Geometrie und Arithmetik, zwischen Empirismus und Rationalismus, konnte die Philosophie kaum befriedigen, für sie mussten der Raumbegriff und der Zahlbegriff systematisch aus ein und demselben Prinzip herzuleiten sein. Es war daher nahe liegend, die „ewigen und notwendigen Wahrheiten" aufzugeben (im Sinne einer Resignation, keine zufrieden stellende Lösung zu finden) und die gesamte Mathematik auf eine empirische Grundlage zu stellen, wie es schon vorher Berkeley und andere Empiristen versucht hatten, die aber an der Gewissheit der Mathematik, an der „Festung" der mathematischen Methodik scheiterten (vgl. Cassirer: 2000b). In dieses, zu dieser Zeit wankende Gebäude der Mathematik findet der immer stärker werdende Empirismus mit Mill – gepaart aus dem Gedankengut des „französischen Positivismus" von Auguste Comte und dem „englischen Empirismus" von Locke und Hume – Einlass. In „A System of Logic" (vgl. Mill: 1843), wird die Mathematik als Erkenntnis a posteriori charakterisiert und eine Vereinheitlichung der

Arithmetik und Geometrie mittels empirischer (psychologischer) Begründungen der arithmetischen Lehrsätze angestrebt.

Für Mill hat unser gesamtes Wissen seinen Ursprung in der Erfahrung, d. h. es gibt keine apriorischen, sondern nur aposteriorische Erkenntnisse der Wirklichkeit, die sich auf Beobachtungen und Experimente gründen lassen (vgl. Mill, 1862: S. 442ff). Das gelte ebenso für die Wahrheit, die nur empirisch und zwar auf zweierlei Weisen ermittelt werden kann, „manche werden direct und von selbst erkannt, manche vermittelst anderer Wahrheiten. Die ersteren sind Gegenstand der Anschauung (Intuition) oder des Bewusstseins, die letzteren der Folgerung" (vgl. §4, S. 5). Die „ursprünglichen Prämissen" seien die durch Anschauung erkannten Wahrheiten, aus denen alle anderen gefolgert würden. Als Beispiele von Wahrheiten, die uns durch das unmittelbare Bewusstsein gegeben sind, nennt Mill „unsere körperlichen Empfindungen und geistigen Gefühle". Dasjenige, was wir durch unser Bewusstsein (Anschauung) erkannt haben, „was jemand körperlich oder geistig sieht oder fühlt", schließt nach Mill jeden Zweifel aus und bedarf keiner Wissenschaft oder auch „Kunstregeln", solche Wahrheiten festzustellen. „Für diesen Theil unserer Erkenntnis giebt es keine Logik" (vgl. §4, S. 7). Beispiele für Wahrheiten, die aus Folgerungen erkannt werden, sind „Ereignisse, welche während unserer Abwesenheit stattfinden", so zum Beispiel die „Lehrsätze der Mathematik" oder auch die aufgezeichneten geschichtlichen Begebenheiten. Mill geht also für die Bestimmung der Aufgabe der Logik den Weg über die Wahrheitserkenntnis oder auch Erkenntnisgewinnung, da für ihn die Logik weder der Definition einer „Wissenschaft des Schließens" noch eine auf diese Wissenschaft gegründete Kunst" gerecht wird, noch „als die Wissenschaft, welche von den Operationen des menschlichen Verstandes bei der Erforschung der Wahrheit handelt" (vgl. Mill, 1862: §2, S. 3) bezeichnet werden kann. Während für Mill die eine Definition zu wenig einschließt, fällt die andere zu weit aus. Zur Unterscheidung zwischen den unmittelbaren Wahrheiten und den Folgerungstatsachen schreibt er:

> Von der Wissenschaft, welche die Operationen des menschlichen Verstandes bei der Erforschung der Wahrheit erklärt, ist demnach ein wesentlicher Theil: welche Thatsachen sind Gegenstand der Anschauung und des Bewusstseins, und welche sind ein Ergebniss des blossen Folgerns? Diese Frage wurde indessen niemals als Theil der Logik betrachtet. Sie findet ihren Platz in einem wohl unterschiedenen Theil der Wissenschaft, dem vielmehr der Name der Metaphysik zukommt, in jedem Theil der speculativen Philosophie, welcher zu bestimmen sucht, welcher Theil von dem Geistesgeräthe ursprünglich zu dem Geist gehört, und welcher Theil aus Material besteht, das von aussen beigebracht wurde(vgl. Mill, 1862: §4, S. 8).

Zur Metaphysik zählen nach Mill ebenso wie die Untersuchungen über die Natur der Vorstellung, der Wahrnehmung und des Gedächtnisses die Fragen über die Existenz der Materie, die Existenz des Geistes und der Unterschied zwischen den beiden, ferner „die Realität zwischen Zeit und Raum als Dinge ausserhalb des Geistes und unterscheidbar von den Gegenständen, von denen man sagt, sie existieren in ihnen." In diesem Kontext beschränkt Mill die Logik auf den Teil unserer Erkenntnis, der aus Folgerungen aus den vorher bekannten Wahrheiten besteht, unabhängig davon, ob nun diese sich in allgemeinen Urteilen ausdrücken oder in besonderen Beobachtungen und Wahrnehmungen. Der größte Teil unseres Wissens resultiert nach Mill aus dem *Ziehen von Schlüssen*, dem „großen Geschäft des Lebens“, das in jedem Augenblick stattfindet. Ständig seien Tatsachen zu prüfen, welche nicht direkt beobachtet würden und auch nicht zur Vermehrung unseres Wissens dienten, sondern weil die Tatsachen selbst für unsere Interessen von Wichtigkeit wären. Diese Beschäftigung unseres Geistes, von der er niemals befreit werde, sei nicht Gegenstand der Logik, sondern sei Gegenstand der Erkenntnis im Allgemeinen. Für die Erkenntnis, die noch nicht durch Logik gesichert sei, wären die Beweisgründe mit ausschlaggebend und nicht nur eine fehlerfreie Anwendung eines Beweisschlusses. So gesehen sei die Logik

> [...] der gemeinsame Richter aller besonderen Untersuchungen; sie unternimmt es nicht, Beweise zu finden, sondern zu bestimmen, ob sie gefunden worden sind. Die Logik beobachtet weder, noch erfindet oder entdeckt sie, sondern sie urtheilt und richtet (vgl. Mill, 1862: §5, S. 9).

In diesem Sinne ist die Logik für Mill, was Bacon *ars artium* nennt, die Wissenschaft der Wissenschaft selbst. Jede Wissenschaft habe ihre Beweisgründe selbst zu erbringen und ihre Schlüsse aus ihren Tatsachen zu ziehen. Die Logik zeige nur, „welche Beziehungen stattfinden müssen zwischen Datas [Tatsachen] und dem, was aus ihnen geschlossen werden kann, zwischen einem Beweis und dem, was damit bewiesen werden kann.“ Die Richtigkeit der Gesetze solcher Beziehungen, die wir nicht durch eine unmittelbare Anschauung erworben haben, sind von der Logik durch „Beobachtung“ zu untersuchen, d. h. „sind die Schlüsse richtig, und ist das Wissen ein reelles, so sind jene Gesetze bewusst oder unbewusst beobachtet worden“ (vgl. Mill, 1862: §5, S. 10).

Mills Ziel beschränkt sich hierfür auf den „Versuch einer richtigen Analyse des geistigen, Schliessen und Folgern genannten Processes und derjenigen Operationen, welche denselben erleichtern sollen“, auch wenn nach ihm noch andere elementare Prozesse, wie z. B. „Vorstellung, Gedächtnis und dergleichen“ am Denken beteiligt sind, welche die Logik aber nicht zu interessieren braucht, weil sie für das Beweisen in keiner anderen vornehmlichen Verbindung stünden als alle anderen Aufgaben, die an den Verstand gerichtet sind. So sei zum einen hinreichend, wenn die Analyse, so weit sie geht, richtig sei, und wenn sie für den praktischen Zweck einer als Kunst betrachteten Logik weit genug ginge – zum anderen, wenn sie alle untergeordneten Prozesse nur so weit untersuchte, als es erforderlich sei, um den Unterschied zwischen einer richtigen und einer unrichtigen Ausführung dieser Prozesse zu bestimmen (vgl. Mill, 1862: §5, S. 9).

Wie bereits weiter oben erwähnt, zählt Mill zu den Beispielen der „Folgerungen“ auch die Lehrsätze der Mathematik, d. h. nicht nur die Folgerungen aus den Lehrsätzen allein, sondern auch ihre Grundsätze, ihre Axiome selbst. Für die mathematischen Erkenntnisse bedeutet dies im Gegensatz zu dem verbreiteten Erkenntnisideal, dass mathematische Erkenntnisse nicht deduktiv, durch Schlüsse von allgemeinen auf weniger allgemeine Sätze, sondern durch die Induktion und die Evidenz der Sinneswahrnehmungen gewonnen werden. Mill hierzu:

> In Beziehung auf die Axiome fanden wir, dass sie, als experimentelle Wahrheiten betrachtet, auf einen übervollen und augenfalligen Beweise beruhen. Wir untersuchten, ob es weiter nothwendig sei, einen anderen Beweis dieser Wahrheiten, als den experimentellen, einen andern Ursprung unseres Glaubens daran anzunehmen, als den experimentellen Ursprung. [...] wir [haben] uns für berechtigt gehalten, zu schliessen, dass diese Axiome nur eine Classe, und zwar die höchste Classe von Inductionen aus der Erfahrung, die einfachsten und leichtesten Fälle von Generalisationen aus Thatsachen sind, welche uns unsere Sinne oder unser inneres Bewusstsein liefern (vgl. Mill, 1862: §1, S. 302).

Nach Mill sind demnach die Axiome „experimentelle (erfahrungsabhängige) Wahrheiten" und die (nach ihm unrichtig genannten) Definitionen „Generalisationen (Verallgemeinerungen) aus der Erfahrung", die nicht einmal wahr wären. Aus diesen Betrachtungen schließt Mill weiter, dass alle deduktiven oder auch alle demonstrativen Wissenschaften ohne Ausnahme nicht nur induktive, sondern auch hypothetische Wissenschaften seien. Dies ginge daraus hervor, dass zum einen ihr Beweis die Erfahrung sei und zum anderen, dass sie mit ihrem besonderen Charakter selbst ein Teil der allgemeinen Formeln wären, nach denen ihre Induktionen durchgeführt würden. Ihre Schlüsse seien nur auf bestimmte Voraussetzungen hin annährend, aber selten oder niemals genau wahr.

Im Gegensatz zur Deduktion wird bei der Induktion von beobachteten Einzelfällen auf andere, noch nicht beobachtete Fälle oder von singulären auf allgemeine Aussagen geschlossen. Dies ist nach Mill ein Verfahren, mit welchem man ebenso einzelne Tatsachen erforscht wie man auch allgemeine Urteile (Sätze) entdeckt und beweist (vgl. §2, S. 334ff). Mill hält es aber dennoch für angebracht, Erkenntnisse, die induktiv gewonnen wurden, in einem deduktiven System von drei Stufen abzubilden, an dessen Spitze möglichst wenige und einfache Sätze stehen. Wenig gesicherte Induktionsergebnisse sind unanfechtbarer, wenn sie aus gut gesicherten Sätzen ableitbar sind. Bei Schlussfolgerungen, die nicht miteinander vereinbar sind, kann der schwächere Ausgangssatz verworfen werden oder auch präziser formuliert werden (vgl. Büttemeyer, 2003: S. 30ff). Die erste Stufe dient der Bestimmung der Gesetze durch direkte Induktion, die zweite Stufe ist ein Syllogismus, um aus den „Gesetzen der Ursachen zu bestimmen, welche Wirkung eine gegebene Combination dieser Ursachen hervorbringen wird" und die dritte Stufe bestätigt das Vorhergegebene durch das spezifische Experiment (vgl. Mill, 1862: S. 533ff). Gestützt auf die induktive Logik von Bacon und den Arbeiten von Whewell entwickelt Mill ein logisches System auf psychologischer Grundlage und überträgt diese Prinzipien und Auslegungen auf die Geometrie, Arithmetik und Algebra.

Mills *System der Logik* war ein unmittelbarer und anhaltender Erfolg beschieden. Die beiden Bände zählten in der zweiten Hälfte des 19. Jahrhunderts zu den Standardwerken auf dem Gebiet der Wissenschaftstheorie und wurden bis 1872 (innerhalb von ca. 30 Jahren) neunmal aufgelegt (vgl. Rinderle, 2000: S. 37). Stumpf und Frege arbeiteten mit der zweiten deutschen Auflage (1862/1863), einer Übersetzung von J. Schiel, die auch für diese Arbeit verwendet wurde.

Im Vergleich zu Comte, der Mill in der erkenntnistheoretischen Grundanschauung nahe stand, war Mill vom eigentlich mathematischen Denken kaum berührt worden und somit weit weniger gerüstet als Comte, der mit jeder Zeile „den strengen analytischen Geist und die sichere mathematische Schulung“ erkennen ließ (vgl. Cassirer, 2000b: S. 62ff). Dies offenbarte sich, so Cassirer, am deutlichsten in der Begründung arithmetischer Wahrheiten und ihren Grundsätzen, die allgemeine Erfahrungssätze und Aussagen über Verhältnisse der uns umgebenden materiellen Welt sind. Für Mill sind mathematische Sätze nur reale Propositionen, die wahr oder falsch sein können und entgegen der Auffassung Whewells, keine apriorischen Wahrheiten mit einbeziehen. „Alle Zahlen müssen Zahlen von etwas sein; es giebt nichts der Art wie Zahlen *in abstracto*“ (vgl. Mill, 1862: §2, S. 305). Zahlen sind keine abstrakten Gegenstände, sondern bezeichnen „die Art und Weise, in welcher einzelne Gegenstände einer besonderen Art zusammengebracht werden müssen, um das besondere Aggregat hervorzubringen“ (vgl. Mill, 1863: §2, S. 155ff). Die Entscheidung Mills für a posteriori – die Berufung auf apriorisches Wissen unterliegt nach Mill schlicht einer Täuschung – legt damit die dritte mögliche Variante der paarweisen Differenzierung der Kombinationsmöglichkeiten „analytisch und synthetisch“ in Verbindung mit „a priori und a posteriori“ im Hinblick auf die Natur arithmetischer Gesetze fest. Ist sie für Leibniz analytisch und a priori, für Kant synthetisch und a priori, dann wird sie nun mit Mill synthetisch und a posteriori. Wenn also nach Mill die Wahrheiten der Mathematik nur Verallgemeinerungen aus der Erfahrung sind, wie und womit konnte Mill dann Mathematiker und Philosophen überhaupt überzeugen?

Der apriorische Charakter der Arithmetik wird ja dadurch bestimmt, dass fast alle arithmetischen Sätze sogenannte Identitätsurteile sind, die in sich durch den Tausch des Subjekt- und Prädikatbegriffs zwei allgemeine Urteile beinhalten. Mit einem Identitätsurteil wird in der traditionellen Logik die Identität des Inhalts zwischen seinem Subjekt und Prädikat behauptet, wobei ihre Form unterschiedlich sein kann, aber der Inhalt identisch bleibt (in der Mathematik werden Gleichungen zwischen arithmetischen Ausdrücken allgemein mit einem dreigestrichenen Gleichheitszeichen „≡“ notiert). So gesehen behauptet der Satz 6 + 3 = 9, dass immer dann, wenn man sechs und drei von Etwas zusammen hat, auch deren neun besitzt und umgekehrt mit dem Besitz von neun Etwas auch deren sechs und drei hat. Diese bedingte Rekursivität arithmetischer Sätze ermöglicht, auch arithmetische Konklusionen umzukehren. Als Ausgangspunkte zur arithmetischen Beweisführung dienen elementare Urteile, welche sich nicht, jedes für sich, auf einzelne Tatsachen, sondern dadurch, dass sie im Gegensatz zu den elementaren Urteilen der Naturwissenschaft allgemeiner Natur sind, auf eine unbestimmte Anzahl von Tatsachen beziehen. Schon die einfachen und allgemeinen arithmetischen Sätze, wie „2 + 1 = 3“, die Zusammenfassung von zwei Objekten mit einem Objekt, ergibt drei Objekte oder auch der Satz „$a + b = b + a$“, der besagt, dass die Reihenfolge der Summanden für die Summe zweier Zahlen ohne Unterschied ist, sind uns ohne Erfahrungsbeweis unmittelbar evident. Allgemeine Sätze sind nicht aus komplizierten Verhältnissen abstrahiert, sondern die abstrakten Verhältnisse werden aus denselben bewiesen. Eine weitere Eigentümlichkeit, die allen arithmetischen Sätzen anhaftet, ist ihre apodiktische Natur mit absoluter Gewissheit der notwendigen Gültigkeit, d. h. wir behaupten mit 2 x 2 = 4 nicht nur, dass zwei mal zwei vier ist, sondern vier sein muss! Demgegenüber haben die Sätze der Naturwissenschaft nur assertorische Gewissheit. Ein drittes Kennzeichen zur Unterscheidung zwischen den Sätzen der Arithmetik und der Physik ist ihre Genauigkeit. Messungen in der Physik (stellvertretend hier für Naturwissenschaft) liefern immer nur ein angenähertes Ergebnis, das nur so genau sein kann, wie Messmethode und Messinstrument es zulassen. Die Messfehler können zwar verkleinert, aber nie ganz eliminiert werden. Dagegen erlaubt uns die Arithmetik selbst bei einer nicht endlichen Zahl eines Resultats die Genauigkeit (Anzahl der Dezimalstellen) selbst zu bestimmen, d. h. die Arithmetik hat absolute Genauigkeit und ist frei von den Hindernissen in Bezug auf ein exaktes Wissen, denen die anderen Wissenschaften durch den Gebrauch unserer Sinnesorgane und die Ungenauigkeit unserer Messinstrumente ausgesetzt sind. So gesehen unterscheidet sich die Arithmetik, die von allgemeinen Sätzen ausgeht und zu Überzeugungen mit dem Anspruch auf Notwendigkeit und absolute Exaktheit führt, mindestens in diesen genannten drei Eigenschaften von den Erfahrungswissenschaften, die von einzelnen Beobachtungen ausgehen und daraus assertorische Sätze ableiten und nur approximativ richtige Sätze formulieren können (vgl. Heymans, 1923: S. 123ff). Wenn darüber hinaus für die Arithmetik noch andere Urteile notwendig sind, dann können es nur synthetische Urteile apriori oder auch synthetische Urteile aposteriori sein. Für den ersten Fall gibt uns Kant für ihre Gewissheit folgende Erklärung (vgl. Kant, 1783: §7, S. 143):

> […] nämlich es muß ihr [der Natur der Mathematik] eine reine Anschauung zum Grunde liegen, in welcher sie alle ihre Begriffe in concreto, und dennoch a priori darstellen, oder, wie man es nennt, sie konstruieren kann. Können wir diese reine Anschauung, und die Möglichkeit einer solchen ausfinden, so erklärt sich daraus leicht, wie synthetische Sätze a priori in der reinen Mathematik, und mithin auch, wie diese Wissenschaft selbst möglich sei; denn, so wie die empirische Anschauung es ohne Schwierigkeit möglich macht, dass wir unseren Begriff, den wir uns von einem Objekt der Anschauung machen, durch neue Prädikate, die die Anschauung selbst darbietet, in der Erfahrung synthetische erweitern, so wird es auch die reine Anschauung tun, nur mit dem Unterschiede: dass im letzteren Falle das synthetische Urteil a priori gewiß und apodiktisch, im ersteren aber nur a posteriori und empirisch gewiß sein wird, weil diese nur das enthält, was in der zufälligen empirischen Anschauung angetroffen wird, jene aber, was in der reinen notwendig angetroffen werden muß, indem sie, als Anschauung a priori, mit dem Begriffe vor aller Erfahrung oder einzelnen Wahrnehmung unzertrennlich verbunden ist.

Im zweiten Fall muss erklärt werden, wie aus den Einzelbeobachtungen, die nur Tatsächliches liefern und nie fehlerfrei sind, apodiktische exakte Sätze entstehen können.

5.4 Stumpf und Frege im direkten Vergleich zu Mill

Diese bis dahin gesicherten Erkenntnisse, die für Mathematiker seit Beginn des 19. Jahrhunderts im Mittelpunkt ihrer Bemühungen standen, wurden durch Mill, für den arithmetische Wahrheiten bloße „Tatsachenwahrheiten“ sind, in Frage gestellt. Auch wenn Philosophen des Öfteren auf den „Paralogismus“ in Mills Theorie hinwiesen, wurde die erste ausführliche Auseinandersetzung, die prinzipiell dafür plädierte, mit diesem Widerspruch aufzuräumen, bis heute von Mathematikern und Philosophen meistens Gottlob Frege zugeschrieben (vgl. Cassirer, 2000b: S. 64), der in seinen „Grundlagen der Arithmetik“ versuchte, den Zahlbegriff durch eine strenge logische Deduktion herzuleiten. Aufgrund dieser Umstände ist auch die unerbittliche Schärfe zu verstehen, mit der sich Frege in dieser Zeit gegen das „Psychologische“ aussprach und etwas voreilig alles dasjenige, was irgendwie mit dem Subjektiven in Verbindung gebracht werden konnte, in Bausch und Bogen verdammte, ohne das Verhältnis von Subjektivität und Objektivität näher unter die Lupe zu bringen. Nach Frege führt eine Zahlenlehre nach Mills Vorstellungen, die „subjecktiv wie die Vorstellungen“ ist, über die Lehre von einem „Haufen von Kieselsteinen und Pfeffernüssen“ (vgl. Frege, 1884: §27) nicht hinaus.

Vor diesem Hintergrund ist jedoch nachdrücklich darauf hinzuweisen, dass nicht erst Frege, sondern Stumpf bereits 1870 (wenngleich mehr aus philosophischer Sicht und weniger an der Grundlegung der Zahlentheorie interessiert), also 14 Jahre früher als Frege, sich mit Mills induktiver Logik in seiner Habilitationsschrift nicht weniger intensiv und kritisch als Frege auseinandersetzt. Stumpfs einleitende Beschreibung spiegelt genau jenen antiempiristischen Geist wider, welcher weiter oben aus wesentlich später entstandenen unterschiedlichen Schriften geschildert wurde. Stumpf, der aufgrund seiner zahlreichen psychologischen Arbeiten immer noch als exzellenter Logiker verkannt und unterschätzt wird, schreibt hierzu:

> Denn es ist gewiß, daß irgendwo das Beweisen einen Anfang nehmen muß, daß es einen festen, unbezweifelten und nicht mehr beweisenden Grund geben muß, auf welchem unsere Beweise ruhen. Oder sollen wir auch die 3 Dimensionen beweisen und dann am Ende (mit Hegel) den Raum selbst mit sammt der ganzen übrigen Welt aus dem absoluten Nichts „ableiten“?
> Es möchte gerathener scheinen, ein paar Schritte vor dem Abgrund Halt zu machen. Wie nun, wenn eben jene Sätze die wären, bei denen man stehen bleiben muß? Die versuchten Beweise scheinen, wenn auch sonst nichts, wenigstens dieses zu beweisen.
> Der Mathematiker hat noch besondere Gründe, welche sein Interesse an der Sache überhaupt vermindern: wenn auch ein völlig strenger Beweis möglich wäre, so würde er doch so verwickelt sein, daß man ihn einer Darstellung der Geometrie, die vom Einfacheren zum Complicirteren fortzuschreiten pflegt, nicht zu Grunde legen könnte. Damit ein Satz vorausgesetzt werde, wird nichts erfordert als daß er Jedem evident sei (weshalb auch der Physiker das Causalgesetz nicht erst beweist); und dies gilt von den obersten Sätzen der Geometrie in so hohem Maße, daß man vielleicht sogar besser thut, einige mehr, als streng genommen nöthig wären, vorauszusetzen.[65]

[65] Stumpf zitiert in der Fußnote seiner Habilitationsschrift (Bogen 2, Seite 4) A. Comte in französischer Sprache aus „Cours de philosophie positive“, 11. Lektion. Stumpf zitiert: „J'avoue d'ailleurs que je trouve moins d'inconvénients réels à étendre un peu au-delà de ce qui serait strictement nécessaire le nombre de ces notions géométrique ... [ainsi établies par l'observation

Auch Philosophen stimmten hierin mitunter kräftig ein, meist freilich nicht sowohl aus Passion für die Mathematik als aus dem entgegengesetzten Grunde. Nach Schopenhauer gibt es gar nichts, was unmittelbar evident wäre, als der viel besprochene Satz Euclid's über die Parallelen! Und er findet den Vers: „Jahre lang schon bedien' ich mich meiner Nase zum Riechen – Hab ich denn wirklich an sie auch ein erweislich Recht?" hier vortrefflich angebracht.

In Wahrheit kann jedoch der Philosophie, in specie der Logik, die Frage nicht eben so gleichgültig sein. Was zuerst jenen allgemeinen Grund betrifft, der uns darüber beruhigen sollte, so ist es wahr: man kann nicht alles logisch deduciren. Aber es gehört eben zu den Aufgaben der Philosophie, die scharfe Grenze aufzusuchen, wo Ableitung und einfache Annahme, wo unmittelbare und mittelbare Evidenz sich scheiden. Daß nun gerade specielle Sätze, wie der über die beiden Geraden, welche an der einen Seite einer sie schneidenden 3ten Geraden zur Summe der inneren Winkel < 2R haben, oder der über die Winkelsumme eines Dreiecks auserwählt sein sollten, an der Spitze aller Deductionen in der Geometrie zu marschiren, hat ohne Zweifel etwas Sonderbares an sich; und die Erkenntnißtheorie muß sich irgend eine Erklärung dafür ausdenken. Will sich gar keine andere bieten, so wird man's wie manch' anderen Dingen machen: man wird wenigstens einen allgemeinen Namen dafür erfinden und sie dann unter die Rubrik bringen z. B. angeborene Urtheile.

Noch weniger vermag es der zweite, speciellere Grund, das Interesse des Logikers vermindern. Er fragt ja nicht, ob uns diese Sätze evident seien, sondern wie es komme, daß sie uns evident sind. Nicht um der Sätze willen wünscht er den Beweis, sondern um der Consequenzen willen, welche sich aus der Möglichkeit derselben für die Theorie der Erkenntniß ergeben würden.

Es erhebt sich nun aber auch von dem logischen Standpunkt aus ein principieller Einwand gegen die Möglichkeit des Beweises, und zwar nicht bloß in Bezug auf die geometrischen sondern auf alle mathematischen Grundsätze. könnte man sie auf den Satz der Identität und des Widerspruchs zurückführen – denn dies ist das Ziel des mathematischen Beweises, wozu jene Grundsätze als Mittel dienen – so würde die ganze Mathematik aus identischen Urtheilen bestehen; sie würde einer überaus langen Periode gleichen, in deren Vordersätzen schon genau dasselbe gesagt ist, was in den Nachsätzen steht, und darum auch überaus langweilig wäre. „Da, wenn *a a* ist, und *a* nicht *b* ist, so ist, da *a a* ist, *a* nicht *b*" usw. Solch' Geschwätz steht einer so ernsten Wissenschaft und der Wissenschaft überhaupt nicht an; wir würden durch sie nichts erfahren, was wir nicht schon wüßten.

Aus diesem Grunde ist von Seite der Philosophie zur Erklärung der mathematischen (wie aller sg. nothwendigen, apodictischen) Grundsätze ein anderer Weg eingeschlagen worden. Man versuchte, den Grund der Zustimmung, welche

---

immédiate], pourvu qu'elles soient d'une simplicité suffisante, qu'à en faire lesujet de démonstrations compliququées et indirectes, même quand ces démonstrations peuvent être logiquement irréprochables."

Hier die sinngemäße Übersetzung: „Ich gebe übrigens zu, daß ich weniger tatsächliche Nachteile darin sehe, die Anzahl jener geometrischen Grundsätze ein wenig über das absolut nötige Mindestmaß hinaus zu erweitern – sofern sie ausreichend einfach sind – als daraus komplizierte und indirekte Beweisführungen zu machen, selbst wenn diese Beweisführungen logisch fehlerfrei sein können."

wir ihnen schenken, statt aus dem Inhalt der Vorstellungen (den Objecten) vielmehr aus einer eigenthümlichen Einrichtung unseres Erkenntnißvermögens nachzuweisen, wonach gewisse Sätze uns nothwendig a priori evident seien; und also an die Stelle der logischen Nothwendigkeit die psychologische zu setzten. Hierdurch erhält die Frage einen ganz anderen Charakter; der Schwerpunct liegt jetzt im Nachweis des psychologischen Mechanismus, seiner einzelnen Glieder und ihres Zusammenwirkens, wodurch solche Sätze gebildet werden können.
Diesen Weg hat Kant eingeschlagen; und nicht nur zu seiner Zeit, sondern bis heute galt er Vielen als der einzig mögliche. Unter denen, welche unsere Frage speciell behandelten, nenne ich den Verfasser zweier ausgezeichneter Werke über die inductiven Wissenschaften, W. Whewell;[66] und noch die jüngste Schrift in unserer Angelegenheit [67] weiß nichts darüber zu sagen, als dass die Kant'sche Theorie trotz aller Bemühungen die wahre sei.
Nichts destoweniger scheint es, als ob man sich auch hiemit noch nicht ganz zufrieden fühlte; sonst würde man nicht immer weiter schweifen.
In der That ist zuletzt ein dritter Gesichtspunct zur Erklärung unserer Sätze in Aufnahme und Gunst bei Philosophen wie bei Mathematikern gekommen; die Ansicht nämlich, dass dieselben zwar eine logische Begründung haben, dass wir sie aber nicht durch eine Deduction oder Analyse aus den Begriffen, sondern durch Induction, durch die Erfahrung gewinnen, aus der auch unsere übrigen Erkenntnisse kommen; daß sie sich demnach hinsichtlich ihrer Gewißheit nicht wesentlich von diesen unterscheiden. Sie sind einfache Thatsachen der uns vorliegenden Wirklichkeit, und als solche vermöge der überaus großen Induction, die uns davon überzeugt, über allen Zweifel erhaben; aber wir können nicht behaupten, dass sie schlechthin nothwendig wären. Die Mathematik ist hienach in jeder Beziehung Naturwissenschaft.
Neu ist diese Lehre nicht. Schon die Epicueer hielten den Satz, dass die Gerade die Kürzeste sei, für eine Erfahrung, die nur so allgemein sei, daß sie selbst der Esel gemacht habe; denn er laufe in gerader Linie auf das Futter zu. Wir sind jedoch weit davon entfernt, mit solchen Aperçu's unsere neuere Theorie zu vergleichen, die vielmehr von achtungswertheften Autoritäten mit ganz anderen Gründen belegt worden ist. Hat doch einer der größten Mathematiker, Riemann, und unter den Naturforschern Helmholtz sich zu ihr bekannt. Unter den Philosophen zählt sie zu ihren Vertretern John Stuart Mill, dem die Theorie der Induction selbst nicht geringe Fortschritte verdankt; bezüglich der Geometrie

---

66 Fußnote in Stumpfs Habilitationsschrift: Whewell, The Philosophy of inductive Sciences (London 1847). Vol I p 66 erkennt er, wie Kant, schon die arithmetischen Sätze nicht als identische an. Alle Axiome sind ihm (p. 66, 72) der Ausdruck gewisser Grundvorstellungen (fundamental ideas) d.h. ursprünglich im Geiste liegender Bedingungen oder Formen der Perception (p. 87), die wir eben deßwegen nicht der Erfahrung verdanken, weil die daraus fließenden Sätze allgemein u. nothwendig sind (p.74). Zu ihnen gehört die des Einen, unendlichen Raumes (p. 84), deren Ausdruck die Axiome u. Definitionen der Geometrie sind (verbal enunciations of the result of the idea p. 94).

67 Fußnote in Stumpfs Habilitationsschrift: I. C. Becker, Abhandlungen aus dem Grenzgebiete der Mathematik u. Philosophie. Zürich 1870

wenigstens auch Auguste Comte, von welchem Mill sagt, daß er die Philosophie der Mathematik erst geschaffen habe; und in Deutschland Fr. Ueberweg.[68]

---

[68] Fußnoten in Stumpfs Habilitationsschrift:

1. Fußnote: System d. Logik 2. Aufl. 1865 S. 396; Hierzu vom Autor ergänzt: Friedrich Ueberweg „System der Logik und Geschichte der Logischen Lehre", Bonn, bei Adolph Marcus, 1865, §140, S.396; Stumpfs Bezug auf folgende Textpassage:

„Die Urtheile aber, welche wissenschaftliche Grundsätze von principieller Geltung (axiomata) enthalten, sind theils analytisch, theils synthetisch gebildet; die ersteren (z. B. die arithmetischen Axiome) entstehen durch Zergliederung (analysis) der vorhandenen Anschauungen oder Begriffe, und haben unmittelbare, von der Erfahrung unabhängige Evidenz; die letzteren aber (z. B. die geometrischen Axiome, wie auch die Postulate, die nur eine andere Form für die Axiome sind, welche die Möglichkeit des Geforderten behaupten) stützen sich theils auf Induction und Analogie, theils auf Idealisirung, hypothetische Annahme (synthesis a priori) und Prüfung an den Consequenzen, die zur successiven Ausschliessung des Falschen (vermittelst indirecter Beweise) und Bestätigung des Richtigen führt."

2. Fußnote: Gesch. der Phil., 3. Bd., 2. Aufl. 1868 S. 169; Hierzu vom Autor ergänzt: Friedrich Ueberweg „Geschichte der Philosophie der Neuzeit", Berlin, Ernst Siegfried Mittler und Sohn, Königliche Hofbuchhandlung, 1868, §16, S. 169; Stumpfs Bezug auf folgende Textpassage:

„Mathematische Urtheile, sagt Kant, sind insgesamt synthetisch (obschon Kant einige mathematische Grundsätze, wie $a = a$, $a + b > a$, als wirklich analytische Sätze anerkennt, die aber nur zur Kette der Methode und nicht als Principien dienen sollen). Man sollte, sagt Kant, anfänglich zwar denken, dass der Satz 7 + 5 = 12 ein bloss analytischer Satz sei, der aus dem Begriffe einer Summe von 7 und 5 nach dem Satze des Widerspruchs erfolge. Aber durch diesen Begriff ist noch nicht gedacht, welches die einzige Zahl sei, die jene beiden zusammenfasst. Man muss über diese Begriffe hinausgehen, indem man die Anschauung zu Hülfe nimmt, die einem von beiden correspondirt, etwa seine fünf Finger oder fünf Puncte, und so nach und nach die Einheiten der in der Anschauung gegebenen Fünf zu dem Begriff der Sieben hinzuthut.*)
Ebensowenig, sagt Kant, ist irgend ein Grundsatz der reinen Geometrie analytisch. Dass die gerade Linie zwischen zwei Puncten die kürzeste sei, ist ein synthetischer Satz; denn mein Begriff vom Geraden enthält nichts von Grösse, sondern nur eine Qualität; Anschauung muss zu Hülfe genommen werden, vermöge deren allein die Synthesis möglich ist. **)

*) In der That aber ist dieses didaktische Hülfsmittel keine wissenschaftliche Nothwendigkeit; das Zurückführen auf die Definitionen: Zwei ist die Summe von Eins und Eins, Drei die Summe von Zwei und Eins etc. ferner auf die Definition des dekadischen Systems und auf den auf den aus dem Begriff der Summe (als der Gesamtzahl mit Abstraction von der Ordnung) fliessenden Satz, dass die Ordnung der Zusammenfassung der Summanden für die Summe gleichgültig sei, reicht zu. Empirisch ist das Vorhandensein gleichartiger Objecte gegeben, die sich unter den nämlichen Begriff stellen lassen, woran die Zählbarkeit sich knüpft; aus den arithmetischen Fundamentalbegriffen aber folgen dann als analytische Sätze die arithmetischen Grundsätze und aus diesen syllogistisch die übrigen Sätze.

**) Allerdings sind die geometrischen Sätze synthetisch. Aber die geometrischen Fundamentalsätze, z.B. dass der Raum drei Dimensionen hat, dass es zwischen zwei Punkten nur Eine gerade Linie giebt, haben assertorische Gewissheit, nicht apodiktische; der Geometer erkennt die Dreizahl der Dimensionen des Raumes nur als Thatsache und weiss keinen Grund anzugeben, warum es nothwendig sei, dass derselbe gerade drei und nicht zwei oder vier Dimensionen habe; diese assertorische Gültigkeit aber wird erkangt durch Abstraction, Induction und andere logische Operationen, die auf dem Grunde zahlreicher Erfahrungen über räumliche Verhältnisse ruhen. Die in den Fundamentalsätzen sich bekundende Ordnung räumlicher Gebilde, welche

So sehen wir das kleine Gebiet, auf welches wir unsere Aufmerksamkeit gerichtet, von vielen Schwierigkeiten umringt, von vielen Autoritäten in Anspruch genommen. Wir begegnen hier denselben Gegensätzen, die wir auch im Großen finden. Aber sie sind gezwungen, sich an unserer speciellen Frage zuzuspitzen und in dieser Schärfe selbst einander gegenüber zu stellen. Ihre Prüfung ist darum nicht schwer. Uns sie wird uns dann auch die Schwierigkeiten der positiven und directen Untersuchung erleichtern. Ja es wird sich zeigen, daß wir – was nicht immer der Fall ist – auf jenem inderecten Wege schon zur Entscheidung gelangen können.

Indem wir nun diesen leichteren Weg zuerst betreten, gehen wir naturgemäß von der Prüfung derjenigen Ansicht aus, welcher der Gang der Wissenschaft zuletzt allgemeinere Geltung verschaffte; und zwar halten wir uns dabei vorzüglich an die gründliche und ausführliche Darstellung, welche sie in Mill's Logik gefunden hat (vgl. Stumpf, 1870: Bg. 2-2ff).

In bündiger Form bringt Stumpf den allgemeinen Stand philosophischer Betrachtungen zu den Grundsätzen der Mathematik auf den Punkt und lässt darüber hinaus schon in der Einleitung erkennen, dass für ihn die Fragestellungen der Logik durchaus getrennt von denen der Psychologie zu behandeln sind.

Bemerkenswert ist die Herangehensweise, wie sich der junge Philosoph unbefangen und ohne Präjudiz gegenüber einer Disziplin verhält, die um ihre Grundlagen kämpfte. Frege, dessen logisch mathematische Untersuchung sich im Gegensatz zu Stumpf in erster Linie am Zahlbegriff orientiert, sieht hier ebenfalls wie Stumpf eine gemeinsame Aufgabe von Mathematik und Philosophie. Neben den bereits zitierten Textpassagen, die überwiegend auf die subjektiven Betrachtungsweisen des Zahlbegriffs abheben, wird bei Frege die Notwendigkeit prinzipieller philosophischer Reflexionen in folgenden Aussagen hervorgehoben:

Wenn ein Begriff [Zahl], der einer grossen Wissenschaft zu Grunde liegt, Schwierigkeiten darbietet, so ist es doch wohl eine unabweisbare Aufgabe, ihn genauer zu untersuchen und diese Schwierigkeiten zu überwinden, besonders da es schwer gelingen möchte, über die negativen, gebrochenen, complexen Zahlen zu voller Klarheit zu kommen, solange noch die Einsicht in die Grundlage des ganzen Baues der Arithmetik mangelhaft ist [II]. Um nun jenen Wahn zu widerlegen, dass in Bezug auf die positiven ganzen Zahlen eigentlich gar keine Schwierigkeiten obwalten, sondern allgemeine Uebereinstimmung herrsche, schien es mir gut, einige Meinungen von Philosophen und Mathematikern über die hier in Betracht kommenden Fragen zu besprechen [IV]. Freilich sind meine Ausführungen hierdurch wohl philosophischer geworden, als vielen Mathematikern

---

sich philosophisch auf das Princip der Unabhängigkeit der Form von der Grösse reduciren lässt, bekräftigt ihre Gültigkeit, ist aber in der objectiven Natur des Raumes selbst begründet; nichts beweist ihren bloss subjectiven Charakter. Aus den Fundamentalsätzen folgen die übrigen Sätze syllogistisch; sie haben apodiktische Gültigkeit und nicht blos empirische, sofern sie aus jenen erwiesen und nicht auf unmittelbare Erfahrung gegründet sund; in diesem, aber auch nur in diesem Sinne ist die Geometrie eine apodiktische und nach dem Aristotelischen Gebrauch dieses Wortes apriorische, aber keineswegs nach dem Kantischen Wortgebrauch apriorische Wissenschaft."

> angemessen scheinen mag; aber eine gründliche Untersuchung des Zahlbegriffs wird immer etwas philosophisch ausfallen müssen. Diese Aufgabe ist der Mathematik und Philosophie gemein [VI] (vgl. Frege, 1884: V).

Das „Überwiegen psychologischer Betrachtungsweisen in der Philosophie, die selbst in die Logik eindringen" (vgl. Frege, 1884: V) verhindere, so Frege weiter, eine fruchtbare Zusammenarbeit zwischen Mathematik und Philosophie. Es verwundert auch deshalb nicht, dass Frege sich insbesondere mit Mills Theorie, einer vermeintlichen Ersetzung der Logik durch die Psychologie und seiner Exemplifikation an der Zahlentheorie intensiv auseinandersetzt. Offenbar warnt Frege doch zu Recht davor, dass man die Beschreibung der Entstehung, also die Genese eines Phänomens, hier die Zahl, nicht mit der Definition und mit Begründbarkeit der These verwechseln sollte, wobei er aber doch einräumt, dass die Erklärung der Entstehung unter Umständen durchaus von Nutzen sein kann.

> Man nehme nicht die Beschreibung, wie eine Vorstellung entsteht, für eine Definition und nicht die Angabe der seelischen und leiblichen Bedingungen dafür, dass uns ein Satz zum Bewusstsein kommt, für einen Beweis und verwechsele das Gedachtwerden eines Satzes nicht mit seiner Wahrheit! [...] Die geschichtliche Betrachtungsweise, die das Werden der Dinge zu belauschen und aus dem Werden ihr Wesen zu erkennen sucht, hat gewiss eine grosse Berechtigung; aber sie hat auch ihre Grenzen." (vgl. Frege, 1884: VI)

Selbst wenn Stumpfs Habilitationsschrift mit seiner Frage, „Gibt es Erkenntnisse von wissenschaftlicher Bedeutung, die sich in keiner Weise, weder unmittelbar noch mittelbar, auf die Erfahrung gründen?" (vgl. Stumpf 1870: Bg. 1-1) und seiner Fokussierung auf den Bereich mathematischer Grundsätze einen anderen Ausgangspunkt als Frege einnimmt, spielt dies in diesem Kontext keine Rolle.

Von besonderem Interesse könnte in diesem Zusammenhang sein, dass sich beide, Stumpf wie auch Frege, für die Arithmetik in den Fußnoten ihrer Werke auf dieselben folgenden Textstellen bei Mill beziehen (vgl. Stumpf, 1870 und Frege, 1884):

Mill	Buch	Kapitel	Paragraph	Seite	Bezug bei	Bereich
1	II	Sechstes	2 – 4	302 – 312	Frege Stumpf	Arithmetik
2	III	Vierundzwanzigstes	5	155 – 159	Frege Stumpf	Arithmetik
1	III	Siebentes	2	445	Stumpf	Geometrie
1	II	Siebentes	1 – 6	269 – 301	Stumpf	Geometrie
2	IV	Siebentes	1	281	Stumpf	Geometrie

Da Stumpf im Gegensatz zu Frege auch die Sätze der Geometrie analysiert, sind viele Betrachtungen der Theorie Mills und ihre Widerlegung im Kapitel der Geometrie der Habilitationsschrift abgehandelt; das gilt ebenso für die allgemeinen Axiome.

An dieser Stelle drängt es geradezu zu einem direkten Vergleich beider Argumentationen, die Frege im Kapitel „Meinungen einiger Schriftsteller über die Natur der arithmetischen Sätze“ mit der Fragestellung „Sind die Zahlformeln beweisbar?“ und „Sind die Gesetze der Arithmetik induktive Wahrheiten?“ abhandelt und Stumpf ebenfalls in seinem I. Kapitel, der „Kritischen Untersuchung aufgestellter Theorien“ mit seiner Fragestellung „Sind die Grundsätze der Mathematik (Arithmetik) Erfahrungssätze?“, eine ähnliche Einteilung seiner Untersuchung vornimmt.

Berücksichtung finden aus diesem Grund nur die Paragraphen, welche bei Stumpf und Frege auf die arithmetischen Sätze und die Zahlen selbst referieren. Zum besseren Verständnis und zur Überprüfung aller zitierten Textstücke der o. a. Paragraphen von Mill, wurden die in den Fußnoten beider Werke angegebenen Verweise in eckigen Klammern im Text eingefügt.

Frege

Man sollte denken, dass die Zahlenformeln synthetisch oder analytisch, aposteriori oder apriori sind, je nachdem die allgemeinen Gesetze es sind, auf die sich ihr Beweis stützt. Dem steht jedoch die Meinung John Stuart Mill's entgegen. Zwar scheint er zunächst wie Leibniz die Wissenschaft auf Definitionen gründen zu wollen [II, 155–159], da er die einzelnen Zahlen wie dieser erklärt; aber sein Vorurtheil, dass alles Wissen empirisch sei, verdirbt sofort den richtigen Gedanken wieder. Er belehrt uns nämlich [I, 304–308], dass jene Definitionen keine im logischen Sinne seien, dass sie nicht nur die Bedeutung eines Ausdruckes festsetzen, sondern damit auch eine beobachtete Thatsache behaupten. Was in aller Welt mag die beobachtete oder, wie Mill auch sagt, physikalische Thatsache sein, die in der Definition der

Stumpf

Auch die Arithmetik handelt [I, 305] nach Mill von wirklichen Gegenständen, „Alle Zahlen müssen Zahlen von etwas sein, es gibt nichts derart wie Zahlen in abstracto, 10 muß 10 Körper, 10 Töne oder 10 Pulsschläge bedeuten“. Und die Sätze der Arithmetik drücken physicalische Thatsachen aus [I, 308]: „Drei Kieselsteine in zwei verschiedenen Theilen, und 3 Kieselsteine in Einem Theil machen nicht denselben Eindruck auf unsere Sinne; und die Behauptung, daß dieselben Kieselsteine durch einen Wechsel des Orts und der Anordnung entweder die eine oder die andere Reihe von Sensationen hervorbringen können, ist, obgleich es ein sehr geläufiges Urtheil ist, doch kein identisches. Es ist eine Wahrheit, die uns durch frühe und beständige Erfahrung bekannt ist, eine inductive Wahrheit; und solche Wahrheiten

Zahl 777 864 behauptet wird? Von dem ganzen Reichthume an physikalischen Thatsachen, der sich hier vor uns aufthut, nennt uns Mill nur eine einzige, die in der Definition der Zahl 3 behauptet werden soll. Sie besteht nach ihm darin, dass es Zusammenfügungen von Gegenständen giebt, welche, während sie den Eindruck $^0{}_0{}^0$ auf die Sinne machen, in zwei Theile getrennt werden können, wie folgt $_{00}\ _0$. Wie gut doch, dass nicht Alles in der Welt niet- und nagelfest ist; dann könnten wir diese Trennung nicht vornehmen, und 2 + 1 wäre nicht 3! Wie schade, dass Mill nicht auch die physikalischen Thatsachen abgebildet hat, welche den Zahlen 0 und 1 zu Grunde liegen!

Mill fährt fort: „Nachdem dieser Satz zugegeben ist, nennen wir alle dergleichen Theile 3“. Man erkennt hieraus, dass es eigentlich unrichtig ist, wenn die Uhr drei schlägt, von drei Schlägen zu sprechen, oder süss, sauer, bitter drei Geschmacksempfindungen zu nennen; ebensowenig ist der Ausdruck „drei Auflösungsweisen der Gleichung“ zu billigen; denn man hat niemals davon den sinnlichen Eindruck wie von $^0{}_0{}^0$.

Nun sagt Mill: „Die Rechnungen folgen nicht aus der Definition selbst, sondern aus der beobachteten Thatsache. Aber wo hätte sich Leibniz in dem oben mitgetheilten Beweise des Satzes 2 + 2 = 4 auf die erwähnte Thatsache berufen sollen? Mill unterlässt es die Lücke nachzuweisen, obwohl er einen dem leibnizischen ganz entsprechenden Beweis 5 + 2 = 7 giebt [II, 159]. Die wirklich vorhandene Lücke,

sind das Fundament der Wissenschaft der Zahlen“. |

Die sg. Definitionen nämlich sind nichts anderes als solche Sätze. „Mögen wir den Satz: „„„Drei ist zwei und eins““““ die Definition von drei nennen; aber die Rechnungen, welche von diesem Satze abhängig sind, folgen nicht aus der Definition selbst, sondern aus einem darin präsupponirten arithmetischen Lehrsatz, nämlich, daß es Zusammenfügungen von Gegenständen giebt, welche, während sie diesen Eindruck $^0{}_0{}^0$ auf die Sinne machen, in zwei Theile getrennt werden können, wie folgt: $_{00}\ _0$“.

2 + 1 macht 3, das wäre hienach die richtige Übersetzung des Gleichheitszeichens; und auch das „Abziehen“ wäre durchaus wörtlich zu nehmen. Nebst Definitionen kommen nun auch hier sg. Axiome in Betracht; aber nur folgende zwei [I, 309f]: „die Summe von Gleichem ist Gleiches, der Unterschied von Gleichem ist Gleiches“.

„Diese Axiome ... sind wie bereits gezeigt worden ist, Resultate der Induction; sie sind wahr von allen | Gegenständen, und wie es scheint genau wahr. Die Schlüsse, so wird man daher natürlich folgern, sind genau wahr, und die Wissenschaft der Zahlen macht darin eine Ausnahme von anderen deductiven Wissenschaften, daß die absolute Gewißheit, welche man von ihren Beweisen behaupten kann, unabhängig von aller Hypothese ist“. Man sollte dies in der That glauben. „Bei genauerer Prüfung wird man indessen finden, daß auch in diesem Falle ein hypothetisches Element in dem Schließen liegt... die Bedingung ist, daß 1 = 1, dass alle die in dem Weglassen der Klammern liegt, übersieht er wie Leibniz.

Wenn wirklich die Definition jeder einzelnen Zahl eine besondere physikalische Thatsache behauptete, so würde man einen Mann, der mit neunziffrigen Zahlen rechnet nicht genug wegen seines physikalischen Wissens bewundern können. Vielleicht geht indessen Mill's Meinung nicht dahin, dass alle Thatsachen einzeln beobachtet werden müssten, sondern es genüge, durch Induction ein allgemeines Gesetz abgeleitet zu haben, in dem sie sämmtlich eingeschlossen seien. Aber man versuche, dies Gesetz auszusprechen, und man wird finden, dass es unmöglich ist. Es reicht nicht hin, zu sagen: es giebt grosse Sammlungen von Dingen, die zerlegt werden können; damit ist nichts gesagt, dass es so grosse Sammlungen und von dieser Art giebt wie zur Definition etwa der Zahl 1 000 000 erfordert werden, und die Weise der Theilung ist auch nicht genauer angegeben. Die millsche Aufassung führt nothwendig zu der Forderung, dass jede Zahl eine Thatsache besonders beobachtet werde, weil in einem allgemeinen Gesetze gerade das Eigenthümliche der Zahl 1 000 000, das zur deren Definition nothwendig gehört, verloren gehen würde. Man dürfte nach Mill in der That nicht setzen 1 000 000 = 999 999 + 1, wenn man nicht gerade diese eigenthümliche Weise der Zerlegung einer Sammlung von Dingen beobachtet hätte, die von der irgendeiner andern Zahl verschieden ist (§7). Mill scheint zu meinen, dass die Definitionen

Zahlen Zahlen derselben Einheit oder von gleichen Einheiten seien... Wie können wir wissen, daß 40 Pferdekräfte immer sich selbst gleich sind, wenn wir nicht annehmen, daß alle Pferde von gleicher Stärke sind?"

Diesen Ausführungen gegenüber fällt es einigermaßen schwer, den parlamentarischen Ernst zu wahren; sie erklären sich nur aus der Noth, in welcher sich die Theorie des großen Britten hier befindet. Oder hat wirklich schon Jemand mit purer Arithmetik herausgerechnet, 40 Pferdekräfte seien 40 oder 20 + 20 anderen Pferdekräften in jeder Beziehung gleich? Ob sie es in mechanischer Hinsicht sind, das mag der Ingenieur einer Fabrik untersuchen, indem er ihre mechanische Wirkung an einem und demselben Object vergleicht; wo er dann auch mitunter 40 = 39 finden wird. Wäre aber dergleichen der Inhalt der Arithmetik, dann wäre sie eine sehr kühne und mehr als hypothetische Wissenschaft; ja sie könnte praktisch gefährliche Folgen haben. Ich erinnere an das logische | Kunststück jenes Studiosen, der aus 2 wirklichen Hühnern ein drittes darin gedachtes herausrechnete 2 + 1 = 3. Man könnte jetzt einem sehr gewiegten Logiker, auf arithmetische Evidenz gestützt, das gedachte Huhn vorsetzen.

Doch es ist ja über die Maßen klar, daß, was für Objecte man sich auch auf beiden Seiten denken mag, nur ihre Gleichheit in Bezug auf die Zahl behauptet wird. Eine Versammlung von 100 der feinsten Diplomaten ist einer Sammlung von 100 Kieselsteinen in

2 = 1 + 1, 3 = 2 + 1, 4 = 3 + 1 usw. nicht gemacht werden dürften, ehe nicht die von ihm erwähnten Thatsachen beobachtet wären. In der That darf man die 3 nicht als (2 + 1) definieren, wenn man mit (2 + 1) gar keinen Sinn verbindet. Es fragt sich ob es dazu nöthig ist, jene Sammlung und ihre Trennung zu beobachten. Rätselhaft wäre dann die Zahl 0; denn bis jetzt hat wohl niemand 0 Kieselsteine gesehen oder getastet. Mill würde gewiss die 0 für etwas Sinnloses, für eine blosse Redewendung erklären; die Rechnungen mit 0 würden ein blosses Spiel mit leeren Zeichen sein, und es wäre nur wunderbar, wie etwas Vernünftiges dabei herauskommen könnte. Wenn aber diese Rechnungen eine ernste Bedeutung haben, so kann auch das Zeichen 0 selber nicht ganz sinnlos sein. Und es zeigt sich die Möglichkeit, dass 2 + 1 in ähnlicher Weise wie die 0, einen Sinn auch dann noch haben könnte, wenn die von Mill erwähnte Thatsache nicht beobachtet wäre. Wer will in der That behaupten, dass die in der Definition einer 18ziffrigen Zahl nach Mill enthaltene Thatsache je beobachtet sei, und wer will leugnen, dass ein solches Zeichen trotzdem einen Sinn habe?

Vielleicht meint man, es würden die physikalischen Thatsachen nur für die kleineren Zahlen etwa bis 10 gebraucht, indem die übrigen aus diesen zusammengesetzt werden könnten. Aber, wenn man 11 aus 10 und 1 blos durch Definition bilden kann, ohne die Sammlung gesehen zu haben, so ist kein Grund, weshalb man nicht auch die 2

Bezug auf die Anzahl vollkommen gleich.

Hiemit erhält nun die allgemeine Behauptung „Induction ist das Fundament aller Wissenschaften, selbst der Deductiven“ statt der Verification ein Leck. Denn hieher hatte sie consequent geleitet. Wir wollen es uns jedoch der Wichtigkeit der Sache halber nicht verdrießen lassen, die Theorie | der Arithmetik, welche sich auf diesem Fundament gebildet hat, noch etwas näher zu betrachten. Das Schwierigere hiebei ist, sie sich klar zu machen, das Leichtere, sie zu widerlegen.

Was zuerst die Zahlvorstellungen betrifft, so muß jede derselben nach Mill durch eine eigene Beobachtung gewonnen sein. Mit den Vorstellungen 20 und 6 ist noch nicht die 26 gegeben, denn 20 + 6 = 26 ist ein Satz, der einen physicalischen Vorgang ausdrückt, und ein solcher kann nicht anders als durch Erfahrung bekannt werden.

Um nun eine neue Zahlvorstellung zu gewinnen, müssen wir natürlich auch ihre Verschiedenheit von den bereits gewonnenen erkennen. Mill gibt dies ausdrücklich zu [II, 156]: „obgleich 102 Pferde nicht so leicht von 103 unterschieden werden, als 2 Pferde von einem, obgleich in den meisten Fällen | die Sinne keinen Unterschied bemerken: so können sie doch in die Lage gebracht werden, daß ein Unterschied wahrnehmbar wird, weil wir sie sonst nie von einander unterschieden und ihnen verschiedene Namen gegeben hätten“. Einmal also müssen wir wenigstens diesen Unterschied wahrgenommen haben.

aus 1 und 1 so zusammensetzen kann. Wenn die Rechnungen mit der 2 sich auf Beobachtung einer gewissen Sammlung und deren eigenthümlicher Trennung stützen müssen?

Man fragt vielleicht, wie die Arithmetik bestehen könne, wenn wir durch die Sinne gar keine oder nur drei Dinge unterscheiden könnten." Für unsere Kenntnis der arithmetischen Sätze und deren Anwendungen würde ein solcher Zustand gewiss etwas Missliches haben, aber auch für die Wahrheit? Wenn man einen Satz empirisch nennt, weil wir Beobachtungen gemacht haben müssen, um uns seines Inhalts bewusst zu werden, so gebraucht man das Wort „empirisch" nicht in dem Sinne, dass es dem „apriori" entgegengesetzt ist. Man spricht dann eine psychologische Behauptung aus, die nur den Inhalt des Satzes betrifft; ob dieser wahr sei, kommt dabei nicht in Betracht. In dem Sinne sind auch alle Geschichten Münchhausens empirisch; denn gewiss muss man mancherlei beobachtet haben, um sie erfinden zu können (§8).

Die bisherigen Erwägungen machen es wahrscheinlich, dass die Zahlenformeln allein aus den Definitionen der einzelnen Zahlen mittels einiger allgemeinen Gesetze ableitbar sind, dass diese Definitionen beobachtete Thatsachen weder behaupten noch zu ihrer Rechtmässigkeit voraussetzen. Es kommt also darauf an die Natur jener Gesetze zu kennen.

Mill [II, 159] will zu seinem vorhin erwähnten Beweise der Formel 5 + 2 = 7 den Satz „was aus Theilen zusammengesetzt ist, ist aus Theilen von diesen

Aber haben wir denn auch schon einmal 999 999 Exemplare irgend einer Gattung beisammen, ferner 1 Million derselben Gattung daneben gesehen und dazu noch den Unterschied der beiden Erscheinungen bemerkt? Und könnte es sich nicht leicht treffen, daß eine zufällig aus keiner Gattung von Dingen eine Erscheinung der Art gehabt hätten, die wir mit 157 bezeichnen, daß also diese Zahl und vielleicht noch manche andere in seinem Verstand ganz fehlte?"

Gehen wir zu den Sätzen über! Hier findet die überall vertriebene Deduction endlich ein ruhiges wenn auch bescheidenes Plätzchen [II, 157f]. Die Sätze der Arithmetik bezeichnen die Bildungsweise einer gegebenen Zahl; von jeder Zahl müssen wir aber nur Eine Bildungsweise durch Erfahrung kennen (wodurch eben die Zahl selbst gegeben wird). Daraus kann dann der geringe Rest deductiv bestimmt werden; z.B. wenn wir die folgenden Bildungsweisen kennen: $6 = 4 + 2$; $4 = 7 - 3$; $7 = 5 + 2$; $5 = 9 - 4$; so können wir daraus deduciren, wie 6 aus 9 gebildet werden kann. Es ist nämlich $6 = 4 + 2 = 7 - 3 + 2 = 5 + 2 - 3 + 2 = 9 - 4 + 2 - 3 + 2$.

Hätten wir aber z.B. noch nicht die Erfahrung $4 = 7 - 3$ gemacht, so wäre es mit der ganzen Rechnung nichts, die doch gewiß nicht viel heißen will. Und wenn es sich nun um größere Zahlen handelt, deren jede wir durch eine besondere und sehr schwierige Beobachtung kennen und, von den übrigen unterscheiden und aus mehreren derselben Bilder lernen müßten – welche Fälle von Anschauungen, welch' scharfe

Frege

Theilen zusammengesetzt" benutzen. Dies hält er für einen charakteristischern Ausdruck des sonst in der Form „die Summen von Gleichem sind gleich" bekannten Satzes. Er nennt ihn inductive Wahrheit und Naturgesetz von der höchsten Ordnung. Für die Ungenauigkeit seiner Darstellung ist es bezeichnend, dass er diesen Satz gar nicht an die Stelle des Beweises heranzieht, wo er nach seiner Meinung unentbehrlich ist; doch scheint es, dass seine inductive Wahrheit Leibnizens Axiom vertreten soll: „wenn man Gleiches an die Stelle setzt, bleibt die Gleichung bestehen." Aber um arithmetische Wahrheiten Naturgesetze nennen zu können, legt Mill einen Sinn hinein, den sie nicht haben. Er meint z. B. [I, 310] die Gleichung 1 = 1 könne falsch sein, weil ein Pfundstück nicht immer genau das Gewicht eines anderen habe. Aber das will der Satz 1 = 1 auch gar nicht behaupten.

Mill versteht das +Zeichen so, dass dadurch die Beziehung der Theile eines physikalischen Körpers oder eines Haufens zu dem Ganzen ausgedrückt werde; aber das ist nicht der Sinn dieses Zeichens. 5 + 2 = 7 bedeutet nicht, dass wenn man zu 5 Raumtheilen Flüssigkeit 2 Raumtheile Flüssigkeit giesst, man 7 Raumtheile Flüssigkeit erhalte, sondern dies ist eine Anwendung jenes Satzes, die nur statthaft ist, wenn nicht infolge etwa einer chemischen Einwirkung eine Volumenänderung eintritt. Mill verwechselt immer Anwendungen, die man von einem arithmetischen Satze machen kann, welche oft physikalisch sind und beobachtete That-

Stumpf

und geübte sinnliche Beobachtungs- und Unterscheidungsgabe und welch' reiche Erfahrung würde erfordert, um rechnen zu lernen!

Der Keim zu diesen sonderbaren Consequenzen ist unschwer zu finden; er liegt in der falschen Auffassung der Zahlen überhaupt. Es ist wahr, daß wir unter bei „drei" immer auch 3 Dinge vorstellen, 3 Kiesel etc.. Aber es ist nicht wahr, daß wir darunter 3 Kiesel denken, die bei einander liegen. Wenn ich sage: es gibt 3 Sandkörner, so ist damit gar nichts darüber gesagt, wo sie liegen; eins kann in meinem Streusandfasse, eins auf dem Mond und eins auf dem Sirius sein. Auch macht der Unterschied der Lage •.• von der Lage •• • noch keinen Unterschied der Zahl. Mill sagt nun zwar [II, 156] „der Name einer Zahl bezeichne die Art und Weise, in welcher einzelne Gegenstände einer besonderen Art zusammengebracht werden müssen, um das besondere Aggregat hervorzubringen"; wonach nicht das Beisammensein, sondern das Zusammengebrachtwerden das Wesentliche wäre. Allein die Operation ist offenbar verschieden, wenn wir 1 Pferd zu 2 und wenn wir 2 zu einem zu spannen haben, obgleich derselbe Erfolg entspringt; es wäre also 2 + 1 nicht = 1 + 2, obgleich beide = 3.

Ich will davon schweigen, daß es auch verschiedene Methoden gibt, um nur Eine solcher Operationen vorzunehmen, daß also eine Zahl sich selbst ungleich wäre. Und fügen wir – um gegen die Arithmetik als Naturwissenschaft auch naturwissenschaftlich zu raisonniren – zwei genau geschliffene

Frege

sachen zur Voraussetzung haben, mit dem rein mathematischen Satze selber. Das Pluszeichen kann zwar in manchen Anwendungen einer Haufenbildung zu entsprechen scheinen; aber dies ist nicht seine Bedeutung; denn bei andern Anwendungen kann von Haufen, Aggregaten, dem Verhältnisse eines physikalischen Körpers zu seinen Theilen keine Rede sein, z. B. wenn man die Rechnung auf Ereignisse bezieht. Zwar kann man auch hier von Theilen sprechen; dann gebraucht man das Wort aber nicht im physikalischen oder geometrischen Sinn, sondern im logischen Sinne, wie wenn man die Ermordungen von Staatsoberhäuptern einen Theil der Morde überhaupt nennt. Hier hat man die logische Unterordnung. Und so entspricht auch die Addition im Allgemeinen nicht einem physikalischen Verhältnisse. Folglich können auch die allgemeinen Additionsgesetze nicht Naturgesetze sein.
(vgl. Frege, 1884: §9)

Stumpf

Marmorplatten aneinander, so kann es leicht der Fall sein, daß wir sie nicht mehr auseinanderbringen, aus 2 = 1 + 1 folgt hier also nicht 2 – 1 = 1, denn man kann nicht abziehen. Die chemischen Verbindungen gewisser Gasvolumina würden neue Absurditäten bieten; wir brechen aber hier ab.

Es ist überflüssig Argumente zu häufen, wo alle zusammen die Unmöglichkeit nicht größer und nicht klarer machen können als ein einziges. Entweder haben wir die ganze Theorie mißverstanden, oder sie ist falsch, so genau und nothwendig falsch, als 2 + 1 = 3 genau und nothwendig wahr ist.

So gilt also auch bezüglich der Wissenschaft der Zahlen das positive Resultat, welches die kritische Untersuchung bezüglich der Geometrie ergab, und die mathematischen Sätze sind sämmtlich apriorisch (unabhängig von der Erfahrung) und nothwendig wahr.
(vgl. Stumpf, 1870: Bg. 10-4 bis 1-2)

Man gewinnt beim Lesen den Eindruck, der Grundgedanke zur Widerlegung der Millschen Theorie in den beiden Abhandlungen wäre „einem Kopf" entsprungen, so ähnlich sind beide Argumentationen gerade dann, wenn Mill neben den arithmetischen Begriffen, die für ihn auf Gegebenheiten beruhen, immer wieder die Anwendungen eines arithmetischen Satzes durch physikalisch beobachtete Tatsachen mit dem mathematischen Satz selbst verwechselt. Auch wenn Stumpf dieses Resümee nicht wie Frege explizit hervorhebt, ist es doch in seinen verwendeten Beispielen und Argumentationen implizit vorhanden. Noch in seiner „Erkenntnislehre" tritt Stumpf strikt für eine Unterscheidung zwischen physikalischer Anwendung mathematischer Aussagen (z. B. durch Messen) und den mathematischen Aussagen ein. Für die Trennung von Naturwissenschaften und Mathematik wurde er vermutlich schon in der Zeit seines Studiums in Göttingen durch die Physikvorlesungen bei Wilhelm Weber sensibilisiert. Stumpf plädierte stets dafür, die Physik – im Gegensatz zur Mathematik – „immer als das Ideal einer induktiven Wissenschaft“ (vgl. Stumpf, 1924: S. 209) zu betrachten.

Nach Stumpf und Frege ist die empiristische Theorie Mills nicht ausreichend, um die Allgemeinheit, Apodiktizität und Exaktheit des arithmetischen Wissens zu erklären, da sich die Beispiele Mills immer nur auf materielle Dinge beziehen, die durch verschiedenartige Anordnungen unterschiedliche sinnliche Eindrücke hervorrufen würden; d. h., dass wir nach Mill jedes Mal (um bei Mills Beispiel $^{0}{}_{0}{}^{0}$ und $_{00\ 0}$ zu bleiben) drei Auflösungsweisen, drei Begriffe oder auch drei Relationen unterschiedlich angeordnet wahrnehmen müssten. Selbst wenn sich eine induktive Verallgemeinerung für eine bestimmte Gattung auf eine begrenzte Gruppe von Objekten hin verifizieren ließe, wäre eine Verallgemeinerung auf alle Objekte im Hinblick auf die Apodiktizität der Sätze äußerst bedenklich. Die Gewissheit arithmetischer Sätze müsste für Pferdegespanne eine andere sein als für Fixsterne oder auch Kieselsteine.

Auf die Exaktheit bezogen könnten damit die Lehrsätze in Mills Theorie nach Stumpf allenfalls eine approximative Gültigkeit haben, bedingt durch die Verkennung ihres Gegenstandes. Das gilt nach Stumpf ebenso für die Gegenstände der Geometrie, die sich in dieser Hinsicht nicht von der Arithmetik unterscheiden. Ihre Gegenstände sind, wie Stumpf später schreibt, „künstlich gebildete Gegenstände, die sich durch „das Grundmerkmal der Homogenität auszeichnen, wenn das Wort in seinem allgemeinsten Sinne verstanden wird“ (vgl. Stumpf, 1907: S. 83). Eine approximative Geometrie – mit Ausnahme der Annäherungsformeln – wäre, solange noch Geometrie von Physik unterschieden würde, nicht sinnvoller als die Behauptung 2 x 2 sei nur annährend = 4 (vgl. Stumpf, 1907: S. 70).

Die Lücke in der Beweisführung, die Frege im Beispiel Mills 5 + 1 = 6 (vgl. Mill, 1863, II, S. 159) anspricht und die nach Frege schon Leibniz übersehen hatte, liegt im „Weglassen der Klammern“, die bei der Substitution (Summe aus der vorhergehende Zahl + 1) der Zahlenbegriffe gebildet werden (z. B. 4 = (3 + 1)). Mill beschränkt sich für die Arithmetik nur auf die beiden Axiome (vgl. Mill, 1863, II, S. 155) „Dinge, welche einem und demselben Dinge gleich sind, sind einander gleich“ (algebraisch nach Stumpf: wenn $a = c$ und $b = c$, so ist auch $a = b$ ($=c$)) und „Gleiches zu Gleichem addiert, gibt gleiche Summen“ (algebraisch nach Stumpf: wenn in $a + c$ und $b + d$ $a = b$ und $c = d$, so sind auch die Summen selbst gleich), da nach ihm keine anderen erforderlich sind. Ergänzend leitet Mill aus diesen beiden Axiomen, wie Stumpf ebenfalls bestätigt, den analogen Satz über die Subtraktion ab. Wenn jede Zahl für sich durch die vorhergehende + 1 definiert werden kann, wie es auch Frege (Frege, 1884: §6) entsprechend der Definition von Leibniz darstellt, erhält man mit der Additionsformel jede beliebige natürliche Zahl. Erklärend soll hier das folgende Beispiel 5 + 3 = 8 dienen:

5 + 3	=	5 + 2 + 1	nach der Definition von 3
	=	5 + 1 + 1 + 1	nach der Definition von 2
	=	6 + 1 + 1	nach der Definition von 6
	=	7 + 1	nach der Definition von 7
	=	8	

Der Satz $5 + 3 = 5 + 1 + 1 + 1$ scheint wie oben gezeigt dadurch bewiesen, dass für 3 $2 + 1$ und für 2 $1 + 1$ substituiert wurde. Hiernach müsste dieser Satz aber wie folgt geschrieben werden:

$$5 + 3 = 5 + ((1 + 1) + 1)$$

Die Klammer darf nicht vernachlässigt werden, um die einzelnen Einheiten der Reihe nach mit der 5 zu verbinden und so zur 8 zu gelangen. Die Umwandlung, die hier vollzogen wurde führt zu der Form

$$5 + ((1 + 1) + 1) = ((5 + 1) + 1) + 1,$$

die sich nicht aus den aufgestellten Definitionen ableiten lässt. Für den Beweis einer beliebigen Additionsformel aus den Definitionen ist es also notwendig, entweder einmal oder wiederholt das Assoziativgesetz

$$a + (b + c) = (a + b) + c$$

anzuwenden. Damit lässt sich streng genommen jede Formel des „1 + 1“ beweisen. Und da sich bekanntlich Produkte auf Summen mit gleichen Summanden, Potenzen auf Produkte mit gleichen Faktoren und die Subtraktion, Division und das Radizieren (nur für ganze positive Zahlen) auf Additions-, Multiplikations- und Potenzierungsformeln zuführen lassen, können die arithmetischen Formeln für den Bereich der natürlichen Zahlen mit Hilfe des Assoziativgesetzes logisch bewiesen werden.

Der Wegfall der Klammern in Stumpfs Habilitationsschrift ist nicht eindeutig als „Lücke“ im oben erwähnten Sinn anzusehen, da Stumpf keine Folgeglieder durch eine Substitution (wie Leibniz oder auch Mill) in der Reihenfolge der natürlichen Zahlen bestimmt, d. h. z. B. die 3 als 2 + 1 definiert und dann einsetzt. Die gewählten Beispiele Stumpfs sind meist aus Mills „Logik“ übernommen, an denen er Mills falsche Auffassung der „Zahlen als physikalische Tatsachen aus der Erfahrung“ expliziert. Stumpf verwendet zur Darstellung einer Zahl nur die aufgelöste Form anhand einer einfachen Addition aus mehreren Einsen, die er zunächst als eine „Zusammenfassung von gewissen psychischen Akten“ und nicht als „Zusammenfassung von Dingen“ verstanden haben will (vgl. Stumpf, 1870: Bg. 19-3; siehe auch „Begriff der Zahl bei Stumpf“).

Dass Frege im Gegensatz zu Stumpf auch die Null berücksichtigt haben möchte, die er bei Mill als „physikalische Tatsache“ vergeblich suchen wird, braucht hier nicht weiter zu verwundern, denn eine „sinnliche Erfahrung durch Sehen oder Tasten von 0 Kieselsteinen“ würde nach Frege lange auf sich warten lassen und in Mills Augen „etwas Sinnloses“, ja nur eine „bloße Redewendung“ sein. So stehen für Frege stets neben dem „kunstfertigen Handhaben der Sprache“ (vgl. Frege, 1884, §17 und §39), die Definition der Zahlen und der Begriff der Anzahl im Mittelpunkt seiner Kritik an Mills Theorie. Bertrand Russell (1872 – 1970), ein Anhänger des „Logizismus“, der schon in seinen „Princples of Mathematics“ (vgl. Russell, 1903) ebenso wie Frege alle Gebiete der Mathematik auf die Denkgesetze der Logik zurückführen wollte, übernahm hierin von Frege die Idee der formalen Behandlung und weitere Überlegungen aus Arbeiten von Peano, Cantor und Dedekind. In Zusammenarbeit mit seinem Lehrer Alfred North Whitehead (1861 – 1947) versuchte Russell dieses Programm – lange Zeit ein Vorbild für eine handhabbare Formalisierung mathematischer Logik – in der „Principia Mathematica" (vgl. Whitehead / Russell, 1910 – 1913) umzusetzen. Wie nur wenige hat Russell dazu beigetragen, Freges Arbeiten und Werke Mathematikern und Philosophen gleichermaßen zu empfehlen. Insbesondere Freges kaum beachtete „Grundlagen der Arithmetik", sind nach Russell für das Verständnis zur „Definition der Zahl" von „allergrößter Wichtigkeit" (vgl. Russell, 1919: S. 16). Russell bemerkt zur Einbeziehung der Null als Ausgangspunkt für eine natürliche Zahlenfolge in seiner „Einführung in die mathematische Philosophie" (1919) Folgendes:

> Leute von Durchschnittsbildung werden als Ausgangspunkt der Mathematik natürlich die Folge der ganzen Zahlen 1, 2, 3, 4, … usw. ansehen. Wahrscheinlich würde erst jemand, der eine gewisse mathematische Bildung besitzt, auf den Gedanken kommen, mit der 0 statt mit der 1 anzufangen. Wir nehmen diesen Grad von Bildung an und legen unserer Behandlung die Folge 0, 1, 2, 3, … n, n+1, … zugrunde. Diese Folge wollen wir im folgenden die „Folge der natürlichen Zahlen" nennen (vgl. Russell, 1919: S. 6ff).

Frege, der wie kein anderer vor ihm bestrebt war, die Null in die Definition (eine Definition logischer Natur: „sich selbst ungleich") des Zahlbegriffs zu integrieren, erfährt dadurch Bestätigung und Anerkennung. Russell verweist aber alle anderen, welche die Null nicht mit einbezogen haben etwas voreilig auf die Plätze der „Leute von Durchschnittsbildung". Seine mengentheoretische Definitionen für natürliche Zahlen, die er auf der Grundlage der Peano-Axiome (Axiome ohne Kardinalität und Mengeneigenschaften) und dem Gedankengut für Begriffsbildung von Frege einführt, bestimmen die Folge der natürlichen Zahlen über Äquivalenzklassen, Kardinalzahlen, Vorgänger und Nachfolger (die vorangehende (n–1) und nächste Zahl in der natürlichen Ordnung (n+1)), die Null und endliche Mengen. Unzulässige mengentheoretische Konstruktionen (Zusammensetzungen) und Zweifel an der Gültigkeit des Unendlichkeitsaxioms als logisch wahre Aussage (vgl. Carnap, 2000: S. 4), ließen alsbald Russells Ansatz einer Definition für die Menge der natürlichen Zahlen als nicht brauchbar erscheinen.

Heutigen Mathematikern ist es schlicht einerlei, ob die Null als Element bindend zu den natürlichen Zahlen dazugerechnet wird. Die Notation allein gibt darüber Auskunft. So bezeichnet die Menge $\mathbb{N} = \{1, 2, 3, \ldots\}$ die positiven ganzen und die Menge $\mathbb{N} = \{0, 1, 2, 3, \ldots\}$ die nicht-negativen Zahlen. Für die letztere Mengendarstellung wird zur Unterscheidung zur ersten Menge oft beim Mengenzeichen die Null mit indiziert (d. h. einschließlich 0): $\mathbb{N}_0$. Viele Mathematiker zählen die Null nicht zu den natürlichen Zahlen. Das Axiomensystem kann mit dem 1. Axiom $1 \in \mathbb{N}$ oder $0 \in \mathbb{N}$ beginnen. Wie wir zu dem Begriff der Zahl (und auch deren Verwendung in einer Menge) kommen, hat aber mit der Aufstellung eines unabhängigen, widerspruchsfreien und vollständigen Axiomensystems für die natürlichen Zahlen nichts gemein. So bestimmt z. B. das 1. Axiom $1 \in \mathbb{N}$ lediglich die Art der Menge, den Mengenbereich, in dem das Element 1 enthalten ist. Man könnte auch sagen, dass ein

Axiomensystem die Grundzahlen nur formalistisch konstruiert, sie implizit inhaltlich definiert aber nicht eindeutig bestimmt; sie sind Variablen und eigentlich noch keine Zahlen. Bis heute ist der Zahlbegriff innerhalb der Mengenlehre mit ihren Grundbegriffen nicht geklärt. Zwar kann eine Abbildung unter Verwendung mengentheoretischer Begriffe den Vorgang des Zählens beschreiben, aber „was die Zahl ist", wird durch die Beschreibung „Element der Menge $\mathbb{N}$" nicht geklärt. Stumpf macht diesbezüglich in seiner „Erkenntnislehre" darauf aufmerksam, dass nämlich mit der Mengendefinition nach Cantor noch kein Übergang von der bloßen Menge zur Zahl stattfinde.

> Unter einer Menge verstehen wir jede Zusammenfassung (M) von bestimmten, wohlunterschiedenen Objekten (welche die Elemente von M genannt werden) in unserer Anschauung oder unserem Denken (vgl. Cantor, 1932: S. 282).

Zu den qualitativ verschiedenen Sinneseindrücken wahrgenommener Mengen müsste der Zahlbegriff im eigentlichen Sinn, wenn er auch den Mengenbegriff voraussetzen würde, ein „neues Element" enthalten, das erst den Keim und die Wurzel des ganzen Baumes bilde (vgl. Stumpf, 1939: S. 108; siehe auch Kapitel 6.2) In seiner Habilitationsschrift setzt sich Stumpf noch nicht mit der Null auseinander, da weder der Ursprung des Begriffs der Null, noch die Stellung der Null in einem stufenweisen Aufbau des Zahlsystems (Zahlenlehre) im Vordergrund seiner Überlegungen zu den „Grundsätzen" standen. Dagegen greift er in seiner „Erkenntnislehre" die Untersuchungen Freges und die fortgeschrittenen mathematischen Entwicklungen der Axiomatik und Mengenlehre auf, um jetzt auch die Null im Kontext einer Definition für den Allgemeinbegriff der „Zahl" und der „Zahlwörter" zu berücksichtigen. Ergänzend wäre noch zu erwähnen, dass die Null für das Zählen keine Rolle spielt und somit für die Arithmetik entbehrlich ist (im römischen Zahlensystem fehlt sie ja). Sie bekommt erst in unserem Stellenwertsystem (indisch-arabisch) eine Bedeutung, wo sie mit ihrer jeweiligen Stelle im System auch die Bedeutung einer Ziffer beeinflusst (z. B. 1, 10, 100, etc.).

Stumpf und Frege widerlegen damit beide, dass die Sätze der Mathematik, nicht wie Mill sagt, Naturgesetze und damit aposteriorisch sind, sondern im Gegenteil Apriorität besitzen. In Ergänzung zur kritischen Untersuchung führt Stumpf noch eine positive (Anlayse und Deduktion) Untersuchung der fraglichen Sätze durch. Es sind Sätze, die aus den Begriffen von Zahlen, von Gleichheit und Ungleichheit, vom Mehr und Weniger gebildet werden. Unter diese Sätze fallen auch die beiden Axiome für die Arithmetik, die Mill durch die Induktion gewinnt.

5.5 Stumpfs Analyse der arithmetischen Sätze

Für Stumpf bedeutet „Analyse eines Satzes": Auflösung der darin enthaltenen Begriffe in ihre Elementarbegriffe, d. h. in ihre Definitionen. Ist der Prädikatsbegriff mit dem Subjektsbegriff oder mit einem Teil desselben identisch, so ist der Satz ein bejahender; ist dagegen der Prädikatsbegriff die Negation des Subjektsbegriffs oder eines Teils desselben, so ist der Satz ein verneinender. Das Ziel seiner Analyse von Sätzen ist also die Zurückführung auf den Satz der Identität oder des Widerspruchs. Dabei sage die Analyse nichts darüber aus, woher wir unsere Begriffe ursprünglich gewännen. Ob sie aus innerer oder äußerer Beobachtung stammten oder uns angeboren wären, die Analyse verlange nur, dass wir sie hätten (vgl. Stumpf, 1870: Bg. 27-4 und Bg. 28-1). Selbst wenn Stumpf im Gegensatz zu Frege, der ja beginnend mit seiner „Begriffsschrift" aus guten Gründen auf eine Unterscheidung von Subjekt und Prädikat zur Darstellung eines Urteils verzichtete, um sie mit dem Ziel größerer Eindeutigkeit des Satzsinnes durch Argument und Funktion zu ersetzen (vgl. Frege, 1879: VII und §3), die Begriffe Subjekt und Prädikat zur logischen Analyse heranzieht, wird hier deutlich genug: Stumpf unterscheidet immer und nicht anders als Frege grundsätzlich zwischen Begriff und Satz (vgl. Stumpf, 1870: Bg. 27-4):

> Es ist wahr und sogar bezüglich aller Begriffe wahr, daß wir sie nur durch Hinweis auf individuelle Fälle klar machen können. Ich kann Niemanden erklären, was roth oder Farbe ist, als indem ich ihn ein rothes oder farbiges Ding zeige; ich kann Niemanden begreiflich machen, was ich unter Causalität, Relation, Raum, Zeit verstehe, als indem ich ihn auf die einschlägigen individuellen Phänomene aufmerksam mache, seien dies nun Phänomene der sinnlichen oder intellectuellen Wahrnehmung (Reflexion), individuelle Empfindungen oder individuelle Denkoperationen.
>
> Allein alles das sind ja keine Sätze; wenn wir also die Begriffe Richtung, Seite, Größe, Linie etc. ohne Weiteres gebrauchen und Jeden, der nicht weiß, was das Wort bedeutet, auf die Zeichnung verweisen, so heißt dies nicht, den Satz aus Erfahrung oder unmittelbarer Anschauung („Intuition") beweisen.

Diese Aussage trifft Stumpf zwar mit Bezug auf das „Beweisverfahren der Anschauung" für die geometrische Deduktion synthetischer Urteile (Sätze) bei Kant, aber die Unterscheidung von „Begriff" und „Urteil" ist ja nicht auf die geometrischen Sätze beschränkt. Wenn Stumpf „Urteil" mit „Satz" gleichsetzt, so wird damit auch erkennbar, dass Stumpf Freges Kontextprinzip – „nach der Bedeutung der Wörter muss im Satzzusammenhange, nicht in ihrer Vereinzelung gefragt werden" – immer schon voraussetzt und ständig berücksichtigt.

Für Stumpf gehören Begriffsanalyse oder Begriffsgenese zur psychologischen Arbeit, dagegen gehören Urteile oder Sätze der Logik an. In seiner Arbeit „Psychologie und Erkenntnistheorie" schreibt er zum Begriff (vgl. Stumpf, 1891: S. 501ff):

> Die Untersuchung des Ursprungs der Begriffe, sowohl derjenigen von absolutem als von relativem Inhalt, ist eine alte Aufgabe der Psychologie. Es ist richtig, dass ein Begriff nicht für sich denkbar ist, sondern dass er nur innerhalb einer concreten Vorstellung, gleichsam eingebettet in derselben oder, mit einem vielleicht bezeichnenderen Bilde, wie stereoskopisch hervortretend, auf dem Wege der gewöhnlichen Abstraction erfasst werden kann [...]
>
> Ein Begriff ist nicht ein Urteil, nicht eine Erkenntnis. Wäre ein Begriff in irgend einer beliebigen Weise angeboren, so würde daraus noch nichts folgen über die Urteile, in denen er Verwendung finden kann.

Den Ursprung der Begriffe vollständig aufzuklären, sei, wie die Feststellung und Charakteristik der „allgemeinsten unmittelbar einleuchtenden Erkenntnisse", eine noch lange nicht befriedigend gelöste Aufgabe. Diesen Standpunkt vertritt Stumpf auch vierzig Jahre später in seiner „Erkenntnislehre". Vergleicht man die Standpunkte Freges und Stumpfs in Hinblick auf das Verhältnis von Psychologie und Logik, fällt es schwer, Unterschiede festzustellen.

Vor den Definitionen der arithmetischen Grundbegriffe (Zahl, Gleichheit und Ungleichheit, Mehr und Weniger) sollen zuvor die zwei Sätze (Axiome) in Stumpfs Analyseteil der Habilitationsschrift (vgl. Stumpf, 1870: Bg. 21-1 bis Bg. 22-4) betrachtet werden, welche Mill als „Naturgesetze" bezeichnet, und die für ihn mit den Zahlen die Ausgangspunkte der Arithmetik bilden.

1. „Wenn zwei Dinge einem dritten gleich sind, so sind sie auch unter sich gleich (nach Stumpf sind sie alle drei gleich – denn dies liegt in dem „auch")". In algebraischer Schreibweise: wenn $a = c$ und $b = c$, so ist auch $a = b$ ($= c$). Allgemeiner gesprochen: „Wenn von einer Anzahl von Dingen jedes Glied einem nicht darunter befaßten Ding gleich ist, so sind auch alle Glieder jener Anzahl unter sich gleich." Betrachte man das Subjekt ($a = c$, $b = c$) dieses Satzes, so Stumpf, würde man erkennen, dass weder in $a = c$ noch in $b = c$, das Prädikat $a = b$ enthalten wäre. Somit erscheine der Satz erst einmal als ein nicht analytischer. Die Behauptung sei aber nicht die, dass aus $a = c$ oder aus $b = c$ jedes für sich betrachtet $a = b$ folge, sondern aus ihrer Verbindung $a = c$ *und* $b = c$. Aber auch dies wäre nicht sofort einzusehen und erfordere die Zuhilfenahme der *Begriffe*. Wenn *a* gleich *c* sei, heiße dies, dass beide unter eine „Spezies" fallen (z. B. rot für die Beziehung einer Farbe oder auch 40 für eine Zahl). Dasselbe gelte auch für die Beziehung $b = c$, da *c* nicht nach dem Satz des Widerspruchs von sich selbst verschieden sein könne (d. h. rot und *nicht* rot oder auch 40 und *nicht* 40). Wenn im Vordersatz (Subjekt) mit den 3 Individuen *a*, *b*, *c* ohnehin nur eine „Spezies" gedacht würde, dann träfe dies auch für den Nachsatz (Prädikat) zu, der die Aussage „so sind alle drei gleich" enthält. Subjekt und Prädikat wären, was die dabei gedachten Begriffe anbelange, vollkommen identisch. Wenn aber die Identität dieses Satzes aus dieser Formulierung nicht gleich erkennbar ist, fragt Stumpf, warum hat man einen solchen Satz überhaupt aufgestellt, wenn er doch tautologisch eigentlich nichtssagend ist? Die Antwort liegt für ihn in der Methode, wie wir zwei (mehrere) Dinge miteinander vergleichen können, wo ein unmittelbarer Vergleich nicht möglich ist, indem wir jedes mit einem einzelnen als gemeinsamen Maßstab vergleichen. Die „logische Bürgschaft" dieses Verfahrens, das durch die Fassung des Vordersatzes ausgedrückt würde, und dieselben Ergebnisse wie eine unmittelbare Vergleichung liefern würde, läge in der „Identität des Vorder- und des Nachsatzes." Die Aufgabe der Analyse liege hierfür in dem zu erbringenden Nachweis, dass die Ordnung des Erkennens für die Identität der Begriffe nicht ausschlaggebend sei.

Die Gültigkeit des Verfahrens liegt für Stumpf in der Fassung des Vordersatzes, in seiner Anordnung, in der wir die Begriffe erkennen. Unterstützend wirke hier die Schreibweise, die durch Klammern anzeige, „was die arithmetischen Sätze, wenn sie doch identische Begriffe verbindet, eigentlich für die Erkenntnis bezwecken" (vgl. Stumpf, 1870: Bg. 25-3). Diese Schreibweise diene der Hervorhebung besonderer

Momente eines Begriffes, auf die wir zu „Zwecken der Forschung oder Belehrung das Augenmerk richten wollen." Oft könnten wir einen Begriff nicht in all seinen Teilen zugleich mit gleicher Aufmerksamkeit denken und richteten daher den „geistigen Blick" zunächst nur auf den einen Teil, indem wir uns gleichwohl bewusst wären, dass andere dazu gehörten. Oft könnten wir es aber, abstrahierten absichtlich von den anderen Teilen, weil sich gerade an diesem Teil des Begriffes unsere Betrachtungen und Schlüsse knüpften. Für die Erkenntnis sei es notwendig und von Vorteil, wenn eine wissenschaftliche Darstellung zuerst die Aufmerksamkeit auf die Momente lenkte, die uns am leichtesten einleuchten würden.

Für Stumpf ist das Moment, das die arithmetischen Sätze an seinem Zahlbegriffe hervorheben, eine „besondere Gruppierung seiner Einheiten (Theile)", die entweder im Prädikat betont oder einem anderen Teil gegenübergestellt wird (z. B. für den ersten Fall: 11 = 5 + 6 und für den zweiten Fall: 8 + 3 = 7 + 4). An diesem Punkt denkt man nicht nur an Freges zweiten Grundsatz in der Form: „Es wird darauf ankommen, den Sinn eines Satzes zu erklären, in dem ein Zahlwort vorkommt", sondern auch an die Beschreibung, wie uns eine Zahl gegeben ist, an den logischen Vorgang des „Wiedererkennens", den er im §62 seiner „Grundlagen" abhandelt (vgl. Frege, 1884: S. 71). Dort wird uns nach Frege eine Gattung von Sätzen gegeben, die einen Sinn haben muss, welche ein „Wiedererkennen" ausdrücken, d. h. „wir müssen den Sinn des Satzes, „die Zahl, welche dem Begriffe F zukommt, ist dieselbe, welche dem Begriffe G zukommt" erklären, den Inhalt eines Satzes in anderer Weise wiedergeben, ohne den Ausdruck, „die Anzahl, welche dem Begriffe F zukommt" zu gebrauchen und damit ein allgemeines Kennzeichen für die Gleichheit von Zahlen geben (vgl. Kapitel „Freges Begriff der Zahl"). Auch wenn Frege hier auf Subjekt und Prädikat verzichtet, kommt die Aussage Stumpfs „Die Summe, der Zahlbegriff, ist beiderseits identisch, die Gruppierung der Theile (oder es ist nur auf einer Seite eine solche, auf der anderen die Zahl ohne Abtheilungen)" (vgl. Stumpf, 1870: Bg. 26-1) im Kern sehr nahe, besonders dann, wenn man Freges Argumentation, die er ja für den Zahlbegriff heranzieht, auf arithmetische Sätze bei Stumpf ausweitet.

2. Das Axiom: „Gleiches zu Gleichem gefügt (bei Substanzen gemischt, bei Zahlen addiert etc.) gibt Gleiches (genauer gleiche Mischungen, Summen etc.) In algebraischen Zeichen: wenn in $a + c$ und $b + d$ $a = b$ und $c = d$, so sind auch die Summen selbst gleich." Hier verwendet Stumpf zur Analyse das gleiche Muster. Nach der Definition von Gleichheit fallen *a* und *b* unter eine „Spezies", wie auch c und d unter eine „Spezies" fallen. Am Beispiel einer Substanz, einer Mischung von O mit H, würde aber offensichtlich, dass die Individuen auf beiden Seiten verschieden wären, auch wenn die Spezies und die Zusammenfügung gleich sind.

O	mit	H	ist gleich einer Mischung von	O	mit	H
a	+	*c*	=	*b*	+	*d*

Da in diesem Fall *a* nicht *b* und *c* nicht *d* wäre, scheine diesmal das Prädikat mit dem Subjekt wirklich nicht identisch zu sein. Der Satz laute aber nicht: $a + c$ *ist* $b + d$ sondern *ist gleich* $b + d$ und damit sind Subjekt und Prädikat identisch. Andernfalls wäre der ganze Satz nicht nur nicht analytisch, sondern sogar falsch, denn es bedeute nicht, dass eine Mischung einer anderen Mischung gleich ist oder auch 40 Pferde anderen 40 Pferden gleich seien, sondern nur in Beziehung auf die Zahl ergäbe sich kein Unterschied. Wenn jetzt der Satz über die Gleichheit „Die Species HO ist die Species HO, eine Wahrheit, deren analytische Evidenz auch das Sprüchwort (von der Wurst) anerkennt“ laute und identisch ist, was drückt dieser Satz, der nicht rein tautologisch wäre, und in dieser „Fassung“ nur eine wissenschaftliche Bedeutung hätte, aus? Er lehre uns, so Stumpf, „daß es, wo bloß die Gleichheit (Identität der Species resp. der Mischungs = Summenspecies etc.) behauptet wird, auf die individuelle Verschiedenheit nicht ankommt.“

Im diesem Sinne verwendet Stumpf mit der Angabe eines Identitätskriteriums für die Gleichheit von Zahlen (gleich in Beziehung auf die Zahl) die Äquivalenzbeziehung von Hume, die Frege ebenso für seinen Anzahlbegriff nutzt. Hume definierte nachstehende Äquivalenzaussage (vgl. Baumann, 1869: S. 565):

> Wenn zwei Zahlen so combinirt werden, dass die eine immer eine Einheit hat, die jeder Einheit der anderen entspricht, so geben wir sie als gleich an [...]

Frege dient dieses Prinzip von Hume (Frege, 1884: §62, §63), das nach ihm geeignet sei, das Verständnis (den Sinn) einer Zahlengleichung zu konstituieren (festzustellen), um daraus den Begriff der Anzahl zu gewinnen (siehe auch Kapitel „Freges Begriff der Zahl“). In den nachfolgenden Paragraphen liefert er darauf aufbauend folgende Definition:

$$\text{Die Anzahl der } F =_{\text{def}} \text{ die Anzahl der } G$$

was soviel heißt, dass die F den G ein-eindeutig zuordenbar sind. Praktisch heißt dies nach Frege, dass man mit einem Blick prüfen kann, ob auf einem gedeckten Tisch genau soviel Teller wie Gläser stehen ohne sie zählen zu müssen, nämlich genau dann, wenn man jedem Glas einen Teller ein-eindeutig zuordnen kann und umgekehrt (vgl. Frege, 1884: §70).

Stumpf stimmt mit Mill insofern überein, dass der Satz über die „Subtraktion von Zahlen (Hinwegnahme)“ wie auch der Satz der „Addition von Ungleichem zu Gleichem“ aus diesen zwei gezeigten Sätzen abgeleitet werden kann. Etwas seltsam hingegen erscheint Stumpf, dass diese beiden „Naturgesetze“ für die Deduktion der Arithmetik Mill genügen. Vielleicht hat Stumpf hier weitere erforderliche Axiome (z. B. „Summen sind gleich ohne Unterschied in der Ordnung der Glieder“ oder auch „Eine Summe (Zahl) ist mehr als Eins“) erwartet, die für die Grundlegung der Arithmetik erforderlich wären, eine Lücke, auf die später Frege, wie bereits erwähnt mit dem fehlenden Assoziativgesetz (vgl. Frege, 1884: §7) hinweist.

5.6 Freges Begriff der Zahl

Der Standpunkt vieler Formalisten, wie z. B Hankel, Dedekind oder auch Thomae, die für das Verständnis der formalen Arithmetik und für die mathematische Arbeit keine Notwendigkeit sahen, das Wesen der Zahl zu ergründen, da sie ja nur ein Spiel mit Zeichen (ähnlich einem Schachspiel) sei, war Frege stets ein Dorn im Auge. Diese Auffassung gab ihm nicht weniger als Mills empirische Theorie stets Anlass zu Einwänden und Kritik. Für Frege müssen auch Formeln, die nur aus Zeichen bestehen, verlässlich sein, d. h. will man sich auf die Wahrheit der Formeln verlassen, müssen ihre Bestandteile eine Bedeutung besitzen. Ebenso wenig könnten die Grundbegriffe eines axiomatischen Systems durch deren Axiome definiert werden. Man gelange zwangsläufig zu unterschiedlichen Auffassungen (Interpretationen), wenn nicht von Anfang an feststünde, was die Ausdrücke in den Axiomen bedeuteten.

Weder durch Ableitung aus der Eins und der Vermehrung um eins in einer Additionsreihe (Leibniz, Mill, Graßmann) analog dem Zählen, noch durch Abstraktion von Gegenständen (Cantor, Schröder) gewänne man den Begriff der Anzahl. Auch wäre die Zahl nichts Physikalisches, wie Mill behauptet, sie wäre ebenso wenig etwas Subjektives und damit Gegenstand der Psychologie oder ein Ergebnis psychischer Vorgänge, nicht Idee wie bei Locke und Leibniz oder Schlömilch, der die Zahl als Vorstellung eines Objekts in einer Reihe bezeichnete. Um Verwirrung zu vermeiden, müsste auch ein Unterschied zwischen Einheit und Eins aufrechterhalten bleiben, indem man darauf achte, in welcher Beziehung die Bedeutungen dieser beiden Begriffe zueinander stünden (vgl. Frege, 1884: §§18-39). Wenn man die zu zählenden Dinge Einheiten nennen würde, so wären sie auf der einen Seite in gewisser Hinsicht zwar gleich, aber auf der anderen Seite benötige man gerade ihre Verschiedenheit, wenn die Zahl größer als 1 werden sollte. Damit hätten die Einheiten zwei sich widersprechende Eigenschaften: die Gleichheit und die Unterscheidbarkeit. Die Ausdrücke „Vielheit", „Menge" und Mehrheit" seien wegen ihrer Unbestimmtheit ungeeignet, zur Erklärung der Zahl zu dienen (vgl. §45).

Frege zeigt im ersten Kapitel seiner „Grundlagen" minuziös, weshalb alle beschriebenen Versuche, eine logische Definition des Zahlbegriffs zu geben, misslingen. Um den Anzahlbegriff (vgl. §§55 - 86) allein mit logischen Mitteln herleiten zu können, müsste zunächst die Zahl im Zusammenhang eines Urteils betrachtet werden, da nur ein vollständig bestimmter Begriff (mit einer scharfen Grenze) ein Begriff im logischen Sinne sei. So gesehen müsste die Zahlangabe „eine Aussage von einem Begriff enthalten", was am deutlichsten aus der Zahl 0 hervorginge (vgl. Frege, 1884: §46):

> Wenn ich sage: „die Venus hat 0 Monde", so ist gar kein Mond oder Aggregat von Monden da, von dem etwas ausgesagt werden könnte; aber dem Begriffe „Venusmond" wird dadurch eine Eigenschaft beigelegt, nämlich die, nichts unter sich zu befassen. Wenn ich sage: „der Wagen des Kaisers wird von vier Pferden gezogen," so lege ich die Zahl vier dem Begriffe „Pferd, das den Wagen des Kaisers zieht," bei.

Damit ist die Unterscheidung zwischen einem Begriff und den Gegenständen, die unter diesen Begriff fallen, gegeben. Während der Begriff (Eigenname), den eine Zahl bezeichnet, unveränderbar bleibt, können die Gegenstände, die unter diesen Begriff fallen, verschieden sein. Diese logische Form von Zahlurteilen ist eine Grundvoraussetzung Freges für die eigentliche Definition der Zahl, für die, wie später zu sehen ist, ein eindeutiges Identitätskriterium beigebracht werden muss. Frege fügt hinzu, dass ein Begriff nicht dadurch aufhöre, Begriff zu sein, wenn nur ein einziges Ding unter ihn falle; einem solchen Begriff käme die Zahl 1 zu, die in demselben Sinne Zahl wie 2 und 3 sei. Diese Erkenntnisse zugrunde legend definiert Frege in einem ersten Versuch die Anzahlangaben für die 0, 1 und den Nachfolger rekursiv (vgl. Frege, 1884: XXXIII):

> dem Begriff *F* kommt die Zahl 0 zu, wenn für jeden Gegenstand *a* gilt, dass *a* nicht unter den Begriff *F* fällt;
> dem Begriff *F* kommt die Zahl 1 zu, wenn nicht für jeden Gegenstand *a* gilt, dass *a* nicht unter den Begriff *F* fällt, und wenn für ein beliebiges „*a*" und „*b*" aus den Sätzen „*a* fällt unter *F*" und „*b* fällt unter *F*" folgt, dass *a* und *b* derselbe Gegenstand sind;
> dem Begriff *F* kommt die Anzahl *n* + 1 zu, wenn es einen Gegenstand *a* gibt, der unter *F* fällt und so beschaffen ist, dass dem Begriff „unter *F* fallend, aber von *a* verschieden" die Zahl *n* zukommt.

Frege genügen diese „ungezwungenen" Darlegungen nicht, weil sie nicht den Sinn von Sätzen der Gestalt „dem Begriff *G* kommt die Zahl *n* zu" erklären und mit Hilfe seiner Darlegungen auch nicht beweisen, dass *a* = *b* sein müsse, wenn dem Begriff *F* die Zahl *a* oder die Zahl *b* zukomme. „Um den Begriff der Anzahl zu gewinnen, muß man den Sinn einer Zahlengleichung feststellen". Dieser Sinn wäre gegeben durch Aussagen (Gleichungen), die mit ihrer Form „Die Zahl, welche dem Begriffe *F* zukommt, ist dieselbe, welche dem Begriffe *G* zukommt" ein „Wiedererkennungsurteil" aufweisen. Damit ein allgemeines Kennzeichen für die Gleichheit der Zahlen gegeben sei, müsste daher der Inhalt (Sinn) dieses Satzes ohne den Ausdruck „die Anzahl, welche dem Begriffe *F* zukommt" wiedergegeben werden, d. h. Frege möchte den Ausdruck „Anzahl" durch eine Definition ersetzt haben. Man müsste ein Mittel haben, das uns in die Lage versetzte, in den Sätzen (Gattung von Sätzen), in denen Zahlwörter vorkommen (selbständige Gegenstände), „eine bestimmte Zahl zu fassen und als dieselbe wiederzuerkennen." Erst dann könnte man ihr ein Zahlwort zum Eigennamen geben. Zahlen werden hiermit zu logischen Gegenständen, die wir im Sinne Freges aus Begriffen gewinnen (oder auch aus der später so genannten *Abstraktion*[69] erfassen; vgl. auch Thiel in Schirn, 1976: S. 243ff).

---

69 In einem „Entwurf einer Besprechung von Cantors Lehre vom Transfiniten" (vgl. Frege, 1983: S. 80) erklärt Frege, was er unter Abstraktion versteht und sich von der „Abstraktion durch Absehen von besonderen Eigenschaften", der Form zeitgenössischer Logiker, wohl unterscheidet: „…Man sagt vielleicht: „ein Bleistift ist doch keine Menge"! Warum nicht? Nun, dann lassen wir den Mond ansehen! „Der Mond ist auch keine Menge!" Schade! Die Kardinalzahl Eins möchte doch auch gerne irgendwo und irgendwann entstehen, und der Mond schien so passend als Geburtshelfer. Nun, dann nehmen wir ein Sandhaufen! Ach, da will ihn schon einer auseinander rühren. „Sie wollen doch nicht etwa gar zählen? Das ist streng verboten! Sie müssen die Zahl durch einen einzigen Abstraktionsakt gewinnen". „Aber, um von der Beschaffenheit eines Sandkorns abstrahieren zu können, muss ich es doch erst einmal ange-

Auch wenn mit Humes Gleichheitsprinzip (siehe Kapitel 5.5) ein Kriterium für die Gleichheit von Zahlen gegeben sei, so ist es für Frege nicht unmittelbar anwendbar, da es den Begriff der Anzahl schon voraussetzen würde. Die Gleichheit für Zahlen sei wesentlich enger zu fassen, obwohl das Verhältnis für Gleichheit nicht nur auf Anzahlen begrenzt wäre, und es auch darum einer allgemeinen Gültigkeit gegenüber nicht besonders erklärt werden müsse. Erst mit dem Inhalt eines *Urteils*, der sich als eine Gleichung auffassen lassen müsste, und auf deren beiden Seiten jeweils eine Zahl stünde, gewinne man durch Einsetzen des schon bekannten Begriffs der Gleichheit dasjenige, was als gleich zu betrachten wäre. Diese etwas „ungewöhnliche Art" der Definition „welche wohl von den Logikern noch nicht genügend beachtet ist", ist in Freges Augen aber erforderlich, um das Kriterium für die Gleichheit ohne Vorgriff auf den Anzahlbegriff anzuwenden (vgl. Frege, 1884: §63). Frege erkennt in diesem Zusammenhang ähnlich gelagerte Fälle, in denen die implizite Definition für ein Wort kontextuell (Axiome, mathematische Sätze) erfolgt. Ein prädestiniertes Beispiel scheint für Frege hierfür die Aussage über die Parallelität zweier Geraden in der ebenen Geometrie zu sein (vgl. Frege, 1884: §64ff).

Sind in der ebenen Geometrie zwei parallele Geraden *a* und *b* gegeben, gilt folgendes Urteil: „Die Gerade *a* ist parallel der Geraden *b*" (in Zeichen: $a \| b$). Als Gleichung aufgefasst, gilt im selben Sinn die Aussage: „Die Richtung der Geraden *a* ist gleich der Richtung der Geraden *b*". Mit dem Übergang der Parallelitätsaussage „$a \| b$" zu der Gleichheitsaussage $a = b$, der durch die Aufteilung des Inhalts der ersten Beziehung an *a* und *b* und durch den Tausch des Zeichens „$\|$" durch das allgemeinere Zeichen „=" erfolgt, bekomme man einen neuen Begriff: den Begriff „Richtung". Auf gleiche Art erhalte man auch beispielsweise aus der Ähnlichkeit von Dreiecken den Begriff der „Gestalt" eines Dreiecks. Wenn nach Frege der Satz „Die Gerade *a* ist parallel der Geraden *b*" gleichbedeutend ist mit dem Satz: „Die Richtung der Geraden *a*

schaut, aufgefasst, seine Bekanntschaft gemacht haben!" „Das ist ganz unnötig. Wo blieben sonst wohl unendliche Kardinalzahlen? Wenn Sie das letzte Sandkorn anschauten, würden Sie ja doch die ersten schon wieder vergessen haben. Sie sollen ja, ich hebe es nochmals hervor, durch einen einzigen Abstraktionsakt die Zahl gewinnen. Freilich bedürfen Sie dazu des Beistandes höherer Wunderkräfte. Sie meinen doch nicht etwa, mit der gemeinen Abstraktion auskommen zu können? Wenn Sie Bücher betrachten, teils in Quart, teils in Oktav, teils dick, teils dünn, teils mit deutschen, teils mit lateinischen Lettern gedruckt, und Sie abstrahieren von diesen Eigenschaften, durch die sie sich unterscheiden, und gelangen so etwa zu dem Begriffe „Buch", so ist das am Ende keine große Kunst. Erlauben Sie, dass ich Ihnen den Unterschied zwischen der gemeinen und höheren, wunderbaren Abstraktion etwas verdeutliche.

Bei der gemeinen Abstraktion gehen wir von der Vergleichung von Gegenständen *a*, *b*, *c* aus, finden, dass sie in manchen Eigenschaften übereinstimmen, durch andere aber auch sich unterscheiden. Wir abstrahieren von diesen letzten und gelangen zu einem Begriffe Φ unter der sowohl *a* fällt, als auch *b*, als auch *c*. Dieser Begriff hat nun weder die Eigenschaften, von denen abstrahiert ist, noch die den Gegenständen *a*, *b*, *c*, gemeinsam. Der Begriff „Buch" z.B. besteht nicht aus bedruckten Papierblättern, obwohl die einzelnen Bücher, von deren Vergleichung wir ausgegangen sind, aus solchen bestehen, ebenso wenig gebiert der Begriff „weibliches Säugetier" Junge, noch säugt er sie mit Milch, die er aus Drüsen absondert; er hat nämlich keine Drüsen. Ganz anders bei wunderbaren Abstraktionen! Hier haben Sie z.B. einen Sandhaufen…" (An dieser Stelle bricht das Manuskript ab) ist gleich der Richtung der Geraden *b*" stellt sich nun die Frage nach der Berechtigung, statt von der Parallelität zweier Geraden von der Gleichheit ihrer Richtungen zu sprechen, ohne das durch den Übergang etwas „verloren" geht oder gar irgendwelche Widersprüche entstehen. Die Berechtigung hierfür „eignet" sich Frege einmal mit der folgenden Leibnizschen Erklärung für die Wahrheit an: „Eadem sunt, quorum unum potest substitui alteri salva veritate" (vgl. Frege, 1884: §65). Es wäre also mit Leibniz unerheblich, ob man „dasselbe" oder „gleich" sage, obwohl im Gegensatz zu „dasselbe", das eine vollkommene Übereinstimmung ausdrücke, das „gleich" nur eine Übereinstimmung in dieser oder jener Hinsicht anzeige. Für den speziellen Fall der Richtungsgleichheit bedeutet das, dass zwei Ausdrücke genau dann das Gleiche bezeichnen, wenn sie in allen „wahren" geometrischen Aussagen durch einander ersetzt werden können, ohne dass sich der Wahrheitswert der Aussage ändert (vgl. Thiel in Schirn, 1976: S. 252). Das zweite Argument liegt in den Aussagen, in denen von einer beliebigen Aussage über zwei Gerade auf eine Gleichheitsaussage über die ihnen zugeordnete „Gegenstände anderer Art" (Zahlwörter) widerspruchsfrei geschlossen wird, den so genannten Äquivalenzaussagen.

Wie bereits im vorherigen Kapitel erwähnt, überträgt Frege für seinen nächsten Versuch der Anzahldefinition das Modell der Äquivalenzaussage aus den zwei Begriffen Parallelität und Richtung mit ein-eindeutiger Zuordnung der Gegenstände – dass nämlich jedem Gegenstand, der unter den einen dieser Begriffe fällt, genau ein Gegenstand entspricht, der unter den anderen Begriff fällt – auf die nach ihm präzisere Aussage von Hume über die Beziehung zwischen Zahlen. Mit der „Gleichzahligkeit", der beiderseits eindeutigen Zuordnung in der Äquivalenzbeziehung „Der Begriff F ist gleichzahlig dem Begriff G" kann Frege jetzt definieren:

> Die Anzahl, die dem Begriffe F zukommt, ist gleich der Anzahl, welche dem Begriff G zukommt.

Auch dieses Ergebnis stellt für Frege noch keine zufriedenstellende Lösung dar. Zum einen besitzen die Gleichheitsaussagen der Form „die Richtung von *a* ist gleich der Richtung von *b*" auf der linken und rechten Seite dieselbe Struktur und Form des Gegebenseins. Diese Aussagen sind aber für Zahlen zu begrenzt, zu eng gefasst, da ja gerade die vielseitige und bedeutsame Verwendbarkeit der Gleichungen darauf beruhe, dass man etwas wiedererkenne, obwohl es auf verschiedene Weise gegeben sei (vgl. Frege, 1884: §67), und daher diese spezifische Form der Gleichung für eine Definition des Zahlbegriffs ungeeignet erscheint. Zum anderen könnte der Austausch des Ausdrucks „die Anzahl der F (die Richtung von a)" nur dann gegen „die Anzahl der G (die Richtung von G)" erfolgen, wenn sie einander ein-eindeutig zuordenbar wären. Dies setze aber voraus, dass die Definition eines Gegenstandes, die als solche eigentlich nichts von ihm aussagt und nur die Bedeutung eines Zeichens bestimme (vgl. Frege, 1884: §66), immer anwendbar wäre. Davon kann aber nicht ausgegangen werden; denn diese Definitionen entscheiden ja nur über eine Identität, wenn die bereits links und rechts vom Gleichheitszeichen bezeichneten Anzahlen (Richtungen) schon als Anzahlen (Richtungen) vorhanden sind. Sollte diese Voraussetzung aber nicht gegeben sein, so versagen sie, wenn sie, wie in Freges als „unsinnig scheinendem Beispiel" darüber entscheiden sollten, ob England dasselbe sei wie die Richtung der Erdachse. Frege hierzu (vgl. §66):

> In dem Satze „die Richtung von a ist gleich der Richtung von b" erscheint die Richtung als Gegenstand[70] und wir haben in unserer Definition ein Mittel, diesen Gegenstand wiederzuerkennen, wenn er etwa in einer andern Verkleidung etwa als Richtung von b auftreten sollte. Aber dieses Mittel reicht nicht für alle Fälle aus. Man kann z. B. danach nicht entscheiden, ob England dasselbe sei wie die Richtung der Erdaxe. Man verzeihe mir dies unsinnig scheinende Beispiel! Natürlich wird niemand England mit der Richtung der Erdaxe verwechseln; aber dies ist nicht das Verdienst unserer Erklärung. Diese sagt nichts darüber, ob der Satz „die Richtung von *a* ist gleich *q*" zu bejahen oder zu verneinen ist, wenn *q* selbst in der Form „die Richtung von *b*" gegeben ist. Es fehlt uns der Begriff der Richtung; denn hätten wir diesen, so könnten wir festsetzen: wenn *q* keine Richtung ist, so ist unser Satz zu verneinen; wenn *q* eine Richtung ist, so entscheidet die frühere Erklärung.

Eine Definition kann daher nicht ausschließen, dass ein durch das Definiens bestimmter Gegenstand auch durch solche Ausdrücke bestimmt werden kann, die nicht die Gestalt des Definiens haben. „Da wir so keinen scharf begrenzten Begriff der Richtung und aus denselben Gründen keinen solchen der Anzahl gewinnen können", versucht Frege in seinem dritten Ansatz (vgl. Frege, 1884: §68), einer expliziten Definition, einen anderen Weg zu gehen. Hierfür legt er folgenden Entwurf zugrunde:

> Wenn die Gerade *a* der Gerade *b* parallel ist, so ist der Umfang des Begriffs „Gerade parallel der Gerade *a*" gleich dem Umfange des Begriffs „Gerade parallel der Gerade *b*", und umgekehrt: wenn die Umfänge der genannten Begriffe gleich sind, so ist *a* parallel *b*. Versuchen wir also zu erklären:
>
> die Richtung der Gerade *a* ist der Umfang des Begriffes
> „parallel der Gerade *a*";
> die Gestalt des Dreiecks *d* ist der Umfang des Begriffes
> „ähnlich dem Dreiecke *d*"!
>
> Wenn wir dies auf unsern Fall anwenden wollen, so haben wir an die Stelle der Geraden oder der Dreiecke Begriffe zu setzen und an die Stelle des Parallelismus oder der Aehnlichkeit die Möglichkeit, die unter den einen den unter den andern Begriff fallenden Gegenständen beiderseits eindeutig zuordnen.

Frege unternimmt aber keinen Versuch, an irgendeiner Stelle den „Umfangbegriff" näher zu erklären und einen Vorzug dieser Definition aufzuzeigen, sondern definiert erst einmal die von ihm bezeichnete Äquivalenzbeziehung der „Gleichzahligkeit" zwischen zwei Begriffen und der eindeutig umkehrbaren Zuordenbarkeit: „die Anzahl,

---

[70] Frege bemerkt in seiner Fußnote: „Der bestimmte Artikel deutet dies an. Begriff ist für mich ein mögliches Praedicat eines singulären beurtheilbaren Inhalts, Gegenstand ein mögliches Subject eines solchen. Wenn wir in dem Satze ‚die Richtung der Fernrohraxe ist gleich der Richtung der Erdaxe' die Richtung der Fernrohraxe als Subject ansehen, so ist das Praedicat ‚gleich der Richtung der Erdaxe'. Dies ist ein Begriff. Aber die Richtung der Erdaxe ist nur ein Theil des Praedicats; sie ist ein Gegenstand, da sie zum Subjecte gemacht werden kann."

welche dem Begriffe F zukommt, ist der Umfang des Begriffes ‚gleichzahlig dem Begriffe F'." Diese Definition ist zwar eine explizite Definition, da die Anzahl nicht wie vorher durch Anzahlgleichungen definiert wird; inwiefern jedoch der Ausdruck „Umfang des Begriffs" „parallel der Geraden *a*" eine bessere „Vorstellung" gibt, als die Richtung einer Geraden a, bleibt ebenso offen wie die Frage, ob der Satz Umfang des Begriffes „gleichzahlig dem Begriff F" ein besseres Verständnis für den Ausdruck Anzahl, die einem Begriff F gibt. Frege sieht das anscheinend ebenso, da er sofort einräumt, dass diese Erklärung vielleicht zunächst wenig einleuchtend sei, und ob man sich unter dem Umfang eines Begriffes nicht etwas Anderes vorstelle. Vorausahnend, dass sich solche Bedenken einstellen müssen, bemerkt Frege sofort in einer Fußnote, dass für den „Umfang des Begriffes" einfach „Begriff" [71] gesagt werden könne und eventuelle Einwände gehoben werden könnten, die hier aber zu weit führen würden. Er schließt mit dem etwas lapidaren Satz „ich setze voraus, dass man wisse, was der Umfang eines Begriffes sei" und fügt am Ende seines Buches in seinem Rückblick (vgl. Frege, 1884: §107) hinzu: „Diese Weise, die Schwierigkeit zu überwinden, wird wohl nicht überall Beifall finden, und Manche werden vorziehn, jenes Bedenken in andrer Weise zu beseitigen. Ich lege auch auf die Heranziehung des Umfangs eines Begriffes kein entscheidendes Gewicht."

Wie aus den schon skizzierten semantischen Aufsätzen hervorgeht, tat er es dann aber doch. Den Anspruch auf Klarheit und Strenge, den Frege für seine methodischen Grundsätze forderte, und den er bis hierhin auch konsequent verfolgte, diesem Anspruch konnte er für seinen dritten Grundsatz mit dem Schritt, der Einführung von Begriffsumfängen, nicht gerecht werden. Der geforderte Unterschied zwischen Begriff und Gegenstand wirkt durch die Möglichkeit, von Begriffen jederzeit zu den entsprechenden Begriffsumfängen übergehen zu können, abstrus, da nach seiner Definition die „Gegenstände", die unter den Begriff der Gleichzahligkeit fallen, ebenfalls Begriffe sind, Gegenstände von Begriffsumfängen. Auch Freges Versuch (vgl. Frege, 1884: §69) aus den „ursprünglichen Aussagen": „1. die Gleichheit, 2. daß der eine umfassender als der andere sei", den Begriffsumfang zu erklären, „erhellt" nicht wirklich. Der Sinn des Ausdruckes „Umfang des Begriffes", den er in seinem §68 als bekannt voraussetzt oder auch die im letzten Absatz aufgeführten Bemerkungen (§107) einer scheinbaren „Bedeutungslosigkeit" stehen in einem offenen Widerspruch zu seiner doch sonst so strengen Vorgehensweise hinsichtlich der Einführung des „Begriffsumfangs" in die Logik. Hier liegt der eigentliche „Schwachpunkt" seiner „Grundlagen", da Frege auch Begriffsumfänge für seine Definitionen der „höheren Zahlenarten" verwendet und damit keine Aufklärung dieser so wichtigen Voraussetzung für sein logizistisches Programm leistet.

---

71 Nach Frege würde man hierzu zweierlei einwenden: „1. dies stehe im Widerspruche mit meiner früheren Behauptung dass die einzelne Zahl ein Gegenstand sei, was durch den bestimmten Artikel in Ausdrücken wie „die Zwei" und durch die Unmöglichkeit angedeutet werde, von Einsen, Zweien, usw. im Plural zu sprechen, sowie dadurch, dass die Zahl nur einen Theil des Praedicats der Zahlenangabe ausmache; 2. dass Begriffe von gleichen Umfange sein können, ohne zusammenzufallen."

In der Sprache der heutigen klassischen Logik formuliert, kann Freges Definition zum Begriffsumfang wie folgt lauten: ein Begriffsumfang ist die Klasse alles dessen, was unter den betreffenden Begriff fällt.

Nachdem Frege schon in seiner Begriffsschrift die Gleichzahligkeits- und Nachfolgerbeziehung rein logisch definiert hat, muss er zur Vollendung seines Programms lediglich die Anfangsglieder 0 und 1 bestimmen. Für den Anfang der Anzahlreihe, der 0, wählt er den Begriff „sich selbst ungleich“. „Unter den Begriff „gleich 0 aber nicht gleich 0“ fällt dagegen kein Gegenstand, sodass 0 die Anzahl ist, welche diesem Begriffe zukommt.“ So habe man, einen Begriff „gleich 0“ und einen unter ihn fallenden Gegenstand 0, für den folgendes gelte (vgl. §77):

> die Anzahl, welche dem Begriff „gleich 0“ zukommt,
> ist gleich der Anzahl, welche dem Begriff „gleich 0“ zukommt;
> die Anzahl, welche dem Begriffe „gleich 0 aber nicht gleich 0“ zukommt, ist die 0.
> Also gilt auch:
> 0 ist der Umfang des Begriffs „gleichzahlig dem Begriff „sich selbst ungleich“.

Die 1, die in der natürlichen Zahlenreihe unmittelbar auf 0 folgt, ergibt sich danach aus dem Satz:

> 1 ist der Umfang des Begriffs „gleichzahlig dem Begriff, gleich 0“.

Nach Frege wäre es hier nicht überflüssig zu bemerken, dass die Definition der 1 zu ihrer objektiven Rechtmäßigkeit keine beobachtbare Tatsache (Satz ohne Allgemeinheit) voraussetze. Für die Definition der 0 hätte Frege jeden anderen Begriff wählen können, unter den nichts fällt. Frege kam es aber darauf an, einen Begriff zu wählen, der „rein logisch bewiesen werden kann“ (vgl. Frege, 1884: §74). Im Rückgriff auf Leibnizens Erklärung (vgl. §65) über „Identität“ und „Gleichheit“ von Gegenständen fand er jedoch den Ausdruck „sich selbst ungleich“, der von rein logischer Natur ist, am „bequemsten“.

In einem Schlussteil (vgl. §87-§109) zieht Frege ein sehr umfangreiches Resümee über die Herleitung seines Anzahlbegriffs, wo er „den Gang seiner „Untersuchungen“ nochmals mit den für ihn wichtigen Überlegungen zusammenfasst. Hinsichtlich der Definition des Anzahlbegriffs bringt er die Hoffnung zum Ausdruck, „wahrscheinlich gemacht zu haben, dass die arithmetischen Gesetze analytische Urtheile und folglich a priori sind“. In diesem Fall wäre „die Arithmetik nur eine weiter ausgebildete Logik, jeder arithmetische Satz ein logisches Gesetz, jedoch ein abgeleitetes.“ Allerdings verbleiben immer noch Zweifel, ob sein Beweis aus rein logischen Gesetzen durchgängig geführt werden könnte, oder ob sich nicht doch noch ein Beweisgrund anderer Art eingemischt habe, den er nicht vollständig entkräften konnte. Nur eine lückenlose Schlusskette mit ausschließlich logisch anerkannten Schlussweisen könnte hier eine Gewissheit über die Richtigkeit der Beweisführung geben (vgl. §90).

Abschließend sei noch auf andere „Zahlengattungen“ (vgl. §92) oder auch „Andere Zahlen“ hingewiesen, die Frege in seinen §§ 92 bis 105 vorwiegend kritisch betrachtet. Einen Hauptkritikpunkt macht Frege in der mangelnden Unterscheidung zwischen Begriff und Gegenstand fest, wenn man glaube, trotz nachgewiesener Widerspruchsfreiheit die Eigenschaften der Zahlenarten durch die Aufstellung von

Axiomensystemen sicherstellen zu können. Bei der Einführung dieser Zahlen (Brüche, Komplexe Zahlen, usw.) werde es darauf ankommen, einen beurteilbaren Inhalt zu finden, der so in eine Gleichung verwandelt werden könne, dass auf beiden Seiten die „neuen" Zahlen stünden; d. h. hier gilt es ebenso den Sinn eines „Wiedererkennungsurteil" für diese Zahlen festzusetzen. „Dabei sind die Bedenken zu beachten, die wir (§§63 - 68) in Betreff einer solchen Umwandlung erörtert haben. Wenn wir ebenso wie dort verfahren, so werden uns die neuen Zahlen als Umfänge von Begriffen gegeben" (vgl. Frege, 1884: §104).

In seiner Not, den Begriff der Anzahl einerseits nicht von den wirklichen, angeschauten oder vorgestellten Gegenständen ableiten zu wollen oder zu müssen, und andererseits die Null und die Eins als etwas zu rechtfertigen, das unter einen Begriff fallen kann, verfällt Frege auf die „Lösung", die Anzahl oder das Zahlwort keinesfalls als ein Eigenschaftswort von Gegenständen zu verstehen. In dem Satz „Vier Pferde ziehen den Wagen" ist „vier" selbstverständlich keine Eigenschaft der Pferde, sondern eine Eigenschaft des Begriffs „Pferd". Die Zahl steht nicht auf einer Stufe mit einem Eigenschaftswort wie „jung" oder „schwarz". Allerdings sind die Begriffe nicht die intendierten Gegenstände; Grote (vgl. Grote, 1983: S. 57) stellt es so hin, als verwechselte Frege jetzt die Begriffe mit den intendierten Gegenständen, denn tatsächlich werden nicht 4 Begriffe von Pferden, sondern vier Pferde vor den Wagen gespannt. Der Versuch, das Wesen der Null aus dem Logisch-Begrifflichen herzuleiten, schlägt fehl, nicht zuletzt wegen der Vieldeutigkeit des Begriffs „Gegenstand".

5.7 Stumpfs Begriff der Zahl

Selbst wenn es Stumpf in seiner Untersuchung mehr um die Erkenntnis mathematischer Grundsätze geht, macht er doch unmissverständlich klar, dass die Zurückführung dieser Grundsätze auf den Satz der Identität oder den des Widerspruchs nur durch eine Analyse der darin enthaltenen Begriffe erfolgen kann. Die Elementarbegriffe, (d. h. ihre Definitionen), aus welchen die Axiome und die Sätze der Arithmetik gebildet würden, wären die Begriffe von Zahlen, Gleichheit und Ungleichheit, vom Mehr und Weniger (vgl. Stumpf, 1870: Bg. 19-2). Der Analyse dieser Begriffe gilt im Folgenden Aufmerksamkeit zu schenken.

Man verstehe unter Zahl überhaupt, so Stumpf, die Summe von Einheiten; also unter einer speziellen Zahl die spezielle Summe von Einheiten (1 + 1 + …). Würde man den Begriff der Summe noch weiter analysieren, so bedeute die Summe „Zusammengedachtes", aber nicht, wie Mill behauptete, „Zusammengebrachtes". Ebenso wenig wäre die Summe eine Zusammenfassung von Dingen, sei es in der Wirklichkeit oder in der Phantasie. Frege teilt diese Auffassung, indem er der Zahl (bei Stumpf entspricht ja eine spezielle Zahl gleich der speziellen Summe von Einheiten) ebenfalls ihre Entstehung durch Hinzufügung von Ding zu Ding abspricht (vgl. Frege, 1884: §45). Dass Stumpf hier nicht nur die Genese, die Definition der Zahl als Zusammenfassung von Einheiten sieht, wie sie schon Thales[72] zugeschrieben wurde, wird in seinen folgenden Aussagen erkennbar (vgl. Stumpf, 1870: Bg. 19-3):

> [Summe bedeutet] zunächst wenigstens die Zusammenfassung von gewissen psychischen Acten, die sich dann allerdings immer auf Objecte beziehen müssen. Denn was bedeutet Einheit?
> Was nicht verschieden ist, ist eins. Unter Einheit verstehen wir die Negation der Verschiedenheit. Das Ganze der Operation, die wir Zählen nennen; ist also Folgendes: wir behaupten
>
> „*a* ist nicht *b*, *b* nicht *c*, *c* nicht *d* etc.
> 1 1 1
>
> und fassen zugleich alle diese Acte im Denken zusammen: eins und eins und etc. Der Begriff einer solchen Zusammenfassung ist der Begriff der Zahl.

Aus der Operation des Zählens ergeben sich für Stumpf mit der Verschiedenheit (die Unterscheidbarkeit: *a* ist nicht *b*, etc.) der zu zählenden Dinge und ihrer Gleichheit (die er mit 1 bezeichnet) zwei sich scheinbar widersprechende Eigenschaften der Einheiten, wie sie auch bei Frege zu finden ist. Wahrt man den Unterschied zwischen Einheit und Eins, sodass eine aus Einheiten bestehende Menge eine Zahl ist, so ist die Einheit selbst keine Zahl; d. h. es ist ein Unterschied zu machen zwischen einer Menge, die nur ein Element enthält und diesem Element selbst. Schon für Euklid gehörte die Eins nicht zu den Zahlen, wenn er in seinem VII. Buch definiert: „Primzahl ist eine Zahl, die sich nur durch die Einheit messen lässt. Zusammengesetzt ist eine Zahl, die sich nur durch irgend eine (andere) Zahl messen lässt“ (vgl. Euklid, 2001: Def.11 und 13, S. 141). Ebenso beschreibt auch Aristoteles in seiner „Metaphysik“ die „Eins“ als Grundlage des Zählens, als den Ursprung der Zahl ohne selbst Zahl zu sein.[73] Wie kann man sich die Zusammenfassung oder den Übergang von Verschiedenheit zur Gleichheit vorstellen? Frege bemerkt vor seiner Lösung dieser Schwierigkeiten hierzu (vgl. Frege, 1884: §39):

> Wenn wir mit 1 jeden der zu zählenden Gegenstände bezeichnen, so ist das ein Fehler, weil Verschiedenes dasselbe Zeichen erhält. Versehen wir die 1 mit unterscheidenden Strichen [1’, 1”, etc.] so wird sie für die Arithmetik unbrauchbar.
> Das Wort „Einheit“ ist vortrefflich geeignet, diese Schwierigkeit zu verhüllen; und das ist der – wenn auch unbewusste – Grund, warum man es mit Wörtern

---

72 Die Definition der Zahl als Zusammenfassung von Einheiten (*μονάδων σύστημα*) wird Thales zugeschrieben, der sie seinerseits von den Ägyptern gelernt habe. Die ältesten Zahlendarstellungen sind stets Zusammenstellungen von Einheiten (vgl. Gericke, 1970: S. 26).

73 (vgl. Aristoteles, 1907: S.269ff) Aristoteles im Kapitel „Widerlegung des Dualismus“: „Denn die Eins bedeutet, daß etwas als Maß einer Vielheit dient, die Zahl aber, daß das Gemessene eine Vielheit bildet und das Maß mehrfach wiederholt ist. Deshalb ist auch nach gesundem Urteil die Eins gar keine Zahl. Denn das Maß ist nicht eine Vielheit von Maßen, sondern die Eins ist wie das Maß Prinzip. Das Maß muß immer etwas sein, was identisch ist für alle unter einer Gesamtheit Befaßten; z. B. sind Pferde zu zählen, so ist das Maß ein Pferd, und sind Menschen zu zählen, so ist das Maß ein Mensch. Ist Mensch, Pferd und Gott zu zählen, so wird das Maß etwa Lebewesen heißen, und die Zahl gibt dann an, wieviel lebende Wesen da sind.“

„Gegenstand und „Ding" vorzieht. Man nennt zunächst die zählenden Dinge Einheiten, wobei die Verschiedenheit ihr Recht erhält; dann geht die Zusammenfassung, Sammlung, Vereinigung, Hinzufügung, oder wie man es sonst nennen will, in den Begriff der arithmetischen Addition über und das Begriffswort „Einheit" verwandelt sich unvermerkt in den Eigennamen „Eins". Damit hat man dann die Gleichheit.

Frege unternimmt in den folgenden Paragraphen große Anstrengungen, um mit zahlreichen Beispielen und Überlegungen dieses „Geheimnis" einer unvermerkten Umwandlung zu lüften und diese „Wandlung" logisch zu begründen. Da Frege mit der Unterscheidung zwischen Eigenschaften, die von einem Begriff ausgesagt werden und den Merkmalen, die den Begriff zusammensetzen (siehe Kapitel 5.1) bis hin zu seinen „Begriffskonstruktionen" (Begriff zweiter Ordnung), immer die Anzahldefinition der 0 und 1 vor Augen hatte, gelangt er schließlich zum Satz der Abgegrenztheit und Unteilbarkeit der Einheit: „Einheit in bezug auf eine endliche Anzahl kann nur ein solcher Begriff sein, der das unter ihn Fallende bestimmt abgrenzt und keine beliebige Zerteilung gestattet". Um die Gleichheit mit der Unterscheidbarkeit zu „versöhnen", würde hierin die Bedeutung des Wortes „Einheit" in einem doppelten Sinn gebraucht: „Gleich sind die Einheiten" (vgl. Frege, 1884: §54).

Auch Stumpf rechnet den Begriff der Gleichheit zu den wichtigsten Relationsbegriffen, weil er für die Axiome und arithmetischen Sätze die Größengleichheit mit einschließt. Gleichheit bedeute, ganz allgemein genommen, nicht verschieden sein in irgendeiner allgemeinen Beziehung. Dasjenige, was also in irgendeiner Hinsicht keinen Unterschied zeige, nenne man in dieser Hinsicht gleich; d. h. rote Körper sind gleich der Farbe nach, Linien von 2 cm sind gleich der Länge nach oder „Kollektionen von Dingen" sind gleich der Zahl nach, wenn sie z. B. 40 Individuen einschließen. So gesehen könnte man Gleichheit als „Einheit oder Identität (Nichtverschiedensein) der Spezies" definieren. Das, was in einer allgemeinen Beziehung keinen Unterschied zeige, seien Individuen; die allgemeine Beziehung selbst sei eine Gattung; die Eigenschaft, welche an diesen Individuen nicht verschieden sei, eine Spezies. Aus der Verschiedenheit der Spezies folge die Ungleichheit (vgl. Stumpf, 1870: Bg. 20-1). Darüber hinaus könnte überall, in jeder Beziehung, von Gleichheit gesprochen werden; es gäbe ebenso Gleichheit bezüglich Farben, Gerüchen, Tönen, Gedanken, Empfindungen, Geschwindigkeiten etc. wie es Gleichheit in Bezug auf Zahl und Größe gäbe.

Offenbar hat Stumpf sich lebenslang mit dem Begriff der Gleichheit beschäftigt; das erhellt aus seinem letzten Werk, der „Erkenntnislehre", in der Stumpf den Gleichheitsbegriff zu den unverzichtbaren Grundbegriffen (vgl. Stumpf, 1939: §8, S. 84ff) zählt, um ihn über die Größengleichheit hinaus in seiner allgemeinsten Bedeutung zu fassen und ihn bis hin zu seiner Quelle in der Wahrnehmung zu verfolgen. Stumpf bemerkt hier, dass mit den apriorischen Denkformen der Kantischen Lehre leider der „lebendige Fortgang" der Untersuchungen unterbunden worden sei. Erst in jüngster Zeit würde man sich durch die Verbindungen der Erkenntnistheorie mit Psychologie sowie durch die fortschreitende Axiomenforschung dieser Probleme wieder bewusst. Stumpf verdeutlicht in den Kapiteln „Spezielle Gleichheitsdefinition für die Sinneserscheinungen: Extreme Ähnlichkeit", „Allgemeine Gleichheitsdefinition:

Identität der Art nach", „Rückführung anderer Definitionen auf die allgemeine Definition", „Wahrnehmung der Gleichheit und Abstraktion des Gleichheitsbegriffes" und „Bedarf es zur Feststellung der Gleichheit immer eines Kriteriums? Direktes und indirektes Gleichheitsurteil" wo und wann von Gleichheit zweier Denkinhalte, Dinge, Vorgänge, Erscheinungen, psychische Zuständen gesprochen wird, immer gefragt werden muss: „In welcher Hinsicht?". Es müsste die Gattung namhaft gemacht werden, um deren Artbegriff es sich beim Vergleich handele. Nur in der Mathematik würde der Gattungsbegriff „Größe" stets mitgedacht, wenn nicht andere (wie Richtung, Figur, etc.) ausdrücklich angegeben wären. Vor diesem Hintergrund wäre die Größengleichheit nur ein *besonderer Fall* des allgemeinen Gleichheitsbegriffs. Aus welcher Quelle resultiert er? Für Stumpf kann hier nur die „innere Wahrnehmung" in Frage kommen, „denn das Gegebensein eines Begriffes in unserem Bewusstsein kann nur kundwerden durch diese Fähigkeit, auf unsere eigenen psychische Tätigkeiten zu reflektieren" (vgl. Stumpf, 1939: S. 93). Hinzuzufügen wäre noch, dass es nicht die Funktion der Begriffsbildung sei (Abstraktion, Generalisation, Ideation), auf welche sich das Bewusstsein in diesem Falle zu richten hätte, sondern ihr Ergebnis, das psychische Gebilde, der Begriff selbst. Infolgedessen könnte von einer „innersten Wahrnehmung"[74] gesprochen werden, die hierbei auf dieselbe Quelle führe, aus der auch andere ähnliche Ursprungsfragen entwickelt würden.

Stumpf ist in seiner Abgrenzung der Psychologie von der Logik im Vergleich mit Frege, weil mit psychologischer Analyse vertrauter als Frege, wesentlich klarer und kompetenter. Die Untersuchung des Ursprungs der Begriffe ist nach Stumpf allerdings die Aufgabe der Psychologie, so auch der Zahlbegriff. Aber die Grundsätze und die

---

74 Christian von Ehrenfels widmete sich in seiner 1891 verfassten Schrift „Zur Philosophie der Mathematik" in ähnlicher Weise der von Stumpf abgehandelten Problematik, insofern, für die anschaulichsten und klarsten Zahlenvorstellungen (Eins und Zwei) die psychologische Analyse sich vor Allem mit der Frage nach der Herkunft des Einheitsbegriffes zu befassen hätte (vgl. Ehrenfels, 1891: S. 286ff). Es bestünden mehrere Thesen darüber, woher die Begriffe von Einheit und Vielheit abstammten. Es könnte zum einen ein ursprünglicher, nicht weiter zu definierender psychischer Akt im Sinne „als Eins setzen" oder „in Eins fassen" in Frage kommen oder zum anderen nur „eine einfache Abstraktion aus der äußeren Wahrnehmung". Eine dritte Quelle, zumindest für den Einheitsbegriff, würde sich darüber hinaus mit der „inneren Erfahrung" erschließen; aus dieser nämlich stamme der Begriff und würde von hier aus durch eigene psychische Tätigkeit in die äußere Erfahrung hineingetragen. Die erste Möglichkeit unterläge jedoch der Gefahr einer gefährlichen Hypothese, da die Dinge nicht vollkommen klar gegeben seien. Von einer „bloßen Abstraktion" zu sprechen, wo jeder das Ergebnis nach Belieben vorherbestimmen und variieren könnte, käme offenbar auch nicht in Frage, aber „der Umstand, dass jeder abstracte Begriff, welcher ja durch Hinlenken der Aufmerksamkeit auf gewisse psychologische Theile einer concreten Vorstellung entstanden ist, für sich eine Einheit darstellt", scheine für diese Auffassung zu sprechen. Eine ernsthafte Diskussion hierüber würde nach Ehrenfels jedoch eine Präzisierung des Phänomens des Aufmerkens verlangen, von welcher die Psychologie aber noch weit entfernt wäre. Die dritte Auffassung hätte daher Manches für sich und ließe sich mit den vorher erwähnten Thesen in mannigfacher Weise kombinieren, doch „der Unbefangene wird am besten thun, mit dem Hinblick auf alle möglichen Lösungsversuche sein Urtheil vorläufig zu suspendiren" (vgl. Ehrenfels, 1891: S. 290).

durch Deduktion abgeleiteten Sätze der Arithmetik sind Aufgabe der Logik oder der Mathematik. Was Mill anbelangt, weist Stumpf in Anbetracht möglicher Ursachen für Irrtümer darauf hin: wer dazu neige, Begriffe, die ursprünglich „psychische Funktionen“ bezeichnen, weil sie auf wirkliche Objekte gehen und ihrerseits zu Objekten der Betrachtung werden könnten, in Gegenstände der Außenwelt zu verwandeln, verfalle in einen Irrtum. Denn „Teil“ sei ebenso wie „Grenze“ oder „Zahl“ kein Ding, sondern sie seien Betrachtungsweisen von Dingen, auch wenn man sie leicht mit Dingen verwechseln könnte. Für Stumpf ist daher der Begriff der Zahl zunächst „die Zusammenfassung von psychischen Acten“; er bemerkt hierzu (vgl. Stumpf, 1870: Bg. 19-3):

> Um eine derartige Operation [Zusammenfassung] auszuführen, brauchen wir keine Objecte, als nur den Begriff eines Dinges im allgemeinen, den des etwas. Wir zählen dann: ein Ding und ein anderes Ding usf. Doch können natürlich auch speciellere Objecte dabei gedacht werden, und zwar alle überhaupt denkbaren, denn alle lassen sich zählen, weil eben dazu nichts erfordert wird als ein Ding, etwas, zu sein.

Dergleichen psychologische Betrachtungen waren aber in Stumpfs Habilitationsschrift noch kein Thema. Erst viele Jahre später kommt er in seiner Abhandlung „Erscheinungen und psychische Funktionen“, (1907 erschien), wieder auf diesen Punkt zu sprechen, jetzt unter ausdrücklicher Berücksichtigung der psychologischen Frage. Hier wird mit strikter Unterscheidung der sinnlichen Erscheinungen von den psychischen Funktionen das „Zusammenfassen“ als intellektuelle Grundfunktion behandelt.

Zählt man zu den bereits erwähnten Begriffen noch die Begriffe „Mehr und Weniger“, so folgt aus diesen die ganze Arithmetik und Algebra. Keine Beobachtungen, keine Induktion und auch keine Synthesis a priori sind hierfür erforderlich. Neben den Sätzen der Gleichheit, die bereits besprochen wurden, verdeutlicht Stumpf an dem folgenden Axiom, dass die Zahl für ihn mehr als Eins ist (vgl. Stumpf, 1870: Bg. 23-1):

> Eine Summe (Zahl) ist mehr als Eins. Wir erwähnen dies, weil ein sg. geometrisches Axiom damit zusammenfällt, das Ganze ist größer als der Theil (Euklid's 9. Axiom). Unter einem Ganzen denken wir nämlich nichts anderes als die Summe von Theilen, und die Theile sind die Einheiten dieser Summe. Ganzes ist also der Name für denselben Begriff, auf Größen angewandt, welcher sonst Summe genannt wird; daher auch statt „mehr“ jetzt „größer“ eintritt.
> Nach unseren Definitionen heißt nun Summe (Zahl) 1 + 1 … und mehr als 1 heißt $1 + x$. Und in Bezug auf Größen, wenn wir die Theile mit a, b, c, etc. bezeichnen: $a + b + \ldots$ ist $a + x$ oder: ist $b + x$, $c + x$ etc. je nach dem Theile, welche wir meinen.
> Wie alle diese Ausdrücke identisch sind, erhellt erst, wenn wir näher betrachten, was unter x in unserem Falle gedacht wird. Es wird nicht so ganz unbestimmt wie sonst gedacht. Denn das Ganze ist nicht Theil + irgend einer Größe, die Summe nicht 1 + irgend einer Einheit oder Zahl, worüber wir gar nicht näher bestimmen wüssten, sondern das Ganze ist ein Theil + den übrigen Theilen, dem Rest, dessen Hinzufügung einen Theil zum Ganzen macht, ergänzt. Mithin heißt unser Satz: 1 + 1 + … ist 1 + (1 + …) in Bezug auf Summen überhaupt; und in Bezug auf Größen: $a + b + c + \ldots$ ist $a + (b + c \ldots)$ oder: ist $b + (a + c \ldots)$ etc.,

> was ja nach 3) [Summen sind gleich ohne Unterschied in der Ordnung ihrer Glieder] einerlei ist.

Die Klammern würden hinzugefügt, um anzudeuten, dass der Satz trotz Identität seiner Begriffe nicht rein tautologisch sei. Aus pragmatischen Gründen der Darstellung oder auch zur Beweisführung sei es für diesen Zweck von Vorteil, irgendeinen bestimmten Teil (*a* oder *b* oder *c*) dem Ganzen gegenüberzustellen. Dies geschähe, indem wir diesen Teil explizit voranstellten und den „Rest" unter der gemeinsamen Bezeichnung „x" folgen lassen würden.

Was die Bildung der Zahlenbegriffe anbelangt, so sei nach dieser Erklärung einleuchtend, das wir nicht mit Mill für jede Zahl eine Beobachtung nötig hätten. Die Zahl wäre keine Naturerscheinung, für die Mill sie hielte, sondern eine subjektive Operation, deren Bestimmung von uns selbst abhinge, so Stumpf weiter. Hierfür benötigten wir nur den Begriff eines Dings, eines Objektes überhaupt, den uns eine einzige Wahrnehmung vermitteln würde.

Die Grundlage für den Umgang mit höheren Zahlen bilden nach Stumpf die Zahlensysteme. Gäbe es kein solches, so würden wir allerdings nicht im Stande sein, irgendeine höhere Zahl zu erkennen und von einer anderen zu unterscheiden, „wir würden nicht viel mehr als 3 zählen können"[75] (vgl. Stumpf, 1870: Bg. 24-1). Wir dächten die höheren Zahlen mit Hilfe der niederen, indem wir sie durch ihr Verhältnis zu diesen und dann auch mittelbar zu einander charakterisierten. Bei einer großen Zahl wie beispielsweise 2000 würden wir eine große Zahl denken, welche gleich 2 anderen großen Zahlen ist, die wir Tausende nennen. So könnten wir mit 2, 3, 4 Tausenden so leicht wie mit „Dreiern" rechnen, Talerstücke genau so leicht zählen wie Groschenstücke. Dies wäre deswegen so leicht, weil wir vorher dem allgemeinen Begriff des Geldstücks bestimmte Äquivalenzverhältnisse zugewiesen hätten, damit den Stellenwert (innerhalb des Zahlensystems) jedes Geldstückes bestimmt hätten und den allgemeinen Begriff für jedes Äquivalenzverhältnis („spezialisieren") mit einem eigenen Namen versehen würden (Taler, Groschen, etc.). Dasselbe Prinzip könnte man auch auf die großen Zahlen übertragen. Auch hier knüpften wir an den allgemeinen Begriff einer Zahl (oder auch großen Zahl), die durch kleine Zahlen ausgedrückten bestimmten Verhältnisse zu anderen Zahlen. So könnten wir nach Bedarf die Zahl immer weiter auflösen, d. h. die 1000er in entsprechend viele 100er, die 100er in entsprechend viele 10er, bis hin zu einer Zahl, die wir aus 1 zusammensetzten und dadurch charakterisierten. Es wäre ein Irrtum nun zu glauben, dass wir zuerst diese Zahlen hätten und aus irgendwelcher Erfahrung oder Deduktion ihre Verhältnisse zu einander und zu den einfachen Zahlen erkannten. Mit dem Aufbau, der Struktur eines Zahlensystems bildeten wir auch die höheren Zahlen (vgl. Stumpf, 1870: Bg. 24-1/2).

Demnach wäre nur eine einzige Wahrnehmung notwendig (auch wenn nach Stumpf tatsächlich mehr gegeben wären), um mit dem Zahlensystem immer wieder neue Zahlen erzeugen zu können. Wir könnten Millionen bewältigen – wenn nicht dieser Kunst von einer anderen Seite her eine Schranke gesetzt würde. Es gäbe hoch

---

75 Husserl übernahm diese Erkenntnis für die V. These seiner Disputation: „Im eigentlichen Sinne kann man kaum über drei hinaus zählen." (vgl. Husserl, 1891: S. 339)

komplizierte geistige Operationen, wie beispielsweise eine 100fache Negation, die wir mit einem „intellektuellen Blick“ genau so wenig zusammenfassen könnten wie wir zwischen 100 und 101 Sandkörner in der Anschauung oder auch in der Phantasie unterscheiden könnten. Wenn wir aber diese höheren Zahlen nicht in ihren Begriffen dächten, d. h. in ihrer Zusammenfassung von Einheiten, in welcher Weise dächten wir sie dann, da wir doch fest darauf bestünden, dass 200 und 300 etwas je anderes sei, und es sich nicht nur um bloße Worte handelte?

Es verwundere darum nicht, dass wir die Verhältnisse von den betreffenden Zahlen prädizierten. Die einfache Definition von 24 = 2 * 10 + 4 sei selbst die Auflösung eines Begriffes. „Wir haben für die höheren Zahlen keine eigenen Namen und Ziffern, sondern Name und Ziffer drücken hier sofort die Verhältnisse aus, weil wir sie nie anders als durch dieselben denken konnten“ (vgl. Stumpf, 1870: Bg. 25-1).

5.8 Zusammenfassung und Ausblick auf spätere Arbeiten Stumpfs zu mathematischen Fragestellungen

Eine Beziehung zwischen Carl Stumpf und Gottlob Frege ist in der Literatur gelegentlich angedeutet, aber nicht wirklich untersucht worden. In dieser Arbeit wurden zunächst einmal alle erreichbaren Quellen überprüft, ob die beiden Forscher sich nicht auch irgendwann persönlich begegnet sind. Zu hoher Wahrscheinlichkeit wurde diese Vermutung durch die gemeinsamen Lehrer Hermann Lotze und Wilhelm Weber und durch beider Aufenthalt in Göttingen zwischen 1870 und 1873. Über die Motivation des jungen Carl Stumpf zu einer philosophisch-mathematischen Thematik konnte nichts Gesichertes festgestellt werden; dagegen kann wohl nicht mehr bezweifelt werden, dass die intensive Konfrontation und Auseinandersetzung mit den mathematisch-logischen Methoden von großem bleibenden Gewinn für Stumpfs spätere phänomenologische und psychologische Arbeiten war.

Stumpf hatte in der Habilitation zunächst nur einen tastenden Ansatz unternommen, den psychologischen Anteil vom logischen in der Findung der Grundlagen der Mathematik zu trennen. Interessanterweise spricht er aber schon dort von einer Analyse der Anschauung: wir sehen und unterscheiden im Ganzen eines Gegenstandes seine Teile (sehen und unterscheiden an einem Haus die Fenster, die Türen etc., vgl. Stumpf, 1870: Bg. 15-4) das könnte ein erstes Anzeichen für die später durchgehaltene Grundeinstellung sein, nach empirischer Art alle unsere Begriffe in Anschauung zu gründen. Das ist umso bemerkenswerter, als der junge Stumpf ja gerade die erfahrungs- und anschauungsfreie Basis der Mathematik nachweisen wollte. Vom psychologischen Empirismus unterscheidet sich sein Ansatz aber insofern, als Stumpf von Anfang an und so auch später die Erkenntnis ja nicht in Begriffsanalyse und -genese aufgehen lässt, sondern neben der Begriffsanalyse und -genese die logische Eigenart der Urteile würdigt. Wenn Stumpf in der „Erkenntnislehre“ von „Sinnesurteilen“ spricht, meint er die bereits in der „Tonpsychologie“ dargelegte und experimentell gewonnene Einsicht einer Vielzahl von Urteilen, gewissermaßen unbewusste und vorsprachliche Urteile, die aber keineswegs auf einer Stufe mit den logischen Urteilen stehen. Es ist demnach ratsam, auch bei Stumpf unbedingt zwischen „Urteil" und „Satz" zu unterscheiden.

Allerdings ist die Unterscheidung zwischen phänomenologischen und funktionspsychologischen Ansatz (die Unterscheidung der Erscheinungen von den Funktionen) in der Habilitationsschrift kaum erkennbar; erst nach Abschluss des Habilitationsverfahrens scheint dem jungen Stumpf allmählich zum Bewusstsein gekommen zu sein, wie die Frage nach der Grundlage unserer Erkenntnisse, ohne in den Psychologismus zu verfallen, in Angriff genommen werden könnte. Und schon in dem nur zwei Jahre später verfassten Buch „Über den psychologischen Ursprung der Raumvorstellung" steht fest, dass diese Grundlage keineswegs, wie Frege sich das wohl vorgestellt hatte, allein mit einer Vertiefung in logische Grundfragen erreicht werden kann. Eine restlose Klarheit über das Verhältnis von Phänomenologie, Psychologie und Logik erreichte Stumpf wohl erst 1907 in seiner Schrift „Erscheinungen und psychische Funktionen".

Man kann nicht einfach, wie Frege das wollte, über die Analyse unserer sinnlichen Wahrnehmung hinwegspringen; das betrifft die eine Gewissheit, die dem jungen Stumpf vermutlich erstmals in Auseinandersetzung mit dem Zahlbegriff und kurz darauf in der Untersuchung des psychologischen Raumbegriffs aufgegangen war; die zweite Gewissheit vertraute darauf, dass die Funktionspsychologie ein wesentliches Wort mitzureden hatte bei der Gewinnung von Grundbegriffen der Erkenntnis. Die dritte Gewissheit äußerte sich in der Absicht, wo immer es möglich war, aber auch nur da, das Experiment zur Hilfe zu nehmen.

Auf den späteren Zahlbegriff bezogen kam das erste Moment in der sinnlichen Grundlage der Menge zum Tragen; es hatte sich experimentell erweisen lassen, dass Vorformen der Mengenwahrnehmung beim Tier und beim kleinen Kind (vor dem Auftreten von Begriffen) sowie bei Naturvölkern zu konstatieren sind. Das zweite Moment berührt die Funktionspsychologie. Analyse und Synthese gehören nach Stumpf zur Grundausstattung unserer Psyche, wobei die Analyse als Funktion an erster Stelle zu stehen kommt, weil die Wahrnehmung (Stumpf spricht bevorzugt von „Bemerken", nicht von „Wahrnehmen") primär immer die Wahrnehmung eines Ganzen ist, an dem Analyse und Abstraktion ansetzen können. Das dritte Moment wurde bereits erwähnt: das Auftreten der Wahrnehmung von Mengen lässt sich experimentell erhärten. Mit „Psychologismus" hat keiner der Momente etwas zu schaffen, da Stumpf niemals behaupten würde, die Logik gründe in der sinnlichen Wahrnehmung oder der Funktionspsychologie, oder logisches Denken ließe sich experimentell erweisen oder funktionspsychologisch begründen.

Was die Problematik der Null und der Eins anbelangt, entfällt für Stumpf der Zwang, ihnen von seinem Standpunkt aus, der Sinnliches (oder Gegenständliches) strikt von Psychologischem und Logischem unterscheidet, einen logischen oder gar ontologischen Ort im Zahlensystem anweisen zu müssen.

Stumpf hat sich nie ganz von mathematischen Fragestellungen entfernt. Das folgende Kapitel zeigt seine Position in Bezug auf die Geometrie in der 1907 veröffentlichten Arbeit „Zur Einteilung der Wissenschaften" und in Bezug auf die Arithmetik im letzten, posthum veröffentlichten Werk der „Erkenntnislehre" (1939/1940 erschienen).

SECHSTES KAPITEL

6.1 Die Stellung der Geometrie in „Zur Einteilung der Wissenschaften"

In seiner Abhandlung „Zur Einteilung der Wissenschaften" (1907) unternimmt Stumpf im Kapitel „VII: Homogenes und Nichthomogenes. Mathematik" den Versuch, „die Stellung der Mathematik im System der Wissenschaften richtig zu bestimmen" (vgl. Stumpf, 1907: S. 64). Stumpf kommt hier nochmals auf die in der transzendentalen Philosophie Kants zu Grunde liegenden Annahmen über die Geltung geometrischer Erkenntnisse zu sprechen und sieht sich, nach Kenntnisnahme des Weges, den die Wissenschaft der Geometrie inzwischen genommen hat, in seinen frühesten Annahmen bestätigt: die wahre Wissenschaft der Geometrie kann sich nicht auf Anschauung stützen, sie ist, nicht anders als die Arithmetik, eine analytische und apriorische Wissenschaft. Geometrischer Raum, phänomenaler Raum und physikalischer Raum sind drei scharf zu unterscheidende wissenschaftliche „Gegenstände", wobei dem geometrischen „Gegenstand" die apriorische Methode korreliert; phänomenaler und physikalischer Raum werden auf der Basis der Empirie, also aposteriorisch, gewonnen. Auch die Trennung zwischen Psychologie und Logik bzw. Erkenntnistheorie wird beibehalten, insofern Stumpf wieder streng zwischen Begriffsbildung und der Frage nach der Geltung von Sätzen unterscheidet. Stumpf zählt die Aufgabe, der Mathematik im System der Wissenschaften den ihr gebührenden Platz zu reservieren, zu der schwierigsten der Wissenschaftstheorie und erhebt deswegen auch keinen Anspruch auf eine hinreichende oder gar erschöpfende Lösung. Die vielfältigen und mächtigen Entwicklungen in den mathematischen Disziplinen zu dieser Zeit erschwerten, so Stumpf, selbst einem Fachmann die Übersicht und Urteilsfähigkeit. Stumpf ist lediglich bestrebt, die Grundlagen dieser Disziplin mit den Begriffen und Erkenntnissen der ebenso fortschreitenden philosophischen Doktrinen in Einklang zu bringen. Seine Überlegungen erfolgen in 6 Abschnitten.

Trotz der Versuche, die Mathematik an die Seite der Naturwissenschaften zu stellen, erschiene es sinnvoller, ein Kennzeichen zu finden, das die mathematischen Wissenschaften gegenüber allen anderen abgrenze. Ein solches Kennzeichen ist nach Stumpf mit der Verschiedenheit der Methode, der *apriorischen* gegenüber der *aposteriorischen*, gegeben. Die induktive Herleitung der mathematischen und logischen Grundsätze, wie Stuart Mill sie aus einer Sammlung von Einzelerfahrungen beschreibt, drehe sich im Kreise. Die gleichberechtigte Existenz mehrerer nebeneinander stehender Geometrien beweise aber keineswegs, wie allgemein angenommen würde, ihre Aposteriorität, da jede für sich, euklidische und zwei nichteuklidische (siehe auch 4. Kapitel), aus verschiedenen Axiomen und Definitionen widerspruchsfrei abgeleitet sei; d. h. anstelle einer apriorischen Wissenschaft gäbe es somit drei, deren logischer Charakter entsprechend den drei verschiedenen Raumarten sich dadurch nicht ändere. Stumpf liefert mit dieser Aussage viele Jahre später das Ergebnis für die nichteuklidischen

Betrachtungsweisen nach, das laut „Selbstdarstellung“ ja der Grund war, seine Habilitationsschrift nicht zu veröffentlichten.

Die Art der Beweisführung, die Methode, kann also als Kriterium zur Differenzierung der Wissenschaften benutzt werden, wobei der Unterschied der Methoden aber auch in einem Unterschied der Gegenstände wurzeln müsste, „die den denkenden Geist in einem Falle zu dieser, im anderen zu jener Art des Aufbaues von Urteilen und Schlußfolgerungen veranlassen“ würden (vgl. Stumpf, 1907: S. 65). Die so entstehende Frage werde hier nur für die Geometrie untersucht, da sich ihr Gegenstand am besten am Ausgangspunkt des ganzen Wissens, der Phänomene, definieren lasse.

Der Gegenstand der Geometrie sei nicht der objektiv-reale Raum, den wir für die Bildung des Begriffs von physischen Gegenständen und zur Bildung physikalischer Gesetze als unabhängig vom Bewusstsein heranziehen und voraussetzen würden. Diesem Raum schreiben wir bestimmte Eigenschaften und innere Verhältnisse zu, so wie wir sie benötigen. Diese Eigenschaften und Verhältnisse entnähmen wir zwar dem geometrischen Raum, aber dieser müsste erst selbst im Bewusstsein gebildet werden. Die Aufgabe der Geometrie ist also, solange sie eine einheitliche Wissenschaft sein soll, die darin enthaltenen Gesetze zu untersuchen. Die Beschaffenheit des Objektiven zu untersuchen, um daraus wieder neue Erscheinungen vorherzusagen und physikalische Gesetze zu formulieren, sei Aufgabe des Physikers, der schließlich eine Art Raumwelt benötige und nicht etwa mit einer Geruchs- oder Tonwelt auskomme; ebenso wenig gehörten auch andere, z. B. metaphysische Fragen zur Endlichkeit oder Unendlichkeit zu den geometrischen Untersuchungen. Die Geometrie belehre uns nur über gedachte, hypothetisch, durch Definitionen willkürlich erzeugte Raumgebilde. Würden aber diese Aufgaben miteinander verquickt, „ändert sich auch mit der Fragestellung die ganze Untersuchungsweise so grundwesentlich, daß die Einheitlichkeit der Wissenschaft verloren geht“ (vgl. 1907: S. 66). Gerade in den mathematischen Disziplinen sei die Einheit der Wissenschaft an die Einheit der Methode gebunden, und die Einheit der Methode an die Einheit des Objekts.

Wenn man die gleichermaßen logische Widerspruchsfreiheit der drei Geometrien voraussetzt, so wären sie physikalisch betrachtet nichts anderes als drei mögliche Hypothesen, wobei die euklidische nur einen Grenzübergang zwischen den beiden nichteuklidischen mit ihren unendlich möglichen Einzelfällen bilde. Die Entscheidung über diese Hypothesen sei aber eine physikalische Fragestellung wie beispielsweise die durch Messungen gewonnene charakteristische Krümmungskonstante des objektiven Raumes. Für Stumpf handelt es sich daher um keine Eigenschaften und Gesetze dreier verschiedener Räume, sondern um „drei mögliche Eigenschaften eines und desselben Raumes, nämlich des vorauszusetzenden objektiven Analogons“ (vgl. 1907: S. 67).

Geometrie im rein mathematischen Sinne will also nur sagen, „was aus gewissen Begriffen, wenn sie im Denken gesetzt werden, im Denken folgt, dies aber in der durchsichtigsten und zwingendsten Fassung sowohl der Begriffe als der Folgerungen“ (vgl. S. 67). Der Geometer hätte somit keine Veränderungen durch Kräfte, Bewegungen oder auch Geschwindigkeiten zu untersuchen. Seine Gebilde existierten lediglich aufgrund ihrer Definitionen; Bewegungsgesetze seien schließlich keine geometrischen Gesetze. Analoges gelte z. B. auch für die Größe, Richtung und Lage von Raumgebilden,

d. h. für Stumpf sind geometrische Prinzipien (z. B. Axiome im eigentlichen Sinne der Logik, d. h. unmittelbar einleuchtende Gesetze) nicht wie die mechanischen, Voraussetzungen für ein Verhalten objektiver Dinge. Daher bedürfen die daraus gezogenen Folgerungen und bewiesenen Lehrsätze keiner empirischen Verifikation. Eine Widerlegung durch das Experiment wäre ausgeschlossen, weil die Gegenstände des Experiments nicht die Gegenstände der Lehrsätze seien. Dieses gelte ebenso für ihre Genauigkeitsgrenzen, die es nur in wirklichen Anwendungsfällen gibt, eine Eigenschaft, welche die Geometrie mit der Arithmetik gemein habe. Die daraus gezogenen Folgerungen bedürften daher keiner Verifikation, weil die Gegenstände des Experiments nicht die Gegenstände der Geometrie sind. Eine Verkennung ihrer Gegenstände führe dann ebenso zu der Ansicht, dass die geometrischen Lehrsätze nur eine approximative Gültigkeit besäßen. In dieser Hinsicht unterscheide sich die Geometrie durchaus nicht von der Arithmetik. „Eine approximative Geometrie würde, solange wir Geometrie noch von Physik unterscheiden, nicht sinnvoller sein, als die Behauptung, 2 x 2 sei nur annährend = 4“ (vgl. S. 70). Eine Ausnahme bildeten hier die so genannten „Annäherungsformeln“. All diese Erwägungen führen dazu, dass Stumpf der so oft vertretenen Auffassung, „Geometrie sei eine Naturwissenschaft, die sich mit den Eigenschaften des realen Raumes beschäftige“, nicht zustimmen kann.

„Ihr Gegenstand ist aber auch nicht der phänomenale Raum“, auch wenn man daran denken könnte, Geometrie als Lehre von den Strukturgesetzen des Erscheinungsraumes, als ein hochentwickeltes, hybrides Glied der Phänomenologie einzuordnen. Für Zahlen und Funktionen müsste man dann unter eidologischen Gruppen entsprechende Plätze suchen, weil sie ja keine Erscheinungen sind. „Das gemeinsame der mathematischen Wissenschaften würde freilich auf diesem Wege in den Hintergrund treten“. Die Geometrie untersucht also den phänomenalen Raum ebensowenig wie den realen“ (vgl. S. 71), sonst müsste sie z. B. den Erscheinungsraum des Tast- und Gesichtssinnes gesondert untersuchen, Verhältnisse zueinander bestimmen und die Frage der Dimensionen klären. Dies seien jedoch Fragen zur Raumphänomenlogie, Fragen zu den Strukturgesetzen der Erscheinungen, die nicht ohne Physiologie und Funktionspsychologie zu definieren seien. Ferner weise der Erscheinungsraum auch nicht die Homogenität des mathematischen Raumes auf, insofern er unregelmäßig begrenzt (Gesichts- und Tastsinn) sei und keine Unabhängigkeit von Lage und Richtung aufweise.

Daraus folgt für Stumpf, dass der geometrische Raum kein Anschauungsraum ist, sondern ein aus der empirischen Definition gebildeter Gegenstand. Dabei spiele die Orientierung wie rechts und links keine Rolle, die Anzahl der Dimensionen sei eher zufällig, sondern es gäbe nur eine Plus- und Minusseite, bezogen auf einen Punkt einer Geraden. Wesentlich dagegen seien die Postulate, insbesondere die absolute Homogenität aller Teile und ihre Stetigkeit. Zwei Wege zur Beschreibung und Erläuterung dieser Begriffe könnte man dazu eingeschlagen: Den ersten, den von Mathematikern bevorzugten analytisch-regressiven Weg, die „Zergliederung der geometrischen Lehrsätze und Reduktion auf möglichst wenige Grundbegriffe, die Kombination relativ einfachster Merkmale feststellt“, oder „indem man von der Wurzel ausgeht, aus der sicherlich unsere geometrische Begriffsbildung ihren Ausgang genommen hat, von dem

Erscheinungsraum“ (vgl. Stumpf, 1907: S. 73). Abgesehen von der idealen Verbindung beider Wege, wozu der Mensch aber allem Anschein nach nicht in der Lage sei und dadurch immer Diskrepanzen bezüglich der geometrischen Prinzipfragen bestehen blieben, geht Stumpf den dem Psychologen näher liegenden Weg nämlich, „daß der geometrische Körper im Bewusstsein früher da ist als Fläche, Linie, Punkt“. Da die anschaulichen Erscheinungen mit ihren Raumeigenschaften verbunden sind, müsste im ersten Schritt alle qualitativen und physikalischen Merkmale durch Abstraktion getrennt werden. Diese unanschauliche Vorstellung (Abstraktum) bilde damit die Grundlage zur Begriffsbildung. Übrig bliebe nur die allgemeine Form der Ausdehnung, wie Kant sie im Sinne hatte; d. h. dass die Teile unter sich, die örtliche Verschiedenheit ausgenommen, absolut homogen seien. Die Stetigkeit des Raumes würde dabei unmittelbar durch seine Vorstellung erkannt. Dies wäre eine *intuitive oder unmittelbar apriorische Erkenntnis.* Unabhängig von der Anzahl der Beobachtungen beginne also hier mit dem *Eintreten von Urteilen,* die dem Raum bestimmte Eigenschaften zuschreiben, zugleich *das Apriorische* und nicht vorher, wie sie Kant bei seinen Thesen über die „reine Anschauungsform des Raumes“ postulierte. Dasselbe gelte auch für die Unendlichkeit des geometrischen Raumes. Durch Voraussetzungen oder Definitionen schreite man weiter und gelange über die Vereinfachung von Begrenzungen ein- und zweidimensionaler Gebilde (Gerade, Ebene, usw.) zu gesetzlichen Beziehungen. Stumpf bestimmt den Gegenstand der Geometrie wie folgt: „es ist nicht der reale, auch nicht der phänomenale Raum, sondern es sind *die durch Abstraktionen und Definitionen aus dem Erscheinungsraum gewonnenen, begrifflich gedachten, homogenen Raumgebilde*“ (vgl. S. 76). Dass diese Begriffe zuletzt aus Anschauungen stammen, sei ihnen mit allen anderen Begriffen gemein; diese Begriffe bezeichneten stets Raumgebilde, nie den Raum selbst, der gewissermaßen diese Gebilde ermögliche.

Die interessante Verallgemeinerung, die den Gesetzen der Geometrie neuerdings gegeben worden sei, resultiere aus der Erkenntnis, dass es sich bei den Gegenständen der Geometrie um begriffliche Umformungen handelt. Die phänomenale Raumvorstellung (Gesichts- oder Tastsinn) wäre immer nur ein zweckmäßiger, zufälliger Ausgangspunkt. Allein die abstrakten Beziehungen, auf die es ankomme, müssten herausgestellt werden, wobei die Stetigkeit besonders in Bezug auf die Homogenität erwähnt werden muss. Ob Homogenität bereits Unendlichkeit impliziere, bleibe dahingestellt. Auf der Basis der Einführung des Begriffes der Mannigfaltigkeit (mathematischer Sinn für eine Vielheit von Elementen, die einem gemeinschaftlichen Begriff untergeordnet sind) durch Riemann (nichteuklidische Geometrie) für den Raum als besondere Art der Mannigfaltigkeit, könnte man auch sagen: „Geometrie sei die Wissenschaft von Strukturgesetzen der in einer stetigen homogenen Mannigfaltigkeit möglichen Gebilde“ (vgl. S. 78). Die Teile, die durch eine einzige Veränderungsweise ineinander übergehen, werden hierin als homogen bezeichnet. Ein schönes Beispiel für eine eindimensionale Mannigfaltigkeit biete bei den Tonqualitäten der geradlinige Fortgang von der Tiefe zur Höhe. Für Stumpf geht daraus hervor, dass die verallgemeinerte Fassung des Gegenstandes der Geometrie zwar theoretisch richtig sei, ihre Anwendung jedoch wäre mehr eine Übertragung als wirkliche Unterordnung unter den gemeinschaftlichen Begriff.

Das erste und unentbehrlichste Merkmal, die absolute Homogenität, biete zugleich die Wurzel für die durchgängige apriorische Methode. Damit sei die Voraussetzung gegeben, aus einmal definierten Begriffen immer wieder neue Lehrsätze abzuleiten ohne Zuhilfenahme von Tatsachen aus der Wahrnehmung. Auch Kant leite in seiner vorkritischen Schrift „Untersuchung über die Deutlichkeit der Grundsätze der natürlichen Theologie und Moral" die Gewissheit der mathematischen Erkenntnis aus der Auffassung her, dass ihre Gegenstände nicht gegeben wären, sondern erst durch Definitionen entstünden. Kants spätere Lehre von Raum und Zeit weicht nach Meinung Stumpfs jedoch weit von einer fruchtbaren Auffassung des Wesens der Mathematik ab; Stumpf schließt sich diesbezüglich der Kritik Couturats (vgl. Couturat, 1904: S. 321ff) in allen wesentlichen Punkten an[76]. Ein richtiges Moment enthalte Kants frühere Fassung dennoch: „homogene Gegenstände sind eben nirgends gegeben, sie können nur durch Definitionen frei geschaffen werden" (vgl. Stumpf, 1907: S. 80). Aber nicht darin, dass irgend etwas definiert würde, sondern darin, dass der Gegenstand der Geometrie als absolut homogener geschaffen wird, „liegt der fruchtbare Kern, aus dem der ganze Baum wächst". Die apriorischen Formen in Kants Sinn seien hiefür nicht erforderlich. Wir benötigten *als Ausgangspunkt der Begriffsbildung nur die konkreten Sinnesempfindungen*; *die Begriffsbildung selbst erfolgt wie überall durch fortschreitende Abstraktion und Verallgemeinerung* (vgl. Stumpf, 1907: S. 80). Die Herleitung der geometrischen Grundbegriffe aus der Anschauung hätte mit der Herleitung der geometrischen Sätze nicht das Geringste zu tun. Stumpf bezeichnet dieses Fehleinschätzung als eine der verhängnisvollsten Verwechslungen, von der sich die Erkenntnistheorie erst allmählich befreie. In jeder strengen Darstellung geometrischer Lehrsätze würde gegenwärtig darauf geachtet, dass die Beweisführungen als solche in keiner Weise auf Anschauungen begründet würden. Das gilt auch heute noch und zwar ganz in dem gleichen Sinn, in dem es von Stumpf 1907 gefordert wurde. Ein Beweis, der sich der Anschauung bediene, sei schlechterdings ungültig. Dies sei ein Grund, weshalb man die alten Operationen (von Euklid) immer mehr durch rein begriffliche Formeln ersetzt.[77] *„Unentbehrlich ist die Raumanschauung nur zur Begriffsbildung"* (vgl. Stumpf, 1907: S. 81) wird Stumpf nicht müde zu betonen. Die fein ziselierten Definitionen von D. Hilbert (siehe Kapitel 2.7, „Die axiomatischen Methoden bei Pasch, Hilbert und Peano") zu verstehen, setzen allerdings eine sinnlich-konkrete Raumvorstellung voraus. Stumpf resümiert (vgl. Stumpf, 1907: S. 82):

> Denn der geometrische Begriff ist unser Geschöpf, und in jeder Definition ist zugleich die allgemeinste Voraussetzung eingeschlossen, daß das Gebilde bis in die kleinsten Teile hinein homogen sein soll [...]. Es liegt zweitens in jener Eigenschaft begründet, daß jeder Teil des Raumes für jeden anderen eintreten kann, daß es gleichgültig ist, ob wir uns den Kreis hier oder dort, nah oder fern von unserem zufälligen Standpunkt denken, gleichgültig auch, ob wir ihn klein oder beliebig groß denken.

---

76 Nach Stumpf bemerkt Couturat gelegentlich mit Recht, „daß Kant sich keineswegs von dem falschen Psychologismus freigehalten hat, den die Neokritizisten als schlimmsten Fehler anzusehen pflegen" (vgl. Couturat, 1904: S. 342ff).

77 Stumpf verweist an dieser Stelle auf Schopenhauer, der im Gegensatz zu Descartes die Geometrie in Hinsicht ihres Verhältnisses zur Anschauung vollständig verkannt habe.

Diese Bemerkungen liegen nach Stumpf noch an der Oberfläche, denn eine logisch befriedigende Methodologie der Geometrie sei immer noch nicht beschrieben worden. Sie hätte nicht nur zu zeigen, wie die rein aus Begriffen fließenden notwendigen und allgemeinen Erkenntnisse zustande kämen, sondern insbesondere, wie die unendliche Fülle dieser Erkenntnisse in der Natur des Gegenstandes wurzele, den wir erst als Wissenschaft bezeichneten.

Stumpfs Ausführungen über den analytischen Charakter der Geometrie von 1907 unterscheiden sich nicht wesentlich von denen der Habilitationsschrift, außer dass Stumpf inzwischen intensiv zu den psychologischen Grundlagen der Raumvorstellung geforscht hat und hier mit Nachdruck vertreten kann, dass der geometrische nicht mit dem physikalischen oder dem phänomenalen Raum identifiziert oder verwechselt werden darf.

Was den Zahlbegriff anbelangt, hat Stumpf inzwischen die Ergebnisse seiner phänomenologischen und psychologischen Forschung in der „Erkenntnislehre" genutzt, um „diesen folgenreichsten aller Begriffe" unserer wissenschaftlichen Grundbegriffe erheblich weiterzuentwickeln. Er kann jetzt auch auf Experimente mit Kindern, Naturvölkern und Tieren zurückgreifen.

6.2 Der Zahlbegriff in der „Erkenntnislehre"

Fast dreißig Jahre nach Erscheinen seiner Schrift „Zur Einteilung der Wissenschaften" und mehr als sechzig Jahre nach Abfassen der Habilitationsschrift setzt Stumpf sich in seiner „Erkenntnislehre" wieder mit dem Begriff der Zahl auseinander, der dort nach der Analyse des Substanzbegriffs den größten Raum innerhalb der Bearbeitung der wichtigsten und grundlegendsten Relationsbegriffe der wissenschaftlichen Erkenntnis einnimmt. Auch für diese grundlegendsten Begriffe, den Kategorien in Kants „Kritik der reinen Vernunft" vergleichbar, gilt der prinzipielle Ansatz Stumpfs, dass alle Begriffe in innerer oder äußerer Wahrnehmung wurzeln, also als Begriffe keine Apriorität, keine Gültigkeit vor aller Erfahrung beanspruchen können. Die Begriffe sind vielmehr so weit als möglich auf die in ihnen enthaltenen Teilbegriffe und Teilbedeutungen bis hin zu den *einfachsten*, nicht mehr analysierbaren Begriffen und bezüglich der sinnlichen Erscheinungen, zu den „Urphänomenen", aufzuschlüsseln.

Stumpf beginnt bezüglich der Analyse des Zahlbegriffs mit dem Begriff „Vielheit", Kants Kategorie der Quantität. Der Zahlbegriff wurzelt in der sinnlichen Anschauung, kann aber nicht auf diese allein reduziert werden, vielmehr müssen im Wechselspiel der Analyse der Anschauung mit den sie bearbeitenden psychischen Funktionen die für den Zahlbegriff wichtigsten Funktionen, das Erfassen, das Zusammenfassen, mitberücksichtigt werden. Vielheit komme in vielen Abstufungen vor, „die wir Zahlen nennen" (vgl. Stumpf, 1939: S. 96). Wo ist der Ursprung, das „Urphänomen", die Quelle der Wahrnehmung „dieses folgenreichsten aller Begriffe" zu finden? Stumpf erwähnt die ungeheuere Tragweite des Begriffs, der seit Gauß einer strengen und nüchternen Untersuchung, jenseits von Mystizismen, unterzogen wurde, wobei das Interesse am Zahlbegriff mit den Axiomen der Mathematik zusammenhinge, deren Behandlung inzwischen weit über Kant, der nachdrücklich auf die Bedeutung der Mathematik für die Wissenschaft insgesamt hingewiesen hätte, hinausgeführt hätten. In dieses Interesse teilten sich Mathematiker und Philosophen. Was die psychologische Behandlung betrifft, betont Stumpf wiederum den Unterschied in der Frage nach dem Ursprung des Begriffs und der erkenntnistheoretischen Frage bezüglich der Natur und zweckmäßiger Behandlung der obersten Sätze, aus denen die Zahlenlehre hergeleitet wird. Die Betonung des Unterschieds zwischen Begriff und Satz bewahrt Stumpf, wie verschiedentlich erwähnt und demonstriert wurde, vor psychologistischer Verirrung.

Ohne die seinerzeit heftige Psychologismuskritik Freges an Husserls Beschäftigung mit der psychologischen Grundlage des Zahlbegriffs überhaupt mit einem Wort zu erwähnen, bemerkt Stumpf quasi im Vorübergehen, Husserl und Frege hätten bezüglich der psychologischen Frage zwar Verdienste erworben, ohne sie jedoch auch hinreichend zu beantworten. Die Mathematiker setzten in den Axiomen bereits sehr allgemeine Begriffe als gegeben voraus, so dass wir im Hinblick auf den *Ursprung* der Zahl immer noch am Anfang stünden. Um dies zu ändern, müsste zur Klärung des Begriffs überaus sorgfältig vorgegangen werden.

Jede Zahl sei ein Allgemeinbegriff, nicht nur Zeichen oder Etikette, die an den Wahrnehmungsinhalt angehängt würden. Symbole spielten beim Rechnen eine ungeheuere Rolle, dennoch blieben sie nur Symbole und wer Begriffe bilden könnte, vermöchte auch zu zählen.

Die sinnliche Unterlage für den Zahlbegriff haben wir nach Stumpf in der Mehrheit oder Menge und in den Steigerungs- und Abnahmeverhältnissen zwischen Mengen zu suchen. Mengen wahrzunehmen bedeute nicht bloß Elemente der Menge, sondern Mengen selbst wahrzunehmen. Dabei spiele die Gesichtswahrnehmung die hauptsächliche Rolle; hier sei auch der entwicklungsgeschichtliche Ausgang zu suchen. Vorzugsweise würden gleichzeitig gegebene Gesichtsbilder als Beispiele benutzt, obwohl auch aufeinander folgende Eindrücke wie Töne möglich wären.

„Mehrheit" ist nach Stumpf eine phänomenologische Grundtatsache, die in die Sinnesinhalte eingebettet ist und als ihr immanentes Merkmal miterfasst wird; Gleiches gilt für „Steigerung", „Ähnlichkeit" oder „Verschmelzung". Das Intervall zweier Töne wird nicht als apriorische Kategorie des Verstandes von uns in die Töne hineinverlegt, sondern mit ihnen bemerkt und aus ihnen heraus wahrgenommen. Nicht anders verhielte es sich mit „Mehrheit".[78] Man müsste eben den Sinnen geben (oder lassen), was ihnen zukäme. Jedoch bildeten bestimmte psychische Prozesse die *Voraussetzung* und Grundlage einer Mehrheitswahrnehmung, insofern in dem Gesamtbild Teile unterschieden werden, und wiederum diese Teile *als* Teile eines Ganzen „zusammengeschaut" werden müssten, sonst könnte sich kein Bewusstsein einer Mehrheit oder Menge einstellen. Letzteres impliziere die beiden Grundfunktionen des Seelenlebens, Analyse und Synthese, „die sich von den Sinneswahrnehmungen bis zu den höchsten

---

[78] Stumpf verweist auf seine „Tonpsychologie", 1.Band, §6, S.96ff. Stumpf umschreibt den Charakter des jeweiligen Verhältnisses als „ein ens rationis cum fundamento in re" (S. 97). Er hatte den Tatbestand der Urphänomene oder der Urverhältnisse aber auch schon im Raumbuch vertreten.

Leistungen durch alles hindurchziehen [...]" und auch im Tierverhalten bereits zu konstatieren wären (vgl. Stumpf, 1939: S. 99).

Die Wahrnehmung der Elemente müsste aber eben so wenig dem Mengeneindruck vorausgehen, wie wir mit dem Gesichtssinn hin und hergehen müssten, um die einzelnen Lichter an Sternenhimmel nacheinander zu fixieren. Der allgemeine Eindruck einer Mehrheit, einer kleineren oder größeren, könnte sofort und mit einem Schlage erkannt werden. Infolgedessen schlösse die Wahrnehmung einer Menge auch nicht die zeitliche Folge der Wahrnehmung ihrer Elemente notwendig ein.

Zu einer Mengenwahrnehmung ist eine gewisse Gleichartigkeit der Elemente erforderlich, weil nur das unterschieden wird, was hinreichend verschieden ist. Wahrnehmung der Verschiedenheit kann nur bis zu einer gewissen Schwelle geübt werden; im Prinzip muss, was zusammengefasst werden soll, unter sich „einigermaßen ähnlich, gleichartig sein" (vgl. S. 100). Nun sind alle Eindrücke des nämlichen Sinnes einigermaßen ähnlich; innerhalb dieser gattungsmäßigen Ähnlichkeit (Töne im Unterschied zu Farben) müsste aber noch eine qualitative Verwandtschaft bestehen, die sich von den übrigen gleichzeitigen Eindrücken desselben Sinnes [z. B. Streicherklänge in einem Orchester im Unterschied zu den Bläsern] abhöbe, damit ein Antrieb zum Zusammenfassen gegeben sei. Dagegen müsste der die Mehrheit Wahrnehmende noch nicht über einen *Begriff* verfügen, wie dies beim Zählen von Gegenständen (z. B. Äpfel) notwendig würde. „Wir haben es zunächst nur mit bloßen „Sinnesurteilen" zu tun, welche allgemeine Begriffe nicht notwendig voraussetzen oder einschließen. Die Gleichartigkeit muß vorhanden sein, braucht aber nicht als solche zum Bewusstsein kommen, solange eine primitive Mehrheitswahrnehmung gegeben ist" (vgl. S. 100).

Mengen unterscheiden sich wie Töne in verschiedenen Richtungen voneinander. Wir bemerken Unterschiede bezüglich der Beschaffenheit (Eier, Töne, Farben), der Lage der Elemente (Lage der Finger einer nach innen oder außen gestreckten Hand) der Gruppierung, nach dem Steigerungs- oder Abnahmeverhältnis (größere, kleinere Mengen), bei Volumen und Tonhöhen etc.

Mengenverhältnisse könnten schon auf einer niederen Stufe des Seelenlebens wahrgenommen werden, z. B. bei Tieren (hinsichtlich gleichartiger Gegenstände), die, ohne zählen zu können, Mengenveränderungen wahrnehmen. Bei Naturvölkern und bei Kindern finde man Vorstufen des Zählens und Größenvorstellungen einer Menge nach dem sinnlichen Anblick. Dabei spielten dann Anordnung, Gruppierung und Beschaffenheit der Menge eine Rolle, die beim Zahlbegriff irrelevant seien [man kann alles zählen]. Offenbar gegen Husserls Ausführungen zum Gestaltprinzip betont Stumpf, dass das Gestaltprinzip für den Begriff der Zahl keine Rolle spiele, „vielmehr muß diese begriffliche Irrelevanz immer streng festgehalten werden" (vgl. Stumpf, 1939: S. 104).

Es gibt ungeordnete und geordnete Mengen. Eine Reihe ist eine geordnete Menge. „Geordnet ist eine Menge, wenn ihre Elemente in Hinsicht einer bestimmten Eigenschaft von einem zum anderen die gleiche Beziehung aufweisen [...], dass man von jedem [Element] aus in gleicher Richtung nur zu einem bestimmten anderen geführt wird" (vgl. S. 105). Wohlgeordnet sei eine Reihe, wenn die Gleichheit der Beziehung nicht nur eine qualitative, sondern auch eine quantitative sei. Die Gleichheit von Verhältnissen zwischen den Gleichen einer Reihe könnten auch ohne begriffliches

Denken wahrgenommen werden, also Reihen als solche und unterschieden von Haufen in der Sinneswahrnehmung durch reine Sinnesurteile in ihrer Eigenart erfasst werden, was bei Tieren experimentell untersucht worden sei.

Wie hat man sich den Übergang von der bloßen Menge zur Zahl zu erklären? Bereits Cantor habe erkannt, dass der Mengenbegriff früher sei (früher im logischen, nicht im zeitlichen Sinne) als die Zahl. Stumpf verneint die Auffassung, dass der Mengenbegriff einen Widerspruch in sich enthalte, da eins doch nicht vieles und vieles nicht eins sein könnte. Es sei eine Fundamentalsache des Bewusstseins, Vielheiten in einem Bewusstseinsakt zusammenzufassen, und in der Einheit des Aktes bei Vielheit der Elemente liege kein Widerspruch; dieser käme erst zustande, „wenn der Akt zugleich viele Akte und viele Elemente zugleich ein Element sein sollten" (vgl. S. 108). Der Mengenbegriff sei ein einfacher Begriff, der durch Aufzeigen grundlegender Anschauungen, nicht jedoch durch die Synthese mehrerer Merkmale entstünde, und ein einfacher Begriff könnte schlechterdings keine Widersprüche in sich enthalten. Man sähe schon an diesem allerersten Schritt der Zahlenlehre, wie unentbehrlich psychologische Orientierung bei solchen Grundlegungen sei. Mit den bisher beschriebenen Eigenschaften einer Menge sei aber der Zahlbegriff noch nicht gegeben. Weder mit willkürlich synthetischen Definitionen noch mit bloßer Sinneswahrnehmung beim Zählen wäre der Zahlbegriff noch nicht in dem Sinne gegeben, wie er für die Grundlage des Zählens und der Arithmetik erforderlich wäre; es müsste vielmehr noch ein Weiteres hinzukommen.

„Die Zahlen im eigentlichen Sinne sind Erzeugnisse einer Addition von Einheiten. Das ist der springende Punkt" (vgl. Stumpf, 1939: S. 109). An dieser Stelle sei es auf jeden Fall einfacher und anschaulicher, zu Symbolen überzugehen. Die Verknüpfung von Begriffen mit sinnfälligen Zeichen, Ersetzung der Begriffe durch Zeichen und Verbindungszeichen sei „der folgenreichste Kunstgriffs unseres Denkens". Sprache und Schrift seien wie die Zahlen solche Zeichensysteme. „Das mathematische Zeichensystem ist ein Zweig der Sprache und Schrift, der aber ausschließlich unter Leitung wissenschaftlicher Reflexion für die Zwecke des quantitativen Denkens ersonnen und darum zwar von beschränkter Anwendbarkeit, aber dafür eindeutig und konsequent ausgebildet ist" (vgl. S. 109).

Stumpf unterscheidet zwei Mengenbegriffe: 1. Menge durch Addition von Einheiten und 2. Menge in der Wahrnehmung. Ebenso unterscheidet Stumpf auch zwei Begriffe von „Gleichheit", nämlich „sinnliche" Gleichheit und „logische" Gleichheit oder Gleichheit für den Verstand. Sinnliche Gleichheit meint „extreme Ähnlichkeit", wenn z. B. Töne in Höhe und Stärke (aufgrund der physiologischen Schwelle) nicht mehr unterscheidbar sind, die physikalische Gleichheit aber noch nicht erreicht ist. Logische Gleichheit meint Gleichheit der Art oder des Speziesbegriffs nach, wenn beispielsweise zwei Töne unter denselben (identischen) Begriff fallen. Es gibt nur eine Tonhöhe c, wenngleich es auch unzählige Töne gibt, die unter diesen Begriff fallen. Derselbe Gleichheitsbegriff findet auch auf Mengen Anwendung. Die Begriffe „4" und „10" sind Speziesbegriffe. Man sollte nicht sagen, zwei Zahlen seien einander gleich, sondern *zwei Mengen seien einander gleich in Bezug auf die Zahl ihrer Elemente.* Mathematische Gleichheit bedeutet Identität in Hinsicht auf die Größe.

Stumpf warnt davor, Zahlen zu hypostasieren, wie dies in Platons Ideenlehre geschehen sei. Zahlen seien Eigenschaftskomplexe, die durch Abstraktion gewonnen, Dingen zugesprochen würden; Zahlen seien in einem doppelten Sinne Abstrakta.[79] Dies habe in der Philosophiegeschichte eine verhängnisvolle Hypostasierung erfahren, wenn „Zahl" beispielsweise bei den Pythagoreern als das tiefste Wesen der Dinge charakterisiert worden sei. Auch der Zeitbegriff spiele, wie Kant noch meinte, beim Zahlenbegriff keine Rolle. Obwohl das Abzählen ebenso wie die höheren, zur Zahlbestimmung verwendbaren Operationen, zeitlich verlaufende Akte seien, schlösse das Ergebnis dieser Operation keine zeitlichen Merkmale ein. Zeit benötigten schließlich alle psychischen Funktionen, nicht nur das Zählen; dies hätte aber nichts mit dem Inhalt der psychischen Funktionen zu tun. Allerdings seien Zahlen nicht das Zählen, nicht die Addition, „sondern das Addiertsein von Einheiten, das Fazit von Zähloperationen" (vgl. S. 118). Der Zähloperation entspricht das, was Stumpf mit „Zusammenfassen" als eine der Fundamentalsachen des Bewusstseins überhaupt bezeichnet und in seiner Arbeit „Erscheinungen und psychische Funktionen" näher erläutert hat (vgl. Stumpf, 1907: S. 29).

Die Differenz zwischen „Zahl" und „Zählen" ist analog zu setzen der Differenz zwischen sinnlichen Erscheinungen und psychischen Funktionen. Die Funktionen „Bemerken", „Unterscheiden", „Zusammenfassen", die Teilinhalte der Bewusstseinsstruktur sind, betätigen sich bezüglich der Zahlgewinnung am „Material" des Mengeneindrucks. Das heißt, dass die Funktionslehre Stumpfs sich ausführlich mit dem Problem befasst, das Frege nur gelegentlich anspricht, wie nämlich das „Fassen" oder „Erfassen eines Begriffs", eines Gedankens, einer Bedeutung, oder eines Wahrheitswertes zu verstehen sei. Frege leugnet ja auch keineswegs, dass hier ein wichtiges Problem zu lösen wäre, und dass dieses Problem von psychologischer Natur sei, aber gelöst hat er es nicht.

Die Fortführung der Zahlenreihe nach oben wie nach unten und die dadurch bedingte Erweiterung des Zahlbegriffs sollten in diesem Zusammenhang noch kurz erwähnt werden. Für Stumpf ist die 2 die kleinste Zahl, da sie die kleinste Menge oder Mehrheit darstellt. Die 1 hingegen sei keine Menge gemäß dem ursprünglichen, bisher zugrunde gelegten Mengenbegriff, sondern nur das Grundelement aller Zahlen und das, was zu einer gegebenen Zahl addiert die nächstfolgende gäbe. Vermutlich denkt Stumpf hier an Freges „Grundlagen der Arithmetik", wenn er die Null, die für ihn das Ergebnis einer Subtraktion jeder Zahl von sich selbst ist, definiert. Beide Begriffe (0 und 1) seien unvermeidliche Inventarstücke von Additionen und Subtraktionen, und wenn sie als Zahlen bezeichnet werden sollten, müsste ein „weiterer Begriff von Zahlen" zur Anwendung kommen. Hierfür würde man eben unter „Zahl" alles verstehen, „was als Ergebnis von Additionen oder Subtraktionen (und der darauf weiter gegründeten Operationen) im Denken entsteht" (vgl. Stumpf, 1939: S. 119). Das gelte zum einen dann

---

[79] Stumpf formuliert die sinnliche Basis und den Akt der „Abstraktion" an einer Stelle als das Bemerken gleich bleibender Verhältnisse bei durchwegs geänderten Elementen, wie beispielsweise bei Transponierung einer Melodie auf einen anderen Grundton die Verhältnisse zwischen den Tönen erhalten bleiben, während alle Elemente ausgetauscht wurden. Dasselbe gilt auch für die Ortsveränderung der Elemente (Stumpf, 1883: §6ff).

auch für alle Zahlenbereiche, von den natürlichen bis hin zu den komplexen Zahlen und zum anderen entsprechend für den Begriff der Menge (da Zahlen Mengen sind), der Menge 0 und 1, der negativen Menge usw. Nach Stumpf wäre dies eine immer weiter fortschreitende Abstraktion – Zahlen im weitesten Sinn und unendliche Mengen, wären Erzeugnisse eines immer höher entwickelten Denkens, das sich immer weiter von der Anschauung entfernen würde, aber jederzeit den Weg zu ihr zurückfinden müsste. Das verpflichtet uns nach Stumpf dazu, unsere Begriffe stets so umzuarbeiten, damit bei richtiger Grunddefinition (beispielsweise „Menge“) kein Widerspruch auftreten kann.

6.3 Schlussbetrachtungen

Mit diesen sporadischen Ausführungen zu Stumpfs späterer Auseinandersetzung mit den Grundlagen der Geometrie und dem Zahlbegriff gelangt die Arbeit an ihr Ende. Es kann und soll hier nicht die Frage aufgeworfen werden, ob ein Mathematiker oder Logiker sich mit Stumpfs Analysen zum Zahlbegriff zufrieden geben würde, denn das Ergebnis mutet auf den ersten Blick paradox an: dort, wo Anschauung als Grundlage der Erkenntnis traditionell gefordert wurde – im Bereich der Geometrie – tritt Stumpf für eine „reine“ Geometrie ein und für einen Raumbegriff, der keine Ähnlichkeit mehr hat mit unserem alltäglichen Erscheinungsraum, auch nicht mit dem physikalischen Raum, während er in Bezug auf den Begriff der Zahl, den Frege rein logisch herleiten wollte, nachdrücklich auf den Anschauungscharakter des Mengenbegriffs insistiert. Allerdings ist ja auch der „reine“ geometrische Raumbegriff in letzter Instanz wieder aus der Raumvorstellung entstanden oder vielmehr entwickelt worden, hat sich jedoch, anscheinend weit mehr noch als der Zahlbegriff, von der Anschauung der Menge, von seinem Ausgangspunkt in der Anschauung entfernt.

Zwischen der späten, nochmaligen Auseinandersetzung und der Habilitationsschrift liegt ein langer Zeitraum und ein enorm arbeitsreiches Leben, das sich immer wieder mit der Struktur jener sinnlichen Erscheinungen befasste, auf denen wir nach Stumpf in der Hauptsache all unser Wissen von der Welt und von uns aufbauen. Die Analyse der Struktur der sinnlichen Erscheinungen ist aber nur die eine Seite der Medaille, die uns zur Erfahrungserkenntnis verhilft; die andere beinhaltet die Analyse der psychischen Funktionen, mittels derer wir die Erscheinungen bemerken, unterscheiden (analysieren) beurteilen, zusammenfassen, das heißt kognitiv und emotional verarbeiten. Das Verhältnis beider, der Erscheinungen und der psychischen Funktionen zueinander, hat Stumpf lebenslang beschäftigt, erstmals systematisch hat er es in sehr verdichteter Form in seiner Schrift „Erscheinungen und psychische Funktionen“ von 1907 dargestellt. Sie wurde im obigen Abschnitt kurz erwähnt, insofern das *Erfassen* einer Mehrheit zu unterscheiden ist von der, der Menge immanenten Vielheit. Dieses Erfassen, auf das Frege in seinen Schriften immer nur im Vorübergehen zu sprechen kommt, weil es in der Tat den psychologischen Vorgang der Begriffsbildung (der Zahl und anderer Begriffe) berührt, wird bei Stumpf stets mit Bezug auf seinen Lehrer Lotze thematisiert. (vgl. Stumpf, 1907a: S. 22). Neben den Erscheinungen und den Funktionen vertritt Stumpf die *Existenz* von Verhältnissen („entia rationis cum fundamento in re“), die den Erscheinungen immanent sind. Das Erfassen von Verhältnissen *in* dem Erscheinungsganzen widerspricht diametral der Kantischen These vom verstandesmäßigen Hineintragen der Relationen in die sinnlichen Phänomene. „Sie [die Verhältnisse] werden mit wahrgenommen, drängen sich auf, wir konstatieren sie, schaffen sie aber nicht. Aus diesen ursprünglich gegebenen, können dann erst die verwickelteren durch Definitionen geschaffen werden“ (vgl. Stumpf, 1907: S.37). Mit den „ursprünglich gegebenen“ sind die „Urphänomene“ oder „Urrelationen“ wie „Ähnlichkeit“, „Gleichheit“ „Verschmelzung“, „Steigerung“ „Ganzes und Teil“ gemeint. Man könnte mit Stumpf (und gegen Frege) behaupten, dass nur auf der Basis der bereits durch Verhältnismäßigkeit strukturierten sinnlichen Erscheinungen eine gewisse Verlässlichkeit bei dem Geschäft einer immer weitergehenden Abstraktionstätigkeit garantiert ist. Der „Beweis“ hierfür kann in dieser Arbeit aber nicht mehr geliefert werden. Dazu müsste tiefer in die eigentlichen Intentionen des Raumbuches und die Analyse der Tonerscheinungen in den beiden Bänden der „Tonpsychologie“ Stumpfs eingegangen werden.

Gottlob Frege, der andere große Protagonist dieser Untersuchung, scheint einerseits keinerlei geartete Beziehung zu der die Erkenntnis aufbauenden menschlichen Sinnlichkeit gehabt zu haben, und sich andererseits in ein abschätziges Verhältnis zur Psychologie geradezu hineingesteigert zu haben, wenigstens in seinen früheren, vor 1900 erschienenen Arbeiten. Das hängt mit Freges Vorstellung von „Vorstellung“ oder „Vorstellen“ zusammen, die in der Tat einer der wichtigsten, allerdings auch umstrittensten psychologischen Begriffe ist. Frege war so sehr davon überzeugt, dass die einzige Basis der Psychologie die Vorstellung sei und diese, da sich jedes Vorstellen von Person zu Person jeweils individuell und immer anders gestalte, die Vorstellung (oder das Vorstellen) als rein subjektiv und ungeeignet für eine Wissenschaft einzuschätzen sei. Aus seinem eingeengten Verständnis von „Vorstellung“ resultierten nicht zuletzt auch Freges Schwierigkeiten mit dem Begriff „Gegenstand“. Die Vorstellungen verschiedener Menschen haben nach Frege weder dasselbe zum Gegenstand, noch haben sie denselben Sinn oder dieselbe Bedeutung bzw. Wahrheitswert. „Das Vorstellen ist subjektiv: die Vorstellung des einen ist nicht die Vorstellung des anderen“ (vgl. Frege, 1892a: S. 146). Statt von der Vorstellung auszugehen, die niemals zu einem Gewinn objektiven Wissens führen kann, empfahl Frege in den drei Grundsätzen seiner „Grundlagen“ ja, vom ganzen Satz, und eben nicht von einzelnen Vorstellungen die Analyse der Objektivität unseres Wissens anfangen zu lassen (vgl. Frege, 1884: XI).

Jedoch kann man Frege nicht vorwerfen, er habe das psychologische *Problem* des *Erfassens* von Gedanken als Satzinhalte, ihrer Bedeutung und ihres Wahrheitswertes, völlig negiert oder ein für allemal ad acta gelegt. Auch in einer später verfassten Schrift „Der Gedanke. Eine logische Untersuchung“ (1918 – 1919) macht er nicht etwa Konzessionen an die psychologische Untersuchung, zeigt sich aber immer noch beunruhigt angesichts dieses ungelösten Problems. Wieder betont Frege, dass alles Sinnliche aus seiner Fragestellung, die Natur der Gedanken und ihre Wahrheit betreffend, ausgeklammert bleiben soll. Ein Gedanke ist für Frege etwas, bei dem im Unterschied zur Vorstellung oder zu Dingen, überhaupt Wahrheit in Frage kommen kann (Eine Übereinstimmung zwischen Gedanken und Dingen lehnt Frege aufgrund der bekannten Einwände gegen die aristotelische Adäquationstheorie der Wahrheit ab.): „Der Gedanke ist etwas Unsinnliches, und alle sinnlich wahrnehmbaren Dinge sind von dem Gebiete dessen auszuschließen, bei dem überhaupt Wahrheit in Frage kommen kann. Wahrheit ist nicht eine Eigenschaft, die einer besonderen Art von Sinneseindrücken entspricht" (vgl. Frege, 1918: S.345). Das ist sicher richtig, aber „sinnlich" hat bei Frege eine sehr enge Bedeutung, nämlich die Bildhaftigkeit der Sprache. „Das Sinnliche drängt sich immer wieder ein und macht den Ausdruck bildlich und damit uneigentlich." Daraus entsteht für Frege das, wofür er von Seiten der sprachanalytischen Philosophie so geschätzt wurde, das geschärfte Bewusstsein von einem „Kampf mit der Sprache" (vgl. S. 349).

Das Sinnliche beinhaltet in Stumpfs Denken dagegen etwas ganz anderes als ein lästiges sprachliches Begleitphänomen, das zu eliminieren ist, und mit der Problematik angeblich rettungsloser Subjektivität der Vorstellung hat Stumpf sich lebenslang auseinandergesetzt (vgl. besonders die 1918 erschienene Akademieabhandlung „Empfindung und Vorstellung"). Das Sinnliche bei Stumpf sind nicht die Bilder des in der Sprache mehr oder weniger subjektiv Ausgedrückten, sondern die zu untersuchenden strukturellen Gegebenheiten, auf Grund derer Bilder, Vorstellungen, Gegenstände – und damit auch Begrifflichkeit und Sprache – aller erst entstehen können.

Was das Denken anbelangt, unterscheidet Frege im selben Aufsatz nochmals sehr fein zwischen Urteilen und Behaupten in Bezug auf den Wahrheits- oder Falschheitscharakter der Gedanken, aber er erwähnt ausdrücklich auch „das Fassen des Gedankens – das Denken" (vgl. Frege, 1918: S. 346). Dieses Fassen des Gedankens – wo wäre es anzusiedeln? Ein Vorstellen ist es so wenig wie eine Eigenschaft oder etwas Sinnliches. Dass Frege dieses genuin psychologische Problem zwar nicht verschweigt, aber auch nicht lösen kann, liegt letztlich wohl an seiner, dem Problem nicht gewachsenen Ontologie. Gedanken sind für Frege der eigentliche Untersuchungsgegenstand. Neben diesen erwähnt er noch Dinge der Außenwelt und Vorstellungen von ihnen (vgl. 1918: S.353). „Dinge der Außenwelt" werden in einer traditionellen Ontologie mit dem Physischen gleichgesetzt und diesem Physischen ein Psychisches, nach Frege *allein* Vorstellungen, an die Seite gestellt oder kontrastiert. Dieser Zweiteilung der Welt in Physisches und Psychisches glaubt Frege ein Drittes beifügen und an die Seite stellen zu müssen. „Ein drittes Reich muß anerkannt werden. Was zu diesem gehört, stimmt mit den Vorstellungen darin überein, dass es nicht mit den Sinnen wahrgenommen werden kann, mit den Dingen aber darin, dass es [anders als die Vorstellungen] keines Trägers [keines vorstellenden Subjekts] bedarf" (vgl. S. 353). Wie immer man dieses „dritte Reich" oder eine „dritte Welt" verteidigen mag – wird man an den platonischen Ideenhimmel erinnert, den Stumpf in keiner Weise bemüht hat und deswegen Frege ja wiederholt kritisiert wurde.

Frege vertritt hier einen Standpunkt, der im letzten Drittel des 19. Jahrhunderts aufgekommen war, indem von verschiedenen Seiten her und mit unterschiedlichen Argumenten ein Drittes neben Vorstellung und Gegenstand, die beide als veränderlich und demnach nicht als überzeitlich und in diesem Sinne als „objektiv" zu betrachten sind, ein Drittes also posutliert wurde, das häufig möglichst neutral als „Inhalt" bezeichnet wurde. Dieser „Inhalt" sollte als „Bindeglied" zwischen Vorstellung und Gegenstand fungieren.

Der eingangs erwähnte Psychologe und Philosoph Paul Ferdinand Linke, der lebenslang an der Entwicklung der modernen Logik interessiert war, aber auch die psychologische Wissenschaftsentwicklung ohne antipsychologische Vorurteile vor und nach dem Zweiten Weltkrieg akribisch beobachtete, sich gewissermaßen als Spezialist der Wahrnehmungsfrage profilierte, warb nach dem Zweiten Weltkrieg als erster für eine Wahrnehmung der Bedeutung Freges. Linke schildert die erwähnte Diskussion über die Dreiteilung in Vorstellung-Inhalt-Gegenstand ausführlich in seinem 1919 erschienen und zehn Jahre später wieder aufgelegten Buch „Grundfragen der Wahrnehmungslehre", weil auch er das Postulat eines „Dritten" (neben Vorstellung und Gegenstand) zu seinem eigensten Anliegen machte, allerdings anders als Frege, auch die Seite des Psychischen mitvertreten wollte.[80] In dieser Arbeit kritisierte Frege Stumpf scharf dafür, dass dieser offenbar die ganze Diskussion über dieses Dritte für irrelevant hielt (vgl. Linke, 1929: S. 90ff); nach Linke hatte Stumpf auch den Vorstellungsbegriff nicht richtig eingeschätzt (vgl. S.392 im Nachtrag „Wahrnehmung und Vorstellung").

Aber offenbar hatte Linke nach dem Zweiten Weltkrieg seine Meinung über Stumpf gänzlich geändert. Denn in dem erwähnten Artikel „Gottlob Frege als Philosoph" (1946) erkennt Linke plötzlich tiefgehende und wesentliche Gemeinsamkeiten zwischen Frege und Stumpf in Fragen der Logik und Erkenntnistheorie (vgl. Linke, 1946: S. 84 und S. 90). Linke darf also mit Recht als der erste bezeichnet werden, der Gemeinsamkeiten zwischen Stumpf und Frege bemerkte, allerdings wohl erst, nachdem Stumpfs Hauptwerk, die „Erkenntnislehre", 1939/40 erschienen war. Nun fällt bei Linke kein Wort der Kritik mehr über Stumpf, dagegen plädiert Linke jetzt dafür, die Psychologismuskritik Freges als überzogen zu betrachten und meint in den kurzen Erörterungen über das Fassen oder Erfassen der Gedanken ein genuin psychologisches Moment und eine Befähigung zu psychologischem Denken bei Frege entdeckt zu haben. Denn nach Linke kann es gar keinen großen Philosophen, als den er Frege ja schätzt, ohne psychologische Befähigung geben.

„Es gibt keine Philosophie ohne Psychologie. Die Psychologie ragt in alle ihre Disziplinen hinein – wenn auch oft verborgen und kaum bemerkbar. Sie ist darum (generell gesprochen) wichtiger für die Philosophie als alle übrigen Wissenschaften und sogar als die Mathematik – [...] man kann ein großer Philosoph sein, ohne [...] viel von Mathematik zu verstehen, aber man kann kein großer Philosoph sein, wenn man die Psychologie – gemeint ist vor allem die sogenannte deskriptive Psychologie – unbeachtet lässt" (vgl. Linke, 1946: S. 95-96).

Es mag dahingestellt bleiben, ob Frege über das Kompliment erfreut gewesen wäre. Allerdings kann man angesichts dieses Urteils über Frege kaum die Äußerung des Wunsches unterdrücken, diese beiden großen Forscher hätten zu einer intensiven Zusammenarbeit gefunden, um uns die Rätsel des menschlichen Erkenntnisvermögens

---

80 (vgl. Linke, 1929: S. 79ff) „Das Inhalts-Gegenstandsproblem in historischer Entwicklung".

sowohl von seiner sinnlichen Basis und von Seiten der psychischen Funktionen als auch mit Hilfe eines beide Forscher auszuzeichnenden hochentwickelten Sprach- und Logikbewusstseins aufzuschlüsseln.

LITERATUR

Aristoteles

1907 „Metaphysik", [Metaphysica] ins Deutsche übertragen von Adolf Lasson, Verlag Diedrichs, Jena

1993 „Analytica Posteriora", Begründet von Ernst Grumach. Herausgegeben von Helmut Flashar, Band 3, Teil II. Übersetzt und erläutert von Wolfgang Detel, Erster und Zweiter Halbband, Akademie Verlag, Berlin

1998 „Erste Analytik – Zweite Analytik", Organon Band 3/4, Philosophische Bibliothek. Mit Einleitungen und Anmerkungen versehen von Hans Günter Zekl, Griechisch – deutsch, Felix Meiner Verlag, Hamburg

Aumann, Günter

2006 „Euklids Erbe", Ein Streifzug durch die Geometrie und ihre Geschichte. Wissenschaftliche Buchgesellschaft, Darmstadt

Bachmann, Heinz

1983 „Der Weg der mathematischen Grundlagenforschung", Verlag Peter Lang, Bern

Bachmann, Manuel

1998 „Die Antinomie logischer Grundsätze", Ein Beitrag zum Verhältnis von Axiomatik und Dialektik. Bouvier Verlag, Bonn

Baumann, Julius

1869 „Raum, Zeit und Mathematik in der neueren Philosophie", II. Band, Druck und Verlag von Georg Reimer, Berlin. Hier benutzt: digitalisiertes Dokument dieser Ausgabe, Digitale Bibliothek der Universität Göttingen, 2006

Bocheński, I.M.

1954 „Die zeitgenössischen Denkmethoden", Francke Verlag, München, 7. Auflage, 1975

Bolzano, Bernhard

1837 „Wissenschaftslehre", Versuch einer ausführlichen und größtentheils neuen Darstellung der Logik mit steter Rücksicht auf deren bisherige Bearbeiter. Herausgegeben von mehreren seiner Freunde. Mit einer Vorrede von Dr. J. Chr. A. Heinroth (Sulzbach 1837). Hier benutzt: Ausgabe Friedrich Frommann, Verlag, Stuttgart, 1985, Band 11/1 – 14/3

1910 „Philosophie der Mathematik oder Beiträge zu einer begründeten Darstellung der Mathematik", Prag 1910, wiederaufgelegt von H. Fels, Paderborn 1926, Anhang „Über die Kantische Lehre von der Konstruktion der Begriffe durch Anschauung"

1963 „Grundlegung der Logik", Ausgewählte Paragraphen aus der Wissenschaftslehre Band I und II. Mit ergänzenden Textzusammenfassungen einer Einleitung und Registern herausgegeben von Friedrich Kambartel, Verlag von Felix Meiner, Hamburg

Bourbaki, Nicholas

1971 „Elemente der Mathematikgeschichte", Vandenhoeck & Ruprecht, Göttingen

Brentano, Franz

1989 „Briefe an Carl Stumpf" (1867 – 1917). Unter Mitarbeit von Peter Goller, Herausgegeben von Gerhard Oberkofler, Akademische Druck- und Verlagsanstalt Graz

Büttemeyer, Wilhelm

2003 „Philosophie der Mathematik", Alber-Texte Philosophie, Herausgegeben von Karl-Heinz Lembeck, Band 16, Verlag Karl Alber, Freiburg

Cantor, Georg

1932 „Gesammelte Abhandlungen mathematischen und philosophischen Inhalts", Ed. G. Zermelo, Berlin 1932, Nachdruck Hildesheim 1962

Carnap, Rudolf

2000 „Untersuchungen zur allgemeinen Axiomatik". Herausgegeben von Thomas Bonk und Jesus Mosterin, Wissenschaftliche Buchgesellschaft, Darmstadt

Cassirer, Ernst

1998 a „Gesammelte Werke – Hamburger Ausgabe". Herausgegeben von Birgit Recki, Band 1 – 6, Wissenschaftliche Buchgesellschaft, Darmstadt, Felix Meiner Verlag, Hamburg

1998 b Band 1: „Leibniz' System in seinen wissenschaftlichen Grundlagen". Text und Anmerkungen bearbeitet von Marcel Simon

1999 a Band 2: „Das Erkenntnisproblem in der Philosophie und Wissenschaft der neueren Zeit". Erster Band, Text und Anmerkungen bearbeitet von Tobias Berben

1999 b Band 3: „Das Erkenntnisproblem in der Philosophie und Wissenschaft der neueren Zeit". Zweiter Band, Text und Anmerkungen bearbeitet von Dagmar Vogel

2000 a Band 4: „Das Erkenntnisproblem in der Philosophie und Wissenschaft der neueren Zeit“. Dritter Band, Text und Anmerkungen bearbeitet von Marcel Simon

2000 b Band 5: „Das Erkenntnisproblem in der Philosophie und Wissenschaft der neueren Zeit“. Vierter Band, Von Hegels Tod bis zur Gegenwart (1832 – 1932), Text und Anmerkungen bearbeitet von Tobias Berben und Dagmar Vogel

2000 c Band 6: „Substanzbegriff und Funktionsbegriff“, Untersuchungen über die Grundfragen der Erkenntniskritik. Text und Anmerkungen bearbeitet von Reinold Schmücker

Comte, Auguste

1892 „Cours de Philosophie positive“, Tome Premier, 5e Édition, identique à la première, parue au commencement de Juiliet 1830. Auguste Comte a publié le *Cours de Philosophie positive* en six volumes de 1830 à 1842 ; c'est ce qui constitute la première édition, Paris, 1892

Descartes, René

1641 „Meditationes de prima philosophia“, Neuauflage der Buchenau'schen Übersetzung der „Meditationen“ über die Grundlagen der Philosophie, Herausgegeben von Lüder Gäbe, Felix Meiner Verlag, Hamburg, 1960

Dieudonné, Jean

1985 „Geschichte der Mathematik 1700 – 1900“, Ein Abriß. Übersetzung aus dem französischen *Abrégé d'histoire des mathématiques 1700 – 1900*, Friedrich Vieweg & Sohn, Verlagsgesellschaft mbH, Braunschweig

Dummett, Michael

1988 „Ursprünge der analytischen Philosophie“. Übersetzt von Joachim Schulte, Suhrkamp, Frankfurt

Ehrenfels, Christian von

1891 „Zur Philosophie der Mathematik“, in: Vierteljahrsschrift für wissenschaftliche Philosophie unter Mitwirkung von Max Heinze und Wilhelm Wundt, hrsg. von Richard Avenarius, Leipzig

Einstein, Albert

1921 „Geometrie und Erfahrung“. Erweiterte Fassung des Festvortrages gehalten an der preussischen Akademie der Wissenschaften zu Berlin am 27.Januar 1921, Verlag von Julius Springer, 1921

Engel, Friedrich und Stäckel, Paul
1895 „Die Theorie der Parallellinien von Euklid bis Gauss“, Eine Urkundensammlung zur Vorgeschichte der nichteuklidischen Geometrie. Teubner Verlag, Leipzig

Erdmann, Benno
1877 „Die Axiome der Geometrie“, Eine philosophische Untersuchung der Riemann - Helmholtzschen Raumtheorie. Leipzig, Verlag von Leopold Voss

Euklid
2001 „Die Elemente“, Ostwalds Klassiker der exakten Wissenschaften, Band 235, Verlag Harri Deutsch, Reprint der Bände 235, 236, 240, 241 und 243, 3. Auflage, Frankfurt am Main

Filler, Andreas
1993 „Euklidische und nichteuklidische Geometrie“, Mathematische Texte. Band 7, BI-Wissenschaftsverlag, Mannheim

Frege, Gottlob
1879 „Begriffsschrift“, Eine der arithmetischen nachgebildete Formelsprache des reinen Denkens. Halle A/S., Verlag von Louis Nebert, 1879. (Dritte Auflage mit E. Husserls und H. Scholz’ Anmerkungen. Herausgegeben von Ignacio Angelelli, 2. Nachdruckauflage, Wissenschaftliche Buchgemeinschaft Darmstadt, 1977)
1884 „Die Grundlagen der Arithmetik“, Eine logisch mathematische Untersuchung über den Begriff der Zahl. Mit ergänzenden Texten kritisch herausgegeben von Christian Thiel, Centenarausgabe, Felix Meiner Verlag Hamburg, 1986, S. 3 – 108
Ebenfalls verwendet:
1884 a unveränderter photomechanischer Nachdruck der „Grundlagen der Arithmetik“ (W. Koebner, Breslau 1884) des Neudrucks: Wissenschaftliche Buchgesellschaft, Darmstadt, 1961 und G. Olms, Hildesheim, 1961
1884 b Reclam-Ausgabe der „Grundlagen der Arithmetik“. Mit einem Nachwort herausgegeben von Joachim Schulte, Philipp Reclam Jun., Stuttgart, 2001
1891 „Funktion und Begriff“, Vortrag gehalten in der Sitzung vom 9.Januar 1891 der Jenaischen Gesellschaft für Medicin und Naturwissenschaft: Hermann Pohle, 1891. In: „Kleine Schriften“, Zweite Auflage, Herausgegeben und mit Nachbemerkungen zur Neuauflage versehen von Ignacio Angelelli, Georg Olms Verlag, Hildesheim, 1990, S. 125 - 142
1892 a „Über Sinn und Bedeutung“, Zeitschrift für Philosophie und philosophische Kritik (1892), In: „Kleine Schriften“ (s.o.), S. 143 – 166
1892 b „Über Begriff und Gegenstand“, Vierteljahresschrift für wissenschaftliche Philosophie (1892), In: „Kleine Schriften“, (s.o.), S. 167 – 178

1893 „Grundgesetze der Arithmetik“, Begriffsschriftlich abgeleitet von G. Frege, Band 1, Hermann Pohle, Jena

1903 „Grundgesetze der Arithmetik“, Begriffsschriftlich abgeleitet von G.Frege, Band 2, Hermann Pohle, Jena (Begriffsschriftlich abgeleitet. 2 Bde. In: 1 Band. Jena 1893 - 1903. 2. Reprint: Neuauflage mit Corrigenda von Christian Thiel, Georg Olms Verlag, Hildesheim, 1998)

1918 „Der Gedanke“, Eine logische Untersuchung. In: Beiträge zur Philosophie des deutschen Idealismus, Band I, 1918. Hier in: „Kleine Schriften“, (s. o.), S. 142ff

1976 „Wissenschaftlicher Briefwechsel“. Herausgegeben, bearbeitet, eingeleitet und mit Anmerkungen versehen von Gottfried Gabriel, Hans Hermes, Friedrich Kambartel, Christian Thiel, Albert Verhaart, Felix Meiner Verlag, Hamburg

1983 „Nachgelassene Schriften“. Unter Mitwirkung von Gottfried Gabriel und Walburga Rödding bearbeitet, eingeleitet und mit Anmerkungen versehen von Hans Hermes, Friedrich Kambartel, Friedrich Kaulbach. Zweite revidierte Auflage, Felix Meiner Verlag, Hamburg

Gauss, Carl Friedrich

1863 „Werke“, 12 Bände, Achter Band, Herausgegeben von der Königlichen Gesellschaft der Wissenschaften zu Göttingen, in Commission bei B.G. Teubner, 1863 - 1929

Gericke, Helmuth

1970 „Geschichte des Zahlbegriffs“, Bibliographisches Institut, Hochschultaschenbücher-Verlag, Mannheim

Grassmann, Robert

1966 „Die Formenlehre oder Mathematik”, mit Einführungen von J. E. Hofmann, Georg Olms Verlagsbuchhandlung, Hildesheim

Grothe, Albert

1983 „Anzahl, Zahl und Menge”, Die phänomenologischen Grundlagen der Arithmetik. Felix Meiner Verlag, Hamburg

Heath, Thomas L.

1921 „A Manual of Greek Mathematics“, University Press Oxford, 2 Bände. Hier verwendet: Softcover, Dover Publications, New York, 1963

Hehlmann, Wilhelm

1967 „Geschichte der Psychologie“, zweite durchgesehene Auflage, Verlag Kröner, Stuttgart

Helmholtz, Hermann von
1868 „Über die Tatsachen, die der Geometrie zum Grunde liegen", aus: Nachrichten von der Königlichen Gesellschaft der Wissenschaften, Nr.9
1870 „Über den Ursprung und die Bedeutung der geometrischen Axiome". Vortrag, gehalten im Docentenverein zu Heidelberg im Jahre 1870, aus: Vorträge und Reden II, Braunschweig, 1884. Beide Aufsätze in: „Über Geometrie", herausgegeben von der wissenschaftlichen Buchgesellschaft Darmstadt, 1968

Herbart, Johann Friedrich
1850 „Psychologie als Wissenschaft", Neu gegründet auf Erfahrung, Metaphysik und Mathematik. Zwei Bände: Erster, synthetischer Theil und Zweiter, Analytischer Theil, Nachdruck der Ausgabe von 1850, E.J. Bonset, Amsterdam, 1968
1882 „Lehrbuch zur Psychologie" Herausgegeben von Margret Kaiser-El-Safti, Königshausen & Neumann, Würzburg, 2003. Nachdruck der dritten Auflage, zweiter Abdruck, Verlag von Leopold Voss, Hamburg, 1882
1885 „Sämmtliche Werke", Hrsg. von Karl Kehrbach, Leipzig, 1885

Heymans, G.
1923 „Die Gesetze und Elemente des wissenschaftlichen Denkens", Ein Lehrbuch der Erkenntnistheorie in Grundzügen. Verlag von Johann Ambrosius Barth, Leipzig

Hilbert, David
1899 „Grundlagen der Geometrie", mit Supplementen von Dr. Paul Bernays, 10. Auflage, B. G. Teubner Stuttgart, 1968
1932 „Gesammelte Abhandlungen", in 4 Bänden, I. Zahlentheorie, II. Geometrie und Algebra, III. Analysis, IV. Verschiedenes, Verlag von Julius Springer, Berlin

Husserl, Edmund
1887 „Über den Begriff der Zahl", Psychologische Analysen, Habilitationsschrift (1887), Erstdruck (nach einem Vermerk des Verf. ein „Teildruck"), Halle a.d.S., Heynemannsche Buchdruckerei, 1887, erschien nicht im Buchhandel. – Anm. d. Hrsg., Quelle: Husserliana, Gesammelte Werke, Band XII in: Philosophie der Arithmetik, S. 289 - 339
1891 „Philosophie der Arithmetik", Logische und psychologische Untersuchungen, Erster Band im Jahre 1891 erschienen. Neudruck und Bearbeitung mit ergänzenden Texten (1890 – 1901), Husserliana, Gesammelte Werke, Band XII, Herausgegeben von Lothar Eley, 1970, Martinus Nijhoff, Den Haag, S. 5 - 283

1900 „Logische Untersuchungen“, Erster Band: Prolegomena zur reinen Logik. (I.Teil), Neuausgabe der 1. und 2. Auflage des I. Bandes, Husserliana, Gesammelte Werke, Band XVIII, Herausgegeben von Elmar Holenstein, 1975, Martinus Nijhoff, Den Haag, S. 5 – 258

Iseli, Rebecca

2001 „Kants Philosophie der Mathematik“, Rekonstruktion – Kritik – Verteidigung, Verlag Paul Haupt, Bern

Kaiser-El-Safti, Margret

1987 „Der Nachdenker. Die Entstehung der Metapsychologie Freuds in ihrer Abhängigkeit von Schopenhauer und Nietzsche“ (Dissertation), Conscientia, Bd. 13, Bouvier, Bonn

1992 Artikel „Psychische Realität“. In: Ritter [Hrsg.] „Historisches Wörterbuch der Philosophie“, Bd. 8, Wissenschaftliche Buchgesellschaft, Darmstadt

1993 „Robert Musil und die Psychologie seiner Zeit“. In: H. – G. Pott [Hrsg.] Musil Dichter, Essayist, Wissenschaftler; Musil-Studien, Bd.8, S. 126 – 170

1994 „Carl Stumpfs Lehre vom Ganzen und den Teilen“. In: Albertazzi, L./Libardi, M. [Hrsg.]: Axiomathes quarderni del centro studi perla filosofia mitteleuropa 5/1994, S. 86 – 122

1995 Artikel „Spannung“. In: Ritter [Hrsg.] „Historisches Wörterbuch der Philosophie“, Bd. 9, Wissenschaftliche Buchgesellschaft, Darmstadt

1997 „Carl Stumpfs Wirken für die deskriptive Psychologie“. In: Baumgartner, W. et. Al. [Hrsg.] Brentano Studien, Bd. VI, Verlag Röll, Dettelbach, S. 67 – 102

1998 „Wanderer zwischen den Welten“, Zur Person und Lehre Carl Stumpfs, Ursprüngliche Fassung des Vortrages anlässlich des Symposions zum 150. Geburtstag von Carl Stumpf

1998 a „Carl Stumpf und Oswald Külpe – ein Vergleich“. In: Baumgartner, W. et. Al. [Hrsg.] Brentano Studien, Bd. VII, Verlag Röll, Dettelbach, S. 53 – 80

1999 „Bericht über Carl-Stumpf-Symposion „Musik und Sprache in Wissenschaft und Kunst“, anlässlich seines 150. Geburtstages, 5. – 8.12.1998 an der Universität zu Köln. In: Posner, R. [Hrsg.] Zeitschrift für Semiotik, 21, Heft 2, S. 242 – 245, Tübingen

2000 „Carl Stumpfs phänomenologische Konzeption der Raumvorstellung“. In: Münch, D. [Hrsg.]: Kodikas/Code, Ars Semeiotica, Volume 22 (1999), No. 3-4, Gunter Narr Verlag, Tübingen

2000 a Rezension über Wilfried Gruhn: „Der Musikverstand“, 17.4.2000 http: www.music-journal.com/htm/intio/rezens/muverstand.html

2001 „Die Idee der wissenschaftlichen Psychologie“, Immanuel Kants kritische Einwände und ihre konstruktive Widerlegung, Königshausen & Neumann, Würzburg, 2001

2001 a „Transzendentale versus ‚hyletische' Phänomenologie". Über Berührungspunkte und Abgrenzungen zwischen der Auffassung von Phänomenologie bei Edmund Husserl und Carl Stumpf in ihrer Bedeutung für die phänomenologische Psychologie. Vortrag anlässlich der Husserl-Arbeitstage 29.-30. Oktober 1999. Erschienen in italienischer Sprache „Carl Stumpf e la fenomenologia dell'experienza immediata", hg. von R. Marinelli, Ravenna, 2001, S. 231 – 259

2001 b Artikel „Unbewusstes". In: Ritter [Hrsg.] „Historisches Wörterbuch der Philosophie", Bd. 11, Wissenschaftliche Buchgesellschaft, Darmstadt

2002 Artikel „Herbart" In: MGG (Musik in Geschichte und Gegenwart), Bärenreiter

2003 „Lehrbuch zur Psychologie", Johann Friedrich Herbart. Einleitung und Herausgabe von Margret Kaiser-El-Safti, Königshausen & Neumann, Würzburg, 2003. Nachdruck der dritten Auflage, zweiter Abdruck, Verlag von Leopold Voss, Hamburg, 1882

2003 a „Johann Friedrich Herbart und Carl Stumpf – oder die Bedeutung der Musik für die Psychologie". In: Margret Kaiser-El-Safti und Matthias Ballod [Hrsg.] „Musik und Sprache. Zur Phänomenologie von Carl Stumpf", Königshausen und Neumann, Würzburg

2004 „Die Aktualität von Herbart. Versuch, die historische Perspektive für eine aktuelle Sicht Herbarts fruchtbar zu machen". In: K. Klattenhoff [Hrsg.], Zum aktuellen Erbe Herbarts – Ein Klassiker der Pädagogik nach der Jahrtausendwende, Universitätsverlag Oldenburg, S. 61 - 98

2007 „Aisthesis und Ästhetik im Werk Johann Friedrich Herbarts und Carl Stumpfs vor dem Hintergrund der Philosophie des Realismus", Vortrag internationales Herbartsymposion in Paris, Juni 2005, erscheint in „Austrica", Paris

Kamke, Erich

1962 „Mengenlehre", 4. Auflage, Walter de Gruyter, Berlin

Kant, Immanuel

1770 „Von der Form der Sinnen- und Verstandeswelt und ihren Gründen" in: Werksausgabe, Herausgeben von Wilhelm Weischedel, Bd. 5, Suhrkamp, Frankfurt, 1968

1783 „Prolegomena zu einer jeden künftigen Metaphysik die als Wissenschaft wird auftreten können, von Immanuel Kant. Riga, bey Johann Friedrich Hartknoch, 1783. Hier benutzt: „Schriften zur Metaphysik und Logik 1", Werkausgabe Band V. Herausgegeben von Wilhelm Weischedel, Suhrkamp, Frankfurt, 1988

1787 „Kritik der reinen Vernunft", Erste Auflage 1781, Zweite Auflage 1781, Riga, bey Johann Friedrich Hartknoch. Hier benutzt: Kritik der reinen Vernunft 1 und 2. Herausgegeben von Wilhlem Weischedel, identisch mit der Werksausgabe Band III, Suhrkamp Taschenbuch Wissenschaft, Frankfurt, 1974

Klein, Felix
1872 „Vergleichende Betrachtungen über neuere geometrische Forschungen", Antrittsvorlesung, Programm zum Eintritt in die Philosophische Facultät und dem Senat der k. Friedrich-Alexanders-Universität zu Erlangen, Verlag von Andreas Eichert, Erlangen
1928 „Vorlesungen über Nicht-Euklidische Geometrie", Die Grundlehren der mathematischen Wissenschaften in Einzeldarstellungen, Band XXVI, Verlag von Julius Springer, Berlin
1914 „Elementarmathematik vom höheren Standpunkte aus", Teil II: Geometrie, Vorlesung gehalten im Sommersemester 1908, Teubner, Leipzig 1914

Kraft, Victor
1947 „Mathematik, Logik und Erfahrung". Zweite, neubearbeitete Auflage, Springer-Verlag, Wien, 1970
1950 „Der Wiener Kreis", Der Ursprung des Neopositivismus. Springer Verlag, Wien, 1967

Kreiser, Lothar
2001 „Gottlob Frege", Leben – Werk – Zeit. Felix Meiner Verlag, Hamburg, 2001

Liebmann, Heinrich
1923 „Nichteuklidische Geometrie", 3. Neubearbeitete Auflage, Walter de Gruyter & Co., Berlin und Leipzig

Linke, Paul Ferdinand
1929 „Grundfragen der Wahrnehmungslehre". Zweite, durchgesehene und um ein Nachwort über Gegenstandsphänomenologie und Gestalttheorie vermehrte Auflage, Verlag von Ernst Reinhardt, München
1946 „Gottlob Frege als Philosoph", in: „Zeitschrift für philosophische Forschung", 1. Band, Heft 1, S. 75 - 99

Lobatschewskij, Nikolai Iwanowitsch
1898 „Über die Anfangsgründe der Geometrie" und „Neue Anfangsgründe der Geometrie mit einer vollständigen Theorie der Parallellinien", in: F. Engel NIL. Zwei geometrische Abhandlungen, BG Teubner Leipzig

Lotze, Rudolf Hermann

1841 „Metaphysik“ von Dr. Hermann Lotze, Leipzig, Weidmann'sche Buchhandlung

1874 „Logik“, Erstes Buch. Vom Denken. Verlag von S. Hirzel, Leipzig. In: „Buch 1. Vom Denken“. (Reine Logik). Neu herausgegeben von Gottfried Gabriel, mit einer Einleitung „Lotze und die Entstehung der modernen Logik bei Frege“ mit dem Text der Ausgabe von Georg Misch, Felix Meiner Verlag, Hamburg, 1989

1880 „Logik“, Drittes Buch. Vom Erkennen. Verlag von S. Hirzel, Leipzig, Neufassung 2. Auflage. In: „Buch 3. Vom Erkennen“. (Methodologie). Neu herausgegeben von Gottfried Gabriel, mit einer Einleitung „Objektivität: Logik und Erkenntnistheorie bei Lotze und Frege“ mit dem Text der Ausgabe von Georg Misch, Felix Meiner Verlag, Hamburg, 1989

2003 „Briefe und Dokumente“, (1833 – 1893). Zusammengestellt, eingeleitet und kommentiert von Reinhardt Pester, mit einem Vorwort herausgegeben von Ernst Wolfgang Orth, Könighausen & Neumann, Würzburg

Mayer, Verena

1996 „Gottlob Frege“, Beck'sche Reihe – Denker (BsR 534), Verlag C. H. Beck, München

Meixner, Uwe

2004 „Einführung in die Ontologie“, Wissenschaftliche Buchgemeinschaft, Darmstadt

Meschkowski, Herbert

1971 „Nichteuklidische Geometrie“, 4. Auflage, Verlag Vieweg + Sohn, Braunschweig

1974 „Grundlagen der Euklidischen Geometrie“, 2. Auflage, B.I. – Wissenschaftsverlag, Bibliographisches Institut Zürich

1985 „Wandlungen des mathematischen Denkens“, Eine Einführung in die Grundlagenprobleme der Mathematik“. 5. Auflage, R. Piper GmbH & Co. KG, München

Mill, John Stuart

1843 „Principles of Logic, rationative and inductive”. In's Deutsche übertragen von J. Schiel. „System der deductiven und inductiven Logik“. Eine Darlegung der Principien wissenschaftlicher Forschung, insbesondere der Naturforschung von John Stuart Mill.
Zweite Deutsche, nach der fünften des Originals erweiterte Auflage in zwei Theilen, Druck und Verlag von Friedrich Vieweg und Sohn, Braunschweig (von Stumpf verwendete Ausgabe)

1862 Erster Theil, Band I

1863 Zweiter Theil, Band II

Münch, Dieter

2004 „Erkenntnistheorie und Psychologie. Die wissenschaftliche Weltauffassung Carl Stumpfs". In: Wilhelm Baumgartner [Hrsg.] „Brentano Studien", Band X, Würzburg

Pasch, Moritz

1912 „Vorlesungen über neuere Geometrie", 2.Ausgabe, Verlag B. G. Teubner, Berlin und Leipzig

Patzig, Günther

1981 „Sprache und Logik", 2. durchgesehene und erweiterte Auflage, Kleine Vandenhoeck-Reihe 1281, Vandenhoeck & Ruprecht, Göttingen

Peano, Giuseppe

1889 „Arithmetices principia nova methodo exposita", Boca, Torino 1889 = Opere scalte, Bd. 2, Ed. Cremonese, Roma 1958, S. 20 – 55. Englische Übersetzung von H. C. Kennedy 1973, S. 101 - 134

Pfeiffer, Jeanne und Dahan-Dalmedico Amy

1994 „Wege und Irrwege – Eine Geschichte der Mathematik". Mit einem Vorwort von D. Laugwitz, aus dem Französischen von Klaus Volkert, Birkhäuser Verlag, 1994. Die Originalausgabe „Une histoire des mathématiques. Routes et dédales" erschien 1986

Prechtl, Peter

1998 „Edmund Husserl zur Einführung", Junius Verlag, Hamburg, 4. ergänzende Auflage 2006

Puntel, Lorenz Bruno

1987 „Der Wahrheitsbegriff", Neue Erklärungsversuche. Wissenschaftliche Buchgemeinschaft, Darmstadt

Rath, Matthias

1994 „Der Psychologismusstreit in der deutschen Philosophie", Verlag Karl Alber, Freiburg / München

Riemann, Bernhard

1867 „Über die Hypothesen, welche der Geometrie zugrunde liegen". Wissenschaftliche Buchgemeinschaft Darmstadt, unveränderter fotomechanischer Nachdruck der Ausgabe von 1867, herausgegeben von R. Dedekind mit der Bemerkung: ...Abhandlung ist vom Verfasser am 10. Juni 1854 zum Zweck seiner Habilitation vorgelesen worden

Rinderle, Peter
2000 „John Stuart Mill“, Beck’sche Reihe – Denker, Verlag C. H. Beck, München

Ritter, Joachim
1971 „Historisches Wörterbuch der Philosophie“. Völlig neubearbeitete Ausgabe des „Wörterbuchs der philosophischen Begriffe“ von Rudolf Eisler, 12 Bände, Erscheinungsjahre 1971 (Band 1: A – C) bis 2004 (Band 12: W – Z), Herausgegeben von `Joachim Ritter, Karlfried Gründer und Gottfried Gabriel, unter Mitwirkung von mehr als 1500 Fachgelehrten, Wissenschaftliche Buchgesellschaft, Darmstadt

Russell, Bertrand
1903 „The Principle of Mathematics“, by Bertrand Russell, was first published in 1903. This online edition is based on the public domain text as it appears in the 1996 Norton paperback reprint of the 1938 Second Edition
1919 „An Indroduction to Mathematical Philosophie“, Originally published: 2nd ed. London: G. Allen and Unwin; New York. Hier verwendet: Deutsche Ausgabe: „Einführung in die mathematische Philosophie“, Mit einer Einleitung von Michael Otte, Herausgegeben von Johannes Lenhard und Michael Otte, Lizenzausgabe für die Wissenschaftliche Buchgesellschaft, Felix Meiner Verlag, 2002
1925 „Principia Mathematica“, Alfred North Whitehead/Bertrand Russell, Cambridge University. Hier verwendet: Deutsche Ausgabe, Vorwort und Einleitungen, Übersetzt von Hans Morke, Mit einem Beitrag von Kurt Gödel, Erste Auflage, Suhrkamp, 1986

Schirn, Matthias
1976 „Studien zu Frege I – Logik und Philosophie der Mathematik“. Herausgegeben von Matthias Schirn, Reihe: problemata, frommann-holzboog 42, Firedrich Frommann Verlag, Stuttgart

Schlömilch, Oskar
1849 „Grundzüge einer wissenschaftlichen Darstellung der Geometrie des Maasses“. Ein Lehrbuch von Dr. Oskar Schlömilch, Erster Theil: Geometrie der Ebene, Bei Joh. Fr. Baerecke, Eisenach

Schmid, Carl Christian Erhard
1976 „Wörterbuch zum leichtern Gebrauch der Kantischen Schriften“. Neu herausgegeben, eingeleitet und mit einem Personenregister versehen von Nobert Hinske. Hier benutzt: Dritte, um ein Nachwort ergänzte Auflage, Wissenschaftliche Buchgesellschaft, Darmstadt, 1996

Schmidt, Franz und Stäckel, Paul

1899 „Briefwechsel zwischen Carl Friedrich Gauss und Wolfgang Bolyai“, Verlag von B.G. Teubner, Leipzig 1899, Nachdruck des Original-Exemplars der Universitätsbibliothek Erlangen, Georg Olms Verlag, 1987

Scholz, Erhard

1982 „Herbart's influence on Bernhard Riemann“, in: Historia Mathematica 9, S. 413 - 440

2001 „Bernhard Riemanns Auseinandersetzung mit der Herbartschen Philosophie“, Sonderdruck aus: Herbarts Kultursystem, herausgegeben von Andreas Hoeschen und Lothar Schneider, Verlag Königshausen & Neumann, Würzburg, S. 163 - 183

Schumann, Karl

2002 „Stumpfs Vorstellungsbegriff in seiner Hallenser Zeit“. Aufsatz in Brentano Studien zum Thema Carl Stumpf, Band IX, Franz Bretano Forschung, Institut für Philosophie, Julius Maximilians Universität Würzburg, Verlag J. H. Röll, Dettelbach, S. 63ff

Scriba, C. J. und Schreiber, P.

2002 „5000 Jahre Geometrie“, Geschichte – Kulturen – Menschen. Erster korrigierter Nachdruck, Springer Verlag, Heidelberg

Smith, Barry

1986 „Mach und Ehrenfels: Über Gestaltqualitäten und das Problem der Abhängigkeit“. In Zusammenarbeit mit Mulligan, Kevin In: Fabian, R. (Hrsg.), *Christian von Ehrenfels* (1986), S. 85 – 111.

1988 „Logica Kirchbergensis“, Vortrag im August 1988 zum Wittgenstein Symposion. Herausgegeben von Peter Klein, „Praktische Logik. Traditionen und Tendenzen, Abhandlungen eines Seminars beim 13. Internationalen Wittgenstein-Symposions, Kirchberg am Wechsel 1988“, Vandenhoeck & Ruprecht, 1989, S. 123 – 145

Sprung, Helga & Sprung, Lothar

1984 „Carl Stumpf and the origin and development of psychology as a new science at the university of Berlin“, Helga Sprung & Sybille Kernchen, in Psychology in its Historical Context, Valencia

1985 „Abriß der Geschichte der Psychologie an der Berliner Universität (1809 – 1984)“. In Akademie der Wissenschaften der DDR, Berlin: Selbstverlag und „Zur Geschichte der Psychologie an der Berliner Universität“, Teil 1 (1850 – 1922), Teil 2 (1922 -1935), Psychologie für die Praxis (Berlin/DDR)

1986 „Erinnerungen an einen fast vergessenen Psychologen“, Carl Stumpf zum 50. Todestag, Helga Sprung & Sibylle Kernchen, Zeitschrift für Psychologie

2006 „Carl Stumpf – Eine Biografie“, Von der Philosophie zur Experimentellen Psychologie. Von Helga Sprung unter Mitarbeit von Lothar Sprung, Profil Verlag, München Wien

Stammler, Gerhard
1965 „Der Zahlbegriff seit Gauss“, Eine erkenntnistheoretische Untersuchung. Georg Olms Verlagsbuchhandlung, Hildesheim

Stepanians, Markus
2001 „Gottlob Frege zur Einführung“, Junius Verlag, Hamburg

Störig, Hans Joachim
1950 „Kleine Weltgeschichte der Philosophie“, 15. überarbeitete Auflage, W. Kohlhammer, Stuttgart, 1990

Stumpf, Carl
1870 „Die Grundsätze der Mathematik“, Manuskript der Habilitationsschrift von Dr. Carl Stumpf. Transkription, Herausgegeben von Wolfgang Ewen, Verlag Königshausen & Neumann, Würzburg, 2008
1873 „Über den psychologischen Ursprung der Raumvorstellung“. Mit einem Vorwort von C. Stumpf (1872), Lizenz-Ausgabe des S. Hirzel Verlages, Stuttgart 1873, Reprint Bonset-Verlag, Amsterdam, 1965
1883 „Tonpsychologie“, Erster Band, Verlag von S. Hirzel, Leipzig
1890 „Tonpsychologie“, Zweiter Band, Verlag von S. Hirzel, Leipzig
1891 „Psychologie und Erkenntnistheorie“, Aus den Abhandlungen der k. bayer. Akademie der Wiss. I.Cl. XIX. Bd.II Abth.
1903 „Leib und Seele“; Der Entwicklungsgedanke in der gegenwärtigen Philosophie. Johann Ambrosius Barth, Leipzig
1907 „Zur Einteilung der Wissenschaften“. Aus den Abhandlungen der Königl. Preuss. Akademie der Wissenschaften vom Jahre 1906, Verlag der Königl. Akademie der Wissenschaften, Berlin
1907 a „Erscheinungen und psychische Funktionen“. Abhandlungen der Königl. Preuss. Akademie der Wissenschaften, vom Jahre 1906, Verlag der Königl. Akademie der Wissenschaften, Berlin
1907 b „Die Wiedergeburt der Philosophie“. Rede zum Antritt des Rektorates der Königlichen Friedrich-Wilhelms-Universität in Berlin, 28 Seiten.
1910 „Philosophische Reden und Vorträge“, Leipzig, 261 Seiten
1910 a „Tafeln zur Geschichte der Philosophie“, von C. Stumpf und P. Menzer, Verlag von Speyer & Peters, Berlin
1918 „Empfindung und Vorstellung“, Abhandlungen der Preussischen Akademie der Wissenschaften. Philhist., Nr.1, Berlin
1919 „Erinnerungen an Franz Brentano“. In: Kraus, Oskar: Franz Brentano, München, S. 85 – 149

1924 Selbstdarstellung. In: „Die Philosophie der Gegenwart in Selbstdarstellungen“ von Raymund Schmidt [Hrsg.], Band V, Meiner, Leipzig, S. 205 - 265

1928 „William James nach seinen Briefen“; Leben, Charakter, Lehre. Verlag Kurt Metzner, Berlin

1938 „Studien zur Wahrscheinlichkeitsrechnung“, Verlag der Akademie der Wissenschaften, Berlin

1939/40 „Erkenntnislehre“, Zwei Bände, Verlag von Johann Ambrosius Barth, Leipzig (Der erste Teil einer von Carl Stumpf geplanten „Gesamtdarstellung der Philosophie“ in drei Teilen: Erkenntnislehre, Metaphysik und Ethik) Erster Band: §1 - §19, 1939; Zweiter Band: §20 - §33, 1940

Szabó, Árpád

1969 „Anfänge der griechischen Mathematik“, mit 27 Abbildungen, Oldenbourg Verlag München, Wien

Thiel, Christian

1995 „Philosophie und Mathematik“, Eine Einführung in ihre Wechselwirkungen und in die Philosophie der Mathematik, Wissenschaftliche Buchgesellschaft, Darmstadt

Ueberweg, Friedrich

1865 „System der Logik“ und Geschichte der logischen Lehren, Zweite, neu bearbeitete Auflage, Bei Adolph Marcus, Bonn

1868 „Grundriss der Geschichte der Philosophie der Neuzeit“, Von dem Aufblühen der Alterthumsstudien bis in die Gegenwart, Zweite, berichtigte und ergänzte und mit einem Philosophen- und Litteratoren-Register versehene Auflage, Ernst Siegfried Mittler und Sohn, Königliche Hofbuchhandlung, Berlin

Weingartner, Paul

1976 „Wissenschaftstheorie II, 1 – Grundlagenprobleme der Logik und Mathematik“, Herausgeber Günther Holzboog, Reihe: problemata, frommann-holzboog 4.1, Friedrich Frommann Verlag, Stuttgart

Weyl, Hermann

1928 „Philosophie der Mathematik und Naturwissenschaft“, erstmals erschienen und herausgegeben von Alfred Baeumler und Manfred Schröter (1928). Hier benutzt: 7. Auflage, Oldenbourg Verlag München, 2000

Whewell, William
1847 „The Philosophy of the inductive sciences", In Two Volumes, Volumes 1, The Sources of Sciences, No. 41, A Facsimile of the Second Edition, London, 1847. Hier verwendet: Johnson Reprint Corporation, New York and London, 1967

Winter, Eduard
1993 „Ausgewählte Schriften aus dem Nachlaß", eingeleitet und herausgegeben von Edgar Morscher. Beiträge zur Bolzano-Forschung 3, Academia Verlag, Sankt Augustin

Wussing, Hans und Arnold, Wolfgang
1989 „Biographien bedeutender Mathematiker". Eine Sammlung von Biographien, Verlag Deubner, Köln